JUSTICE
AND
RIGHTS

公平与权利

城市更新治理

URBAN
REGENERATION
GOVERNANCE

Ge Yan

葛岩 著

中国建筑工业出版社

序

　　城市更新是存量发展阶段我国城市发展的新常态，其本质上是城市空间及其权力与利益的再分配。分配的过程和分配结果对于各更新主体是否公正公平是城市更新能否可持续的核心问题之一。

　　社会公正侧重于资源、财富的分配本身的合理和公正，它强调的不是资源在数量上完全拉平，而是强调分配的过程、分配的规则、分配的机会的合理和公正。城市规划的主要工作是对空间资源的再布局和再配置。改革开放以来，我国城市经历了一个翻天覆地的发展过程，这一过程是通过对城市空间资源占用与配置的重构来实现的。作为一种技术手段、沟通平台与政策工具，城市更新规划如何应对空间资源再配置过程中的社会公正和空间正义问题，是当前我国规划领域需要直面的课题。

　　城市更新具有权利人多元、空间环境多样和实施主体多元三大特征。在城市更新中应坚持公益化导向，保障公共基础设施供给，提升空间环境品质，保护生态和传承历史文化。城市旧区衰败的主要原因是原有的优质公共资源被抽空。城市优质公共资源在空间布局上不恰当的配置可以从"空间正义"视角去认识。在公共资源的空间配置上，旧区优质公共资源的空心化会不可避免地带来旧区社会结构的不合理，并最终导致物质衰败和旧区的衰退。城市规划应该对公共资源合理的空间配置提出强有力的、以公共利益为导向的政策建议。

　　尊重既有权利人的合法权益，保障城市更新各类参与者的合理利益，建立健全共商、共建、共享、共治的全过程城市更新社会参与机制对空间资源再分配的合理性和公正性十分重要。在城市更新的规划编制和项目实施过程中，需要通过多种方式宣传城市更新行动，畅通公众意见表达渠道；需要通过建立参与机制，充分征询、合理采纳各利益相关方、专家和技术人员以及社会公众的意见，充分体现各方的意愿；需要通过充分沟通协商，重点处理好公共利益与既有权利人诉求之间的关系。

以调动社会各方参与城市更新为导向，充分考虑各类既有权利人的更新意愿和更新诉求，通过因地施策地制定规划方案以及提供适应性的规划与土地政策，激发多元主体参与城市更新的意愿，探索城市更新的多元合作模式，在统一规划下协同推动城市更新实施。本书立足上海城市更新制度与实践研究，从哲学、社会学、公共政策等视角切入，构建城市更新公正性研究的理论框架及评价方法。研究通过资料收集、文献查阅和调研访谈相结合的方法，在多维度视角下发现了既有城市更新项目中不同程度存在的公平性问题，并针对问题产生的原因加以剖析，提出了相应对策和具体策略的思考，形成了包含"问题—原因—评价—策略"的框架体系。同时，基于评价方法与分析框架，针对产业类、公共类、居住类三类更新对象开展了实证研究，适合从事城市更新规划及相关工作的专业人士阅读参考。

城市更新是一个以保障利益相关者空间权利为基础的空间与权益的持续调节过程。什么样的空间布局是公平的、公正的？怎样使得土地、空间的变迁更符合公共利益？如何协调公共利益和私人利益？对于城市更新中这些空间政策、空间布局、空间使用以及空间营造等涉及社会公正性价值的工作，我们要坚持"以人民为中心"的发展思想，以保障各类主体的合法权益、激发各类主体参与城市更新为导向，健全多方参与机制，推动城市更新的多元合作，建设"人民城市"，实现高质量发展。

周俭

全国工程勘察设计大师

同济大学建筑与城市规划学院教授

2024年秋于同济

Preface

Urban regeneration represents the new normal in China's urban development during the stock development stage, essentially involving the redistribution of urban space, rights, and interests. Whether the process and outcome of this distribution are fair and equitable to all stakeholders is one of the core issues determining the sustainability of Urban regeneration.

Social justice focuses on the rationality and fairness of the distribution of resources and wealth itself. It does not emphasize complete equality in quantity but rather the rationality and fairness of the distribution process, rules, and opportunities. The primary task of urban planning is the relocation and reallocation of spatial resources. Since the reform and opening-up, China's cities have undergone tremendous development, achieved through the reconstruction of the occupation and allocation of urban spatial resources. As a technical means, communication platform, and policy tool, how Urban regeneration planning addresses issues of social justice and spatial justice in the reallocation of spatial resources is a challenge that China's planning sector must confront head-on.

Urban regeneration is characterized by diversified stakeholders, diverse spatial environments, and multiple implementation entities. In Urban regeneration, we should adhere to a public interest orientation, ensure the supply of public infrastructure, enhance the quality of the spatial environment, and protect ecology and historical and cultural heritage.

The primary reason for the decline of urban old districts is the depletion of their original high-quality public resources. The inappropriate spatial allocation of urban high-quality public resources can be understood from the perspective of "spatial justice". The hollowing out of high-quality public resources in old districts inevitably leads to an unreasonable social structure, ultimately causing material decay and the decline of these districts. Urban planning should propose robust, public interest-oriented policy recommendations for the rational spatial allocation of public resources.

Respecting the legitimate rights and interests of existing stakeholders, safeguarding the reasonable interests of all participants in Urban regeneration, and establishing and improving a comprehensive social participation mechanism for Urban regeneration throughout the process of discussion, construction, sharing, and governance are crucial for the rationality and fairness of spatial resource redistribution. In the planning formulation and project implementation process of Urban regeneration, it is necessary to promote Urban regeneration initiatives through various means, facilitate channels for public opinion expression, establish participation mechanisms to fully consult and reasonably adopt opinions from stakeholders, experts, technicians, and the public, reflecting the wishes of all parties, and handle the relationship between public interests and the demands of existing stakeholders through thorough communication and negotiation.

Oriented towards mobilizing all sectors of society to participate in Urban regeneration, fully considering the regeneration wishes and demands of various existing stakeholders, formulating planning schemes through tailored measures based on local conditions, and providing adaptive planning and land policies can stimulate the willingness of diverse entities to participate in Urban regeneration, explore the multi-stakeholder collaboration modes for Urban regeneration, and collaboratively promote the implementation of Urban regeneration under unified planning.

Based on research on the system and practice of Urban regeneration in Shanghai, this book establishes a theoretical framework and evaluation method for studying the fairness of Urban regeneration from philosophical, sociological, and public policy perspectives. The research combines data collection, literature review, and research interviews to identify fairness issues of varying degrees in existing Urban regeneration projects from multiple dimensions, analyzes the causes of these issues, proposes corresponding countermeasures and specific strategies, and forms a framework system encompassing "problems-causes-evaluation-strategies". Meanwhile, based on the evaluation method and analytical framework, empirical research is conducted on three categories of regeneration objects: industrial, public, and residential. This book is suitable for professionals engaged in

Urban regeneration planning and related work for reading and reference.

Urban regeneration is a continuous adjustment process of space and rights based on safeguarding the spatial rights of stakeholders. What kind of spatial layout is fair and equitable? How can changes in land and space better serve public interests? How to coordinate public and private interests? Regarding Urban regeneration tasks involving social justice values, such as spatial policies, layouts, use, and creation, we must adhere to the people-centered development philosophy, aim to safeguard the legitimate rights and interests of various entities and stimulate their participation in Urban regeneration, improve multi-party participation mechanisms, promote diversified cooperation in Urban regeneration, build "cities for the people", and achieve high-quality development.

Zhou Jian

Master of Engineering Survey and Design

Professor, College of Architecture and Urban Planning, Tongji University

Autumn 2024, Tongji

前言

　　城市更新是近些年政商学研各界都高度关注和热议的话题。从国家到地方，从城市到乡村，从老城到新城，都在积极探索更好的城市更新之路。党的二十大报告明确要求"加快转变超大特大城市发展方式，实施城市更新行动"。城市更新是城市发展、城市再城市化的一种方式，是建设"人民城市"、提升人民获得感与幸福感的重要路径，本质上是城市中空间、权力与利益的再分配，是城市更新政策及规划的实施。城市更新中涉及政府、企业、社会、智库等多方的角色，有人出钱、有人出力，而有人坐收渔翁之利。城市更新过程中城市原有的权力关系、利益关系不断调整和重构，在物质空间更新的背后，更深层的是城市社会空间的更新，而当中的公平公正是社会普遍关注的重点。本书立足上海，从哲学、社会学、公共政策等视角切入，构建城市更新公平研究的理论框架及评价方法，提出公平视角下城市更新制度构建的价值观与方法论。通过资料收集、文献查阅和调研访谈相结合的方法，挖掘多维度视角下城市更新存在的公平性问题，如权力不均、利益失配、文化断裂等，针对问题产生的原因加以剖析，提出社会赋权、利益适配、文化传承、权责对等、技术提升等相应对策和具体策略，形成了包含"问题—原因—评价—策略"的框架体系，为更好地制定公平、公正的城市更新规划、政策与机制提出了方向和建议。

　　首先，本书结合国内外公平及城市更新相关理论，提出城市更新公平论的价值观与方法论。在价值观方面，提出广义"公平"的三个层次内涵。第一个层次是指人人均等、无差别的"平等"，是一种社会观；第二个层次是按劳分配、差别化的"公平"，是一种价值观；第三个层次是包含对弱势群体关怀的"公正"，是一种道德观。笔者认为，城市更新应该从"效率优先"转变为"公平兼顾效率"。基于历史上的公平观，本书细化了城市更新中的公平原则，即基本权力"人人平等"，更新过程权力同类主体"基于弱势关怀的等分"，更新结果利益同类主体应"按劳分配"。在方法论方面，提出包含因果关系的城市更新公平研究的五个维度（PESCC），即政治平等（political equality）、经济公平（economy equity）、社会公正（social justice）、文化共存（culture coexistence）与协同治理（co-governance），其中经济公平、社会公正和文化共存是结果，政治平等与协同治理是起因。本书提出，城市更新的政治平等主要包括各级政府间的权责对等以及企业及市民基本权利（知情权、参与权、决策权）的人人平等；城市更新的经济公平主要包括空间利益的公平分配（产权/使用权）和货币利益的公平折算（空间与货币的转换）；城市更新的社会公正主要包括更新主体的机会公平（开放/竞争）、市民权利（居住权、就业权、阳光权、交通权）的公平分配，还有更新中对社会弱势群体的特殊关怀；城市更新的文化共存主要包括不同历史时期的文化传承、不同民族地域文化的多元包容，以及不同社会阶层的文化共存；协同治理包括城市更新的规划、政策与机制的公开透明、动态修正与多方协同。

其次，笔者认为城市更新的政策具有阶段性特征，其制定与其所处的发展阶段、政治经济社会环境、需要解决的迫切问题等密切相关，所以脱离历史背景探讨城市更新政策机制不具合理性。本书分析、解读了不同历史时期居住类、产业类、保护类、商业商办类等城市更新政策制定及变迁的内在逻辑，分析了更新政策的差异性、实施情况及其公平性，同时分析了城市更新中的各方角色。笔者认为，政府在城市更新中发挥着巨大作用，引领着城市更新的方向和进程。市级政府一般作为核心权利的决策者，区级政府一般是多方制约的实操者，街道办事处是压力重重的执行者。国有企业一般不以单纯经济盈利为目标，是双重角色的推动者，而民营企业是利润导向的逐利者。社会是城市更新中的第三方力量，本地业主是城市更新矛盾忐忑的接受者，本地租客是缺乏保障的搬迁者，周边居民是坐收渔利的受益者或毫无补偿的受损者。各类社团是对城市更新一腔热血的探索者，社会公众是事不关己的旁观者。智库是城市更新的技术服务方，专家学者是话语权威的建言者，城乡规划师一般是政府的代言人，企业规划师是企业的代言者，而社区规划师是社区的服务者。但由于受聘于不同利益主体，代表公众利益的规划师的技术中立往往非常艰难。

再次，本书构建了多层次的公平性分级分类评价框架。在分级方面，从过程权力（政治社会）和结果利益（经济）视角，城市更新的公平性可以分为轻度不公平、中度不公平和重度不公平三个级别。本书尝试对过程权力进行量化研究，并构建了过程权力测算的模型，以及过程不公平的评价标准及分级。在分类方面，三方权利视角和社会权利视角的评价与城市发展阶段、政策制度环境密切相关，社会多主体权利的公平性受到项目特征、推进主体情况影响。多方权利评价主要看更新过程中政府、企业及公众所掌握的结果利益与过程权力。从社会群体掌握权利的视角，按照更新过程中社会拥有的权力和更新结果分配的利益，可以分为掌权力、享利益，少权力、分利益，无权力、少利益三类。考虑到城市更新的复杂性与多主体，选取城市更新利益相关方（直接利益相关方及间接利益相关方），可对具体城市更新项目进行公平性评价。

最后，本书提出城市更新中不存在绝对公平，研究城市更新公平性的意义在于修正不公平。主体的多元、需求的多样、复杂的产权等诸多挑战，有待多变灵活、保障公平的城市更新规划、政策与实施路径。结合国内外经验借鉴，本书提出走向城市更新治理公平的以下若干建议。一是城市更新制度的价值重塑与体系构建，应统筹兼顾更新的公平、效率与品质，应构建符合价值导向的规划、政策、机制多维支撑体系。二是城市更新规划的多维视角与方法提升，规划应整合经济、社会与文化维度，对方案进行精准的利益测算。三是城市更新政策的弱势赋权与利益适配，更新中各方应进行公平的利益分配，政府应逐渐从土地财政转向税收财政，社会公众特别是本地业主应该在更新后享有更高比例的利益分配，更新中的弱势群体（如租客）应享有相应的经济补偿。四是城市更新机制的程序公平与分类施策，城市更新应基于多主体权利、多调整类型进行精细化程序公平设计，公共类项目与私人类项目应有差异化的更新机制。五是城市更新治理的权责对等与角色理性，政府应放权，走向城市治理，各级政府间应权责对等；企业应承担社会责任，保障公益；社会应参与城市更新决策；智库应回归中立，发挥综合协调作用。

Foreword

Urban regeneration is a hot topic in recent years. It is a way of urban development and re-urbanization, and it is also the implementation of urban planning. In the process of urban regeneration, it involves the roles of government, enterprises, society, think tanks and so on. Some people give money, some contribute, and some profit at other's expense. In the process of urban regeneration, the original rights and interests of the city are constantly adjusted and reconstructed. Behind the regeneration of the physical space, the deeper is the regeneration of the social space of the city, and the issues of fairness, justice and rights are the focus of the society. Based on Shanghai and from the perspective of sociology, this study combines literature and data collection, interview and research to explore the operation mechanism and existing problems behind urban regeneration, analyze the causes of the problems, and put forward direction suggestions for better formulation of fair and just urban regeneration policy and implementation mechanism.

First of all, the research combines the theory of social equity and urban regeneration theory at home and abroad, based on the reality of Shanghai, and constructs the research framework of urban regeneration policy mechanism from the perspective of rights and equity. Based on the group (role) rights, the study focuses on the fairness of the process rights (the right to know, the right to participate and the right to make decisions) of the government, enterprises and society and the fairness of the permanent rights (the right to own and the right to use). This paper mainly studies the role and relationship of the parties in the regeneration. In the process of Urban regeneration, the rights should be "equal for all", that is, all parties should enjoy all kinds of rights equally; the permanent rights should be "proportional fair", that is, more work, more pay, more gain.

Secondly, based on the time, type and role dimension, this paper analyzes the urban regeneration policy and mechanism. The policy making of urban regeneration is closely related to its development stage, political, economic and social environment, and urgent problems that need to be solved. Therefore, it is unreasonable to discuss the policy mechanism of urban regeneration from the historical background. This paper studies and interprets the internal logic of the development and changes of regeneration policies in different historical periods, such as residential, industrial, protective, commercial and office types, analyzes the differences, implementation and fairness of regeneration policies, and analyzes the roles of all parties in urban regeneration. The author believes that the government plays a huge role in urban regeneration, leading the direction and process of urban regeneration. The municipal government is generally the decision-maker of absolute rights, the district government is generally the practitioner of multiple constraints, and the street office is the executor of heavy pressure. In general, state-owned enterprises are not only the promoters of double roles, but also the profit oriented ones. The society is the third force in urban regeneration. The local owners are the recipients of the contradictions in urban regeneration. The local tenants are the relocaters without compensation, and the surrounding residents are the beneficiaries without any work. All kinds of societies are explorers of urban regeneration, and the public are spectators. Think tanks are the technical service providers of urban regeneration, experts and scholars are the authoritative speakers, government planners are generally the spokesmen of the government, enterprise planners are the spokesmen of enterprises, and community planners are the community service providers. However, due to being employed by different stakeholders, the technical neutrality of planners representing the public interest is often very difficult.

Thirdly, the research constructs a multi-level framework of fairness analysis and evaluation. The evaluation from the perspective of tripartite rights and social rights is closely related to the urban development stage, policy and institutional environment. The fairness of social multi-agent rights is affected by the characteristics of the project and the situation of the promotion subject. Multi rights evaluation mainly focuses on the permanent rights and process rights held by the government, enterprises and the public in the process of regeneration. From the perspective of social groups' mastery of rights, the interests distributed according to the rights and results of the regeneration process can be divided into three levels: the first level is power and interests; the second level is less power and interests; the third level is no power and interests. Considering the complexity and multi-agent of urban regeneration, selecting the stakeholders (direct and indirect stakeholders) of urban regeneration can evaluate the fairness of specific urban regeneration projects. At the same time, based on different urban regeneration modes, such as the perspective of the leading body, the perspective of the subject change, and the difference of land supply mode, the study analyzes the main characteristics, internal mechanism and existing problems of each type of regeneration, and studies the fairness of urban regeneration with cases.

Finally, the paper proposes that there is no absolute fairness in urban regeneration, and the significance of studying the fairness of urban regeneration lies in correcting the unfairness. There are many challenges, such as the diversity of subjects, the diversity of demands, the complex property rights, etc., which need to be updated planning, policies and implementation paths that are changeable, flexible and fair. Combined with the experience at home and abroad, this paper puts forward some suggestions for the fairness of urban regeneration governance: first, the value remodeling and system construction of urban regeneration system should take into account the fairness, efficiency and quality of regeneration, and build a multi-dimensional support system of planning, policy and mechanism in line with the value orientation. The second is to upgrade the multidimensional perspective and method of planning. Planning should integrate economic, social and cultural dimensions, and accurately measure the benefits of the scheme. The government should gradually shift from land finance to tax finance. The public, especially the local owners, should enjoy a higher proportion of interest distribution after the regeneration. The vulnerable groups such as tenants in the regeneration should enjoy the corresponding economic compensation. The fourth is the procedural fairness and classified implementation of urban regeneration mechanism. Urban regeneration should be based on multi-agent power and multi adjustment type to carry out fine procedural fairness design. Public projects and private projects should have differentiated regeneration mechanism. The government should decentralize power and move towards urban governance, and governments at all levels should have equal rights and responsibilities; enterprises should bear social responsibility and protect public welfare; society should participate in urban regeneration decision-making; think tanks should return to neutrality and play a comprehensive coordinating role.

目录

序

前言

第1章 绪论

1.1　研究背景 / 2

1.2　课题源起与必要性 / 6

1.3　概念界定、研究框架与意义 / 9

1.4　上海城市更新演进历程回顾 / 22

第2章 理论溯源

2.1　国外正义论的历史演进及主要观点 / 44

2.2　中国公平正义的主要理论及观点 / 54

2.3　城市更新研究的多学科视角 / 58

第3章 多维视角下的城市更新不公平

3.1　经济维度的城市更新 / 74

3.2　政治社会维度的城市更新 / 77

3.3　文化维度的城市更新 / 86

3.4　城市更新不公平的产生原因 / 88

3.5　城市更新案例公平性剖析 / 95

第4章 权利视角下城市更新公平性评价

4.1　公众参与及决策制度理论 / 106

4.2　政治（权）经济（利）视角的更新公平性分级 / 109

4.3　不同主体权利视角的更新公平性分类 / 118

4.4　更新案例的公平性评价方法应用 / 121

第5章 政治平等：城市更新过程的社会赋权

5.1　更新政策机制与程序公平 / 134

5.2　协商规划与现行规划体系 / 139
5.3　更新规划设计的各方权利维护 / 145

第6章　经济公平：城市更新结果的利益适配

6.1　公平的产权变换 / 154
6.2　受损方的经济补偿 / 170
6.3　公众的使用权保障 / 172
6.4　货币利益的公平变换 / 178
6.5　规划技术标准的优化提升 / 181

第7章　社会公正：城市更新中的角色理性

7.1　更新社会影响评估与社会规划 / 186
7.2　更新多元实施路径与公众参与 / 190
7.3　更新中各方角色的理性回归 / 207

第8章　文化共存：城市更新的历史文化传承

8.1　上海历史文化风貌保护发展演进 / 218
8.2　城市更新中历史价值的公平研判 / 222
8.3　保护对象分级分类保护更新策略 / 226
8.4　历史风貌地区的特殊政策机制 / 240

第9章　协同治理：走向公平公正的城市更新

9.1　主要研究发现 / 250
9.2　更新制度的完善建议 / 255

结语 / 261

参考文献 / 263

后记 / 272

Contents

Preface

Foreword

Chapter 1   Introduction

1.1   Research Background / 2

1.2   Origin and Necessity of the Topic / 6

1.3   Concept Definition, Research Framework and Significance / 9

1.4   Review of the Evolution of Shanghai Urban Regeneration / 22

Chapter 2   Theoretical Traceability

2.1   The Historical Evolution and Main Perspectives of Justice Theory Abroad / 44

2.2   Main Theories and Viewpoints on Fairness and Justice in China / 54

2.3   Multidisciplinary Perspectives on Urban Regeneration Research / 58

Chapter 3   Unfair Urban Regeneration from a Multidimensional Perspective

3.1   Economic Inequality of Urban Regeneration / 74

3.2   Political and Social Injustices in Urban Regeneration / 77

3.3   Cultural Injustice in Urban Regeneration / 86

3.4   Reasons for Unfair Urban Regeneration / 88

3.5   Analysis of Fairness in Urban Regeneration Cases / 95

Chapter 4   Evaluation of Urban Regeneration Fairness from the Perspective of Rights

4.1   Theory of Public Participation and Decision Making System / 106

4.2   Update of Fairness Grading from a Political (Power) Economic (Benefit) Perspective / 109

4.3   Classification of Updated Fairness from Different Perspectives of Subject Power / 118

4.4   Application of Fairness Evaluation Methods for Updated Cases / 121

Chapter 5   Political Equality: Social Empowerment in the Urban Regeneration Process

5.1   Updating Policy Mechanisms and Procedural Fairness / 134

5.2　Negotiation Planning and Current Planning System / 139

5.3　Rights Protection of All Parties in Updating Planning and Design / 145

Chapter 6　Economic Equity: Benefits Adaptation of Urban Regeneration Results

6.1　Fair Property Rights Transformation / 154

6.2　Economic Compensation for the Damaged Party / 170

6.3　Protection of Public Use Rights / 172

6.4　Fair Conversion of Monetary Benefits / 178

6.5　Optimization and Improvement of Planning Technical Standards / 181

Chapter 7　Social Justice: Role Rationality in Urban Regeneration

7.1　Updating Social Impact Assessment and Social Planning / 186

7.2　Updating Diversified Implementation Pathways and Public Participation / 190

7.3　Rational Regression of Roles in Updates / 207

Chapter 8　Cultural Coexistence: Historical and Cultural Inheritance of Urban Regeneration

8.1　Development and Evolution of Shanghai's Historical and Cultural Landscape Protection / 218

8.2　Fair Assessment of Historical Value in Urban Regeneration / 222

8.3　Protection Object Grading Classification Protection Update Strategy / 226

8.4　Special Policy Mechanisms in Historical Regions / 240

Chapter 9　Collaborative Governance: towards Fair and Just Urban Regeneration

9.1　Main Research Findings / 250

9.2　Suggestions for Improving the Urban Regeneration System / 255

Concludes / 261

References / 263

Postscript / 274

Chapter 1

Introduction

第1章 **绪论**

　　本章主要介绍了本书研究的源起、主要背景以及研究中重要的概念界定，如城市更新、政策与机制、公平与权利等，结合国内外同类研究的经验，明确提出了本书研究的方法与框架，最后分析了研究的意义与创新。

　　This chapter mainly introduces the origin and main background of the research in this book, as well as the definition of important concepts such as Urban regeneration, policies and mechanisms, equity and rights. Drawing on the experience of similar studies both domestically and internationally, it clearly proposes the research methods and framework of this book. Finally, it analyzes the significance and innovation of the research.

1.1

研究背景
Research Background

在2010年9月举办的第五届亚太经济合作组织人力资源开发部长级会议上，我国领导人首次公开倡导"包容性增长"，即经济增长成果要惠及社会的全体成员。中央政府多次强调，社会公平正义是社会和谐的基本条件，逐步建立以权利公平、机会公平、规则公平为主要内容的社会公平保障体系，使发展成果更多地惠及全体人民[①]。

1.1.1 全球资本扩张与地方政府转型
Global Capital Expansion and Local Government Transformation

从全球角度来看，资本的全球扩张是地方城市更新的主要推力，近些年中国的城市发展与城市更新密切相关，特别是资源紧约束的大背景之下，地方政府的土地经济发展模式面临转型，倒逼城市更新。

在相当程度上，资本的全球性流动推动了全球化，而全球化和当代世界很多地方的城市更新有密切关系。资本主义的发展是一个全球性的地理问题，在全球化过程中，发达国家通过资本输出将自身的危机与社会矛盾转嫁到国际上，城市空间就是国际资本投资的对象。由统治者和国际资本自上而下推行的城市改造，实质是资本追求利润的一种手段，因为具有商品价值的城市空间和流动的资本之间可以互相兑换，通过城市改造，跨国资本在资本和空间的转换中获得利润[②]。

---

① 唐子来，顾姝. 上海市中心城区公共绿地分布的社会绩效评价从地域公平到社会公平[J]. 城市规划学刊，2015（2）：48-56.
② 张庭伟. 从城市更新理论看理论溯源及范式转移[J]. 城市规划学刊，2020（1）：9-16.

回顾城市更新的历史，西方国家城市更新政策的发展共分为五个阶段①：20世纪50年代的"物质形态决定论"下的大规模城市重建（urban reconstruction）、60年代对大规模改造计划的反思与人本主义思潮兴起后的城市振兴（urban revitalization）、70年代的内涵式城市更新（urban renewal）、80年代的城市再开发（urban redevelopment），以及90年代激烈竞争中的城市复兴（urban regeneration）及可持续发展。

第二次世界大战之后，许多遭受战争破坏和摧毁的欧洲城市面临重建，这一阶段的城市更新由中央政府自上而下主导，以物质空间为对象，以推土机式重建为主要形式，大规模清理了贫民窟，使内城面貌大为好转。随着20世纪60年代人本主义思潮的兴起，这一阶段的城市更新开始关注城市的社会公平和贫困人口问题，具有福利色彩的社区更新逐渐替代推土机式的重建，更新手段针对特定的旧城贫困地区，如英国的《地方政府补助法案》和美国的"现代城市计划"（Model Cities Program）②。进入70年代以后，西方国家普遍正式进入后工业社会，出现了各种新的规划理论与方法，包括参与式规划、倡导性规划等，并进入了小规模、渐进式的更新时代。但该时期城市更新仍然由政府主导，中央与地方政府合作。至80年代，欧美国家针对经济的结构性衰退及普遍面临的内城衰败现象，更新的重点转向经济增长与旧城再开发，政府向私人投资提供宽松、良好的政策环境，以吸引中产阶级回到市中心，刺激旧城恢复经济活力，但商业化开发在一定程度上扩大了贫富差距③。这一阶段更新的典型特征是市场主导，大力推动私有投资以及打造公私伙伴关系，城市更新成为以地产开发为特征的商业性活动，以效率优先为导向，社会公平公正（如对弱势社区的扶助）被放在服从的地位。虽然假定公平可以通过效率的涓滴效应衍生，但是实际上效果恰恰相反，更新反而激化了地区的社会矛盾和冲突。进入90年代，城市间竞争愈发激烈，城市发展的人本主义和可持续发展理念深入人心。该变化最早体现于英国的"城市挑战计划"（1991年）。这一阶段的城市更新强调自下而上和自上而下相结合，提倡社区参与，用整体性的观念和行为来解决各种各样的城市问题，最终形成长远、可持续的改善和提高，如通过对废弃土地和建筑循环利用来减少城市边缘扩张等。

总结西方国家城市更新发展历程，从主体对象、手段策略及社会公平的视角可以发现城市更新的三个转变趋势：一是从中央政府主导到政府、市场、公众多方参与；二是从贫民窟清理到社区邻里的振兴，贫富差距、经济发展、文化活力等内生问题开始成为城市更新要解

① 余高红，朱晨. 欧美城市再生理论与实践的演变及启示[J]. 建筑师，2009（4）：15-19，4.
② 董玛力，陈田，王丽艳. 西方城市更新发展历程和政策演变[J]. 人文地理，2009，24（5）：42-46.
③ 张庭伟. 从城市更新理论看理论溯源及范式转移[J]. 城市规划学刊，2020（1）：9-16.

决的主要问题，故转而提倡多方参与下社区邻里的综合整治和活力恢复；三是从单纯的物质环境改善规划到社会、经济和物质环境相结合的综合规划，从外科手术式的推倒重建转向小规模、谨慎的渐进式改善。以上三个方面对提升城市更新的公平性具有积极意义。

与西方发达国家相比，我国1949年后长期推行计划经济体制，旧城反映出计划分配、自给自足的结构特点，至20世纪70年代末、80年代初，城市化进程才开始迅速推进。因此，我国城市更新具有其自身的复杂性和特殊性①，经历的主要历史时期如下②：1949～1965年这一阶段是新中国成立初期的缓慢时期，由于遗留的城市问题过多，且政府能力十分有限，旧城改造主要着眼于解决居民的基本生活问题，旧城区几乎维持了原状，并没有进行实质性的更新改造。1966～1976年是停滞时期，由于"文化大革命"，这一阶段旧城区内仅有极少量支离破碎的城市建设。20世纪70年代末到1990年是以住宅修建为主的恢复时期，这一阶段社会环境稳定，开始弥补新中国成立以来的城市建设欠账，职工住房成为亟待解决的突出问题，因此该时期住宅修建是重要的工作内容。到了20世纪90年代，经济进入转型期，城市改造与重建开始规模化、简单化、高速化。地产开发与经营对城市建设产生了深刻的影响，同时面对市场经济的高速发展，旧城的物质形态出现了滞后现象。这一时期的城市改造与重建追求经济利益最大化，表现出大规模、粗放式、快进式的特点。2000年以后，进入了多元化理念影响下的城市更新阶段。经过发展时期，我国大多数城市中心地段人口密度高、建筑密集、土地资源紧缺问题凸显，历史文化环境遭破坏等问题受到重视。同时，西方城市更新思想的影响逐渐增强。虽然这一阶段我国城市更新仍以追求经济回报的物质环境更新为主，但多元化的城市更新理念、自上而下的更新诉求开始显现，深圳、广州等城市在适合我国国情的更新实践上作出了有益探索。

1.1.2 市民维权意识增强与权利抗争
Enhancing Citizen's Awareness of Rights Protection and Rights Struggle

城市更新直接关系到居民的利益，可能引起纠纷。上海的旧城改造过程中也存在大量社会问题，如2003年之前的旧区改造以毛地出让为主，由于缺乏系统和规范的动拆迁法律法规，加上房地产开发商为赶进度，在动拆迁过程中难免出现补偿标准不一、补偿不到位、程

① 阳建强. 中国城市更新的现状、特征及趋势[J]. 城市规划，2000（4）：53-55，63.
② 翟斌庆，伍美琴. 城市更新理念与中国城市现实[J]. 城市规划学刊，2009（2）：75-82.

序不规范，甚至强迁等事件发生，动迁矛盾一度成为社会矛盾的焦点之一。房地产开发商无力动迁、城市规划的变动，或者其他市场原因，导致旧改地块被囤积。这些地块的开发周期被延长，开发成本不断升高，部分旧改地块开发也一度陷入僵局。而旧改中原中心城居民外迁至郊区偏远地区的做法也加剧了社会阶层隔离，响应国家要求而建设的大型居住社区同样也存在上述问题。

伴随着网络时代到来及信息快速获取途径的增多，市民维权意识不断增强，人们对知情权的渴望与呼吁之声使得政府必须重新认真思考市民权利的问题。

1.1.3　规划领域价值观转变与政策瓶颈
Value Transformation and Policy Bottlenecks in the Planning Field

城市更新起源于20世纪30～40年代的欧美国家，主要源于战后重建及应对内城衰败。西方国家城市更新的关注重点经历了从物质到社会，再到经济，最后到公平的演变历程，同时也经历了从强调单一维度到多维度综合权衡的转变。相比之下，我国系统的城市更新实践起步较晚，从深圳、广州等城市开始，上海也是国内较早启动城市更新的城市之一。随着城市更新实践范围的拓展，城市更新的内涵从最初的大规模重建转向全面复兴及可持续发展，方法也从外科手术式的推倒重建转向小规模、渐进式改善。城市更新与城市保护之间的价值观也存在冲突，针对有历史价值的建筑如何更新利用，业内仍有许多争论和待解决的技术难题。

当前我国城市更新仍面临很多的制度瓶颈。例如，许多有雄厚资金的企业有较强参与更新的意愿，但是基于当前我国的房屋产权制度[①]，需要进行建筑保留的房屋依照目前政策必须取得所有产权主体的同意才可以推进，在谈判中，极易导致个别产权人就地抬价而谈判失败，从而削弱了这些企业参与的积极性。假若部分试点项目可以参照旧区改造中的居民改造意愿征询制度，"愿意改造居民户数超过规定比例，即可办理项目立项、规划等手续"[②]，便可以有效推动更新项目的实施，然而这一政策的突破意味着少数利益服从多数利益，需要整个社会在法理方面的不断探索并达成共识。

[①] 《物权法》。
[②] 上海市《关于开展旧区改造事前征询制度试点的工作意见》。

1.2

课题源起与必要性

Origin and Necessity of the Topic

作为规划设计行业的从业者，笔者研究城市更新政策机制及其公平性主要有如下四个原因。

1.2.1 不公平的普遍性与复杂性
The Universality and Complexity of Unfairness

城市更新中不公平普遍存在，随着网络时代的到来及信息快速获取途径的增多，市民维权意识不断增强，社会矛盾日益激化。在实际工作中，出现了大量不公平的现象。例如，笔者在研究上海较早成功更新项目背后的政策与机制时发现，很多项目的成功往往都是基于特事特办，并不存在一个长期稳定的政策支撑，以至于成功经验很难复制、推广，而一个新政策的出台将会导致同类企业或者私营业主在不同时期的公平性产生差异；在同一个更新项目中，不同业主也会有差异化的获益。在研究国内外城市更新经验时，在跟踪更新试点项目推进及实施的过程中，笔者在与市、区行政主管部门及实施主体的沟通中发现，对于大部分更新项目政府仍然是主要的推动者，实施主体及民众仍处于较为弱势的地位，且很多主体的积极性并不高，只是被政府推着办事；另外，还有很多有更新诉求的项目由于种种政策瓶颈而无法得到实施推进；一些实施的更新项目仍然有诸多涉及社会公平方面的问题。

城市更新中还存在更新规模和节奏控制不均衡的问题。由于区位和潜在经济价值的差异，市中心一些繁华地段的旧城改造项目非常抢手，商业价值较高的地段优先得到改造，而一些地处偏僻或商业效益不大的危旧地块却少有人问津，更新进程滞后。

城市更新是权利（权力+利益）再分配，公平是核心，相比于城市新建，其政策、规划及实施机制涉及多利益主体，需要协调复杂的周边关系，往往难度巨大。在政府制定城市更新办法及实施细则的过程中，需要不断地思考各种政策条款背后所涉及的不同利益主体的得失。

1.2.2 公平性研究的紧迫性与现实性
Urgency and Reality of Fairness Research

上海从增量扩张进入存量更新时代，各类更新需求不断涌现，城市更新制度的完善迫在眉睫。近些年，城市更新研究与设计成为笔者主要工作领域之一，主要开展了从城市总体规划评估的中心城更新专题，到城市更新战略、更新专项研究、更新政策制定、更新试点项目跟踪研究、更新政策评估等一系列工作，研究过程中收集整理了大量城市更新相关资料，调研及访谈了各类城市更新项目的实施推进主体、涉及的不同利益主体及民众，上述工作为本书成稿奠定了一定的基础。

笔者通过城市更新的网络调研发现，参与调研的上海1万多名专家及普通市民对城市更新中公平性高度重视，"公平的权益变换机制""可行的规范及健全的制度""政府的奖励及协助"是专家与市民普遍认为的城市更新项目成功的主要保障（图1-1）。通过相关研究的梳理与综述，笔者发现该领域目前的研究较少，故开展相关研究具有现实意义。

以上种种的原因，激发了笔者从社会学的视角开展上海城市更新政策与机制研究的热情，发挥规划师的工作职责。笔者也期望研究成果能为上海未来城市更新机制的创新及更新政策的修订提供思路，以促进上海城市更新朝着更加公平公正、精细化、人本化的方向发展。

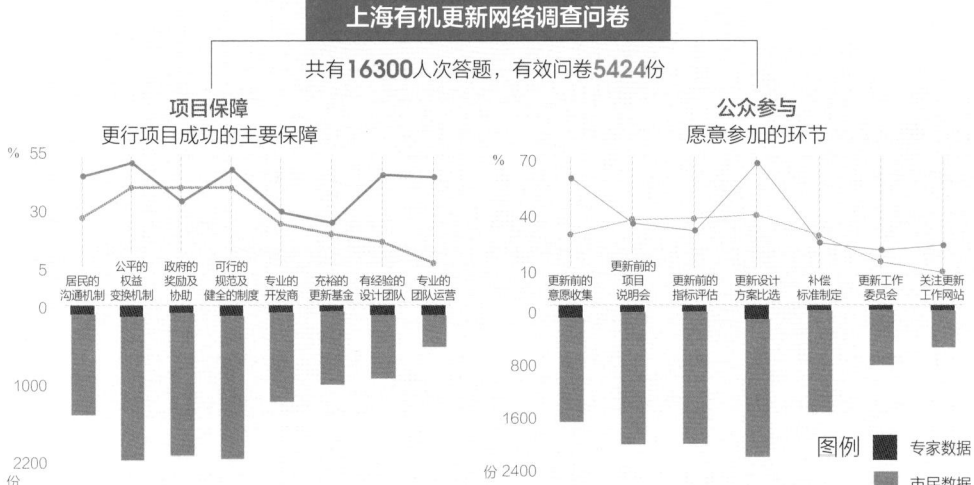

公平的权益变换机制、可行的规范及健全的制度和政府的奖励及协助
是更新项目成功最主要的保障，公众参与中大家最愿意参加更新设计方案比选

图1-1　城市更新网络调研数据分析结论
Figure 1-1　Data Analysis Conclusions of Urban Regeneration Network Research
（来源：上海市城市规划设计研究院、同济408小组"上海城市更新网络调研"）

1.3

概念界定、研究框架与意义
Concept Definition, Research Framework and Significance

本书主要的研究对象是上海的城市更新政策与机制，分析其公平性，所以有必要首先对城市更新、政策与机制、社会公平的定义进行剖析。

1.3.1 城市更新的公平与权利
Fairness and Rights in Urban Regeneration

对于城市更新的最早的定义出现在1958年8月荷兰召开的第一次城市更新研讨会上，具体表述为：生活在城市中的人，对自己所居住的房屋的修理改造，对街道、公园、绿地和不良住宅区等环境的改善有要求及早施行，以形成舒适的生活环境和美丽的市容，包括所有这些内容的城市建设活动都是城市更新。

我国较早提出城市更新概念的是学者陈占祥。20世纪80年代初，他基于西方国家城市更新的历史和经验，把城市更新定义为城市"新陈代谢"的过程。在这一过程中，既有推倒重来的重建，也有对历史街区的保护和对旧建筑的修复等。20世纪90年代初，吴良镛院士提出了城市"有机更新"的概念，即从城市到建筑，从整体到局部，如同生物体一样是有机联系、和谐共处的。城市建设应该按照城市内在的秩序和规律，顺应城市的肌理，采用适当的规模、合理的尺度，依据改造的内容和要求，妥善处理目前和将来的关系。2000年以来，学者们开始注重城市建设的综合性与整体性，很多文章也给出对"城市更新"新的理解。伍江教授构建了"有机更新"的理论框架，他认为城市有机更新要不断提升城市功能，使城市更具人性、更具活力、更具韧性、更具可持续性，延续和传承城市历史文化以及需要相关政策的配套。东南大学阳建强教授归纳了城市更新的复杂特征，他认为城市更新是以改善人居环境、提高城市生活质量、保障生态安全、促进城市文明、推动社会和谐发展为更长远和更综合的目标。

《现代地理科学词典》[①]中对城市更新的定义为：城市在其发展过程中，经常不断地进行着改造，呈现新的面貌。城市更新的目标是振兴城市中心地区经济，增强社会活力，改善建筑和环境，吸引中上层居民从郊区返回市区，并通过地价增值来增加税收。

总的来说，城市虽然是人造的产物，但是它却像一个有机体，从诞生之日起就一直处于不断生长及自我更新的过程中。城市更新是使城市保持生命力的一种调节机制，使得城市不断地发展和创新，以满足和适应人的新的需求。城市更新是一个复杂的利益博弈过程，政府、开发商、原物业权利人、公众等在不同类型的更新中扮演着不同的角色。城市更新包括两方面内容：一方面是物质环境的更新，另一方面是社会环境的重塑，而后者往往部分隐藏在前者之中。

关于城市更新的研究与评价主要有三个要素，分别为品质、效率与公平（图1-2）。品质关注城市更新后城市空间与功能的品质提升，效率关注城市更新中整体的投入产出比与速度，而公平关注城市更新中各方权力与利益的分配，即各方的获益程度差异。在以往的研究中，品质与效率往往被较多地关注，而对公平的关注较少。笔者认为，城市更新的公平与两个要素同样重要，从提升社会整体幸福指数、改善贫富差距等角度，公平性研究对城市更新

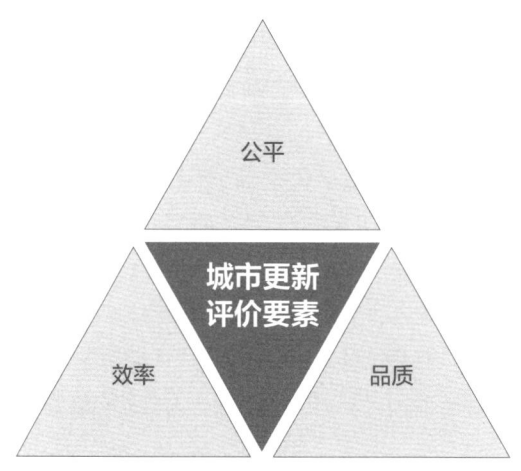

图1-2　城市更新评价三要素

Figure 1-2　Three Essential Elements of Urban Regeneration Evaluation

---

①　刘敏，方如康. 现代地理科学词典[M]. 北京：科学出版社，2009.

具有重要意义。

《中国伦理学百科全书》[①]中对公平的定义为：社会主体之间和其行为与报应之间关系不偏斜、公正平等的合理状态和评价原则。其与公正、正义、公道的道德价值相同或相近。在集体、民族国家之间交往中，公平指相互间的给予与获取大致持平的平等互利。在个人与社会集体之间的关系上，公平指个人的劳动活动所创造的社会效益与社会提供给个人的物质生活和精神生活条件的平衡、合理。在个人与个人之间的关系上，公平指他们之间的对等互利，一个人从他人那里得到的应同他给予或将要给予他人的大致平衡。

《伦理学大辞典》[②]中对公平的定义为：公平既是个法学概念，也是个道德范畴。作为道德范畴，公平同正义、公道、公正等道德范畴含义相近。从一般意义上来说，公平着重指待人处世中合情合理的态度，即合乎人的正当感情和道义之理，是侧重调解人们交往关系的一种行为准则。在商业道德中，公平是体现商品等价交换原则的一条基本准则。商业道德规范中的"公平交易"和"买卖公平"等内容和要求，都包含着商业活动中的等价交换的公平原则。

《中华法学大辞典·国际法学卷》[③]中对公平的定义为：在国际法上，公平等于公平原则。按照国际法院在"北海大陆架"案中的意见，公平与1945年《国际法院规约》第35条第2款所规定的"公允及善良"不同。

公平是一个非常复杂的价值观问题，价值群体不同，人们对公平内涵的界定就有区别，甚至有时区别很大。梁鹤年认为，规划不应勉强客观事实去迁就主观需要，因为这是不效率；也不应勉强主观需要去迁就客观事实，因为这是不公平。上策是匹配[④]。

公平分为过程公平和结果公平，有学者研究和探讨过程公平、结果公平和任务角色对公平判断的共同影响，结论为相对于过程公平，个体更看重结果公平[⑤]。亚当斯最先提出公平理论（equity theory）来解释公平判断，他认为公平判断的结果取决于"个体的产出—投入比相较于社会中其他人或过去的自己更高还是更低"，若更高，个体就会产生积极的公平

① 罗国杰. 中国伦理学百科全书[M]. 长春：吉林人民出版社，1993.
② 宋希仁，等. 伦理学大辞典[M]. 长春：吉林人民出版社，1989.
③ 王铁崖. 中华法学大辞典·国际法学卷[M]. 北京：中国检察出版社，1996.
④ 梁鹤年. 城市人[J]. 城市规划，2012，36（7）：87-96.
⑤ 徐富明. 过程公平、结果公平和任务角色对公平判断的影响[J]. 中国临床心理学杂志，2019（5）：874-877.

判断，相反则产生消极的公平判断[①]。蒂博特和沃克提出了程序公平理论（procedural justice theory），他们认为并非结果而是产生结果的过程或程序信息对公平判断有更为重要的影响[②]。结果产生的过程或程序是公平的，个体就会作出积极的公平判断，相反则会有不公平的体验[③]。克罗潘扎诺和福尔格的研究较早发现结果信息和过程信息共同影响个体的公平判断[④]。格里恩伯格、吕特和尼彭伯格的研究则发现，结果信息与过程信息也会在人际社会比较的公平判断中发挥作用[⑤]。

公平可以分为"主观公平"和"客观公平"，提升客观公平性的意义在于提升主观的公平感受，而由于信息的不对称及个体对公平的价值观差异，同样的事实会导致不同主观公平心理感受（图1-3）。

本书中的"公平"概念是广义的"公平"，主要包含三个层次的内涵：第一个层次是指

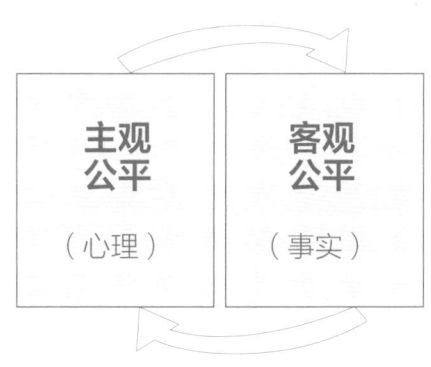

图1-3 公平的主观与客观两个维度

Figure 1-3 Subjective and Objective Dimensions of Fairness

① ADAMS J S. Inequity in social exchange[J]. Advances in experimental social psychology, 1965(2): 267-299.

② THIBAUT J W, WALKER L. Procedural justice: apsychological analysis[M]. Hillsdale, NJ: Erlbaum, 1975.

③ GREENBERG J.Organizational justice: yesterday, today, and tomorrow[J]. Journal of management, 1990, 16(2): 399-432.

④ CROPANZANO R, FOLGER R. Referent cognitions and task decision autonomy: beyond equity theory[J]. Journal of applied psychology, 1989, 74: 293-299.

⑤ GRIENBERGER I V, RUTTE C G, KNIPPENBERG A F M V. Influence of social comparisons of outcomes and procedures on fairness judgments[J]. Journal of applied psychology, 1997, 82(6): 913-919.

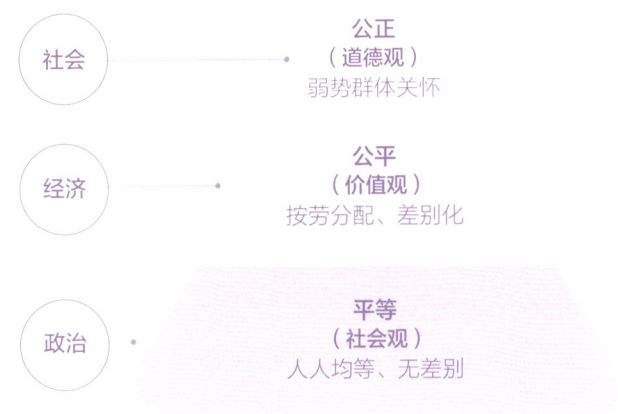

图1-4　广义"公平"的三个层级

Figure 1-4　Three Levels of Generalized"Fairness"

人人均等、无差别的"平等"，是一种社会观；第二个层次是按劳分配、差别化的"公平"，是一种价值观；第三个层次是包含对弱势群体关怀的"公正"，是一种道德观（图1-4）。

　　《现代经济词典》[①]中对权利的定义为：由法律、某种社会组织的章程或社会公德所赋予人们的可以体现自己意愿、满足一定目的的行为规定和要求。权利可分为国家权利、民族权利、政治权利、经济权利、文化权利、行政权利等。《中华法学大辞典·诉讼法学卷》[②]对权利的定义为，行政法律关系的内容之一，与义务相对应；指法律对行政法主体能够为或不为一定行为，及其要求他人相应为或不为一定行为的许可与保障。

　　关于权利的实质，历史上学者曾有过很多不同的论述。马克思主义认为，权利是社会经济关系的一种法律形式。权利的五要素分别是利益（interest）、主张（claim）、资格（entitlement）、力量（power或capacity）和自由（freedom）。其中，利益既可能是个人的，也可能是群体的、社会的；既可以是物质的，也可以是精神的。本书中所涉及的城市更新中的利益主要是群体利益以及物质利益。

---

① 刘树成，中国社会科学院经济研究所. 现代经济词典[M]. 南京：凤凰出版社，2005.
② 陈光中. 中华法学大辞典·诉讼法学卷[M]. 北京：中国检察出版社，1995.

城市更新研究中，产权是一种核心权利。《牛津法律大辞典》对产权的定义为：亦称财产所有权，是指存在于任何客体之中或之上的完全权利，它包括占有权、使用权、出借权、转让权、用尽权、消费权和其他与财产相关的权利。本书研究重点针对城市更新中的产权（占有权）和使用权两类权利。

平乔维奇（Pejovich）认为，所有权包括四种权利，即使用权、收益权、处置权和交易权。德姆塞茨（Demsetz）则从产权功能和作用出发定义产权，他认为所谓产权，意即指使自己或他人受益或受损的权利。诺思也认为产权本质上是一种排他性权利。

本书中，将权利分为权力和利益。权力是指权利能够得以实现的可能性，它并不要求权利的绝对实现，只是表明权利具有实现的现实可能；利益则是权利的另一主要表现形式，是权力现实化的结果。权力具有可能性，利益具有现实性。也可以说权力是可以实现但未实现的利益，利益是被实现了的权力（图1-5）。

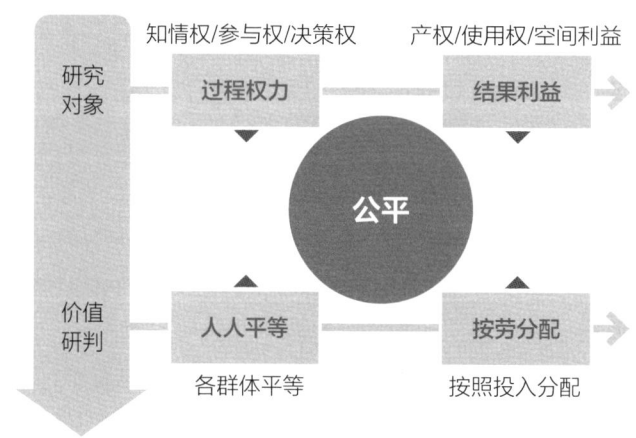

图1-5 城市更新中的权力构成及价值研判

Figure 1-5   Composition of Rights and Value Assessment in Urban Regeneration

应将受城市更新影响最大的居民的权利作为首要考量，在更大程度上考虑弱者的权利，保证其权利和资源的可获得、可享用。具体说来包括三个方面的权利：一是知情权，即对城市更新的全过程有了解、知晓的权利，而不是被排斥在整个过程之外。二是参与权（分享权），主要是指参与到更新过程中并对更新中产生的利益和利润进行分享，而不是利益和利润被剥夺，但这种分享可能不是直接的，而是通过多种形式，但应该以保证在住区更新中受

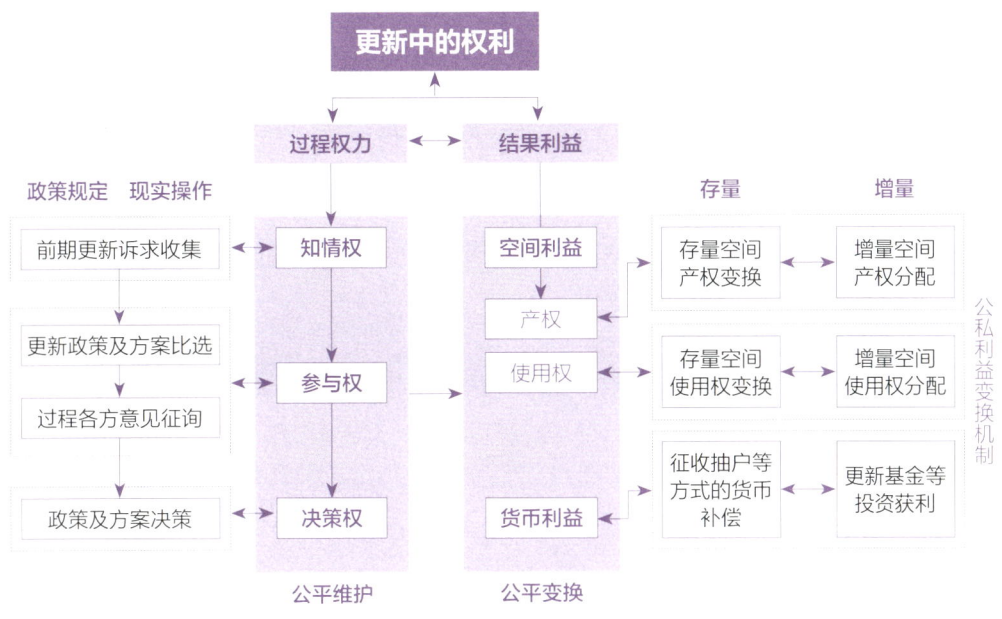

图1-6　更新中权利的研究框架

Figure 1-6　Research Framework for Rights in Regeneration

益最小的人的最大利益为原则，使其保有对更新后的空间成果享用权利。三是决策权（选择权），主要包括能够有决定更新与否的权利，而不是临时被告知，或妥协与被迫；更新后有可供选择的居住地点的权利，而不是被迫安置在边缘（图1-6）。

1.3.2　城市更新的制度与治理
System and Governance of Urban Regeneration

"制度"一词出自《周易》："天地节，而四时成。节以制度，不伤财，不害民。"制度是指一定历史条件下的政治、经济、文化等方面的体系，从社会科学的角度来理解，制度泛指以规则或运作模式规范个体行动的一种社会结构。诺思在其《制度、制度变迁与经济绩效》一书中通过建立一个完整的分析制度及制度变迁的理论框架，揭示了制度在经济绩效中的作用，指出制度是一个社会的博弈规则，由正式的规则、非正式的约束以及它们的实施特征三个基本部分构成[1]。

《中华法学大辞典》[2]中对政策的定义如下：政党或国家为实现一定历史时期的任务而制定的行动纲领、方针和准则。在中国古代就有"政"和"策"两个字，但它们是被分开使用的。政，一直是指政治及其行政管理事务。《论语·为政》中写道："道之以政，齐之以刑"。《韩非子·五蠹》中写道："今欲以先王之政，治当世之民，皆守株之类也"。这里的"政"都是指"政治"而言。策，在中国古书中则有计谋、策划、办法等意。英文中的政策（policy）一词主要是指政党、政府等组织为了完成特定目标对所要采取的行动的一种表达形式，有时也指权谋、治术。

本书研究的城市更新制度主要包括城市更新规划、城市更新政策和城市更新机制。

梁鹤年认为，"规划"既是未来行动的指导方案，又是制定和实施该方案的程序。"城市规划"是人居空间（土地）使用和分配的指导方案，是辨认人居与居民之间的张力所在，然后制定目标、设计方案、选择方案、实施方案、监测反馈，务求舒缓张力、提升享受[3]。关于城市更新规划，吕晓蓓认为，较之一般类型的规划，城市更新规划最显著的特点是与物权的广泛联系，物权涉及相关利益者的切身利益，是促进公民意识复苏和社会民主进步最重要的动力[4]。

政策的构成要素包括政策对象、政策目标和实现目标的手段，这三个要素是任何一项政策都必须具备的。城市更新政策是政府制定的城市公共政策的重要组成部分，是平衡更新中各方利益的主要手段，基于不同阶段更新主要解决的问题及期望达到的目标而制定，往往具有阶段性特征。一个阶段的政策一般只能解决一部分问题，而往往又会带来一系列新的问题，新的问题较为严重后又会激发新的政策的制定和实施。本书研究的城市更新政策主要包括城中村改造政策、旧城改造政策、盘活存量工业用地政策、城市更新办法等一系列政策文件。同时，除了成文的城市更新政策文件之外，更新地区的规划方案作为城市特定地区的空间政策同样是政府制定的城市更新政策的组成部分。因此，本书所研究的城市更新政策包括城市更新政策文件以及城市更新方案两个部分。

《新语词大词典》[5]中对机制的定义泛指促进事物发展变化的内部机能、功效。《当代汉

① 道格拉斯·C.诺思. 制度、制度变迁与经济绩效[M]. 上海：上海人民出版社，2014.
② 孙国华. 中华法学大辞典·法理学卷[M]. 北京：中国检察出版社，1995.
③ 梁鹤年. 再谈"城市人"——以人为本的城镇化[J]. 城市规划，2014，38（9）：64-75.
④ 吕晓蓓. 城市更新规划在规划体系中的定位及其影响[J]. 现代城市研究，2011（1）：17-20.
⑤ 韩明安. 新语词大词典[M]. 哈尔滨：黑龙江人民出版社，1991.

语词典》[1]对机制的定义为：指一个工作系统的组织或部分之间相互作用的过程和方式。本书所研究的城市更新的机制主要是指各类政策文件中规定的城市更新过程中各方的责任与义务以及实际更新项目操作过程中各方的权利地位及发挥作用的方式。研究重点聚焦近十年更新规划、土地政策变化以及更新实施机制变迁，研究不同时期政策涉及的政府、开发商、业主等主体的利益分配变化；在历程解读的基础上，重点剖析近期重点更新政策，重点研究政策内容的公平公正、更新政策涉及的利益分配的公平公正、更新实施过程的公平公正，如更新规划方案编制及实施、更新方式、更新实施的组织方式，开展各类更新项目对比，分析不同类型实施主体项目彼此之间的公平公正等。

"治理"是实现政府目标的过程，它是一个更宽泛和相对不正式的过程，经常跨越地理或行政管辖界限，通过政府、商界、志愿者、社区和慈善部门结成的网络和合作关系来开展行动，通常基于协商和信任而不是法律诉求，一般在成员、关系、活动和责任方面不是很明确。

从管理到治理的转变过程被认为是"挖空政府"（hollowing out of the state）的过程，政府职能对外让渡给了市场，向上归顺给了超国家机构，向下分配给了城市和社区，结果是地方机构越来越具有政治影响力，这一过程也被称为"全球地方化"（glocalisation），这一融合性术语反映了全球化和地方化影响下的行为，说明二者融合的程度在同步不断加深。

哈维指出，"城市治理的任务是将高度流动和灵活的生产、金融与消费流吸引到自己的区域来"。总体来说，发生这些变化的原因是财政发生了困难，只能寻找新的方式提供公共服务，经济重建和全球化背景也在鼓励政府采用更加企业化的方法，而各类国际政策与资金计划也都在倡导合作的方法。哈维总结了城市企业主义的四个"基本选择"，即生产、消费、指挥与控制功能，吸引国家盈余资金。企业主义建立在推测、冒险和竞争的基础上，不可避免地会产生赢家和输家。

在资本全球化影响不断扩大和老制造业中心去工业化的背景下，企业式城市治理取代管理式城市治理，极大地加剧了城市间发展的不平衡。

治理模式的优点包括更多的参与者可以参与到城市更新项目中去，城市管理机构也因此可以获得更为广泛的资源。协作优势因此得以展现，通过合作，协同工作目标也可以实现，从而得以降低交易成本。新型治理模式刺激了外向型观点，也激发了战略性方法的出台，并催生出了更多的企业型城市。但是，新型治理模式也有缺点，如需要让公共服务原则妥

---

① 李国炎，等. 当代汉语词典[M]. 上海：上海辞书出版社，2001.

协；相关方面更重视商业价值而非提供服务；多部门合作会产生不平等，而私人部门会从中获益；因缺乏民主会导致透明度不够和责任制度执行不彻底；治理网络中的合作关系非常脆弱；随着时间的推移，合作关系会走向疲劳[①]。

关于本书中制度与治理的关系，笔者认为，城市更新制度是城市更新治理的手段与实现方法，是城市更新治理的外在表现形式，二者之间具有紧密的享合联系并相互影响。

1.3.3 研究方法、内容及框架
Research Methods, Content, and Framework

本书主要采用如下研究方法。

5W+1H研究方法：从何因（why）、何事（what）、何地（where）、何时（when）、何人（who）、何法（how）六个方面提出问题并进行思考与研究深入。

公平理论、产权理论和政策研究方法相结合：研究结合国内外社会公平理论、产权理论与城市更新理论，立足上海实际情况，结合S-CAD政策分析方法（立场—目标—手段—结果），构建公平视角下的城市更新政策机制理论研究框架。

分阶段、分类型、多角色相结合：多维度开展城市更新研究，结合发展阶段、不同类型以及不同更新角色视角，开展多角度的城市更新政策机制剖析。

文献资料收集查阅与访谈调研相结合：收集整理大量更新政策、更新规划内部一手资料，通过阅读、研究更新相关文献及资料等调查手段开展案例研究，结合所选案例开展大量现场踏勘、访谈和调研，基于对城市更新不同主体的访谈调研发现更新背后的运行机制及存在的问题。访谈对象主要包括政府管理者、企业、社会及智库四类，累计召开座谈会十余次，访谈上百人次，收集城市更新网络问卷1万多份。

模型构建与实证研究相结合：研究基于过程权力构建了评价模型，并结合三类城市更新案例开展了实证研究及模型应用研究。

本研究基于梁鹤年对城市规划理论的前提和使命的解读。他认为城市是个现象，城市规划是对城市现象的评价和处理，规划理论是城市规划的理据支撑。一套完整的规划理论有四个部分：第一，描述城市现象，这要符合"事实"（facts）；第二，解释城市现象（果）的成因（因），这要符合"真相"（reality）；第三，评价现象的好坏，也就是对果的取舍，这是

---

① 安德鲁·塔隆. 英国城市更新[M]. 扬帆，译. 上海：同济大学出版社，2017.

道德性的决定；第四，设计有效手段（因）去改变城市现象（果），也就是牵动可用和有效的因果链带，这是技术性的选择①。

本书构建了城市更新公平论的价值观与方法论，提出在价值观方面应该从现在的效率优先转变为公平兼顾效率，在方法论方面提出了城市更新的政治平等、社会公正、经济公平、文化共存及协同治理，并分别提出了相应的改善公平的策略建议。

基于国内外专家、学者对社会公平研究的思路，结合城市更新制度内涵，明确了本书的研究内容及研究框架（图1-7、图1-8）。研究的主要问题是"城市更新制度中的公平性"，主要包括不公平现象、产生原因、现象评价及改变结果的建议四个方面，研究重点是上海历史城区的城市更新，重点关注原主体参与类的城市更新。

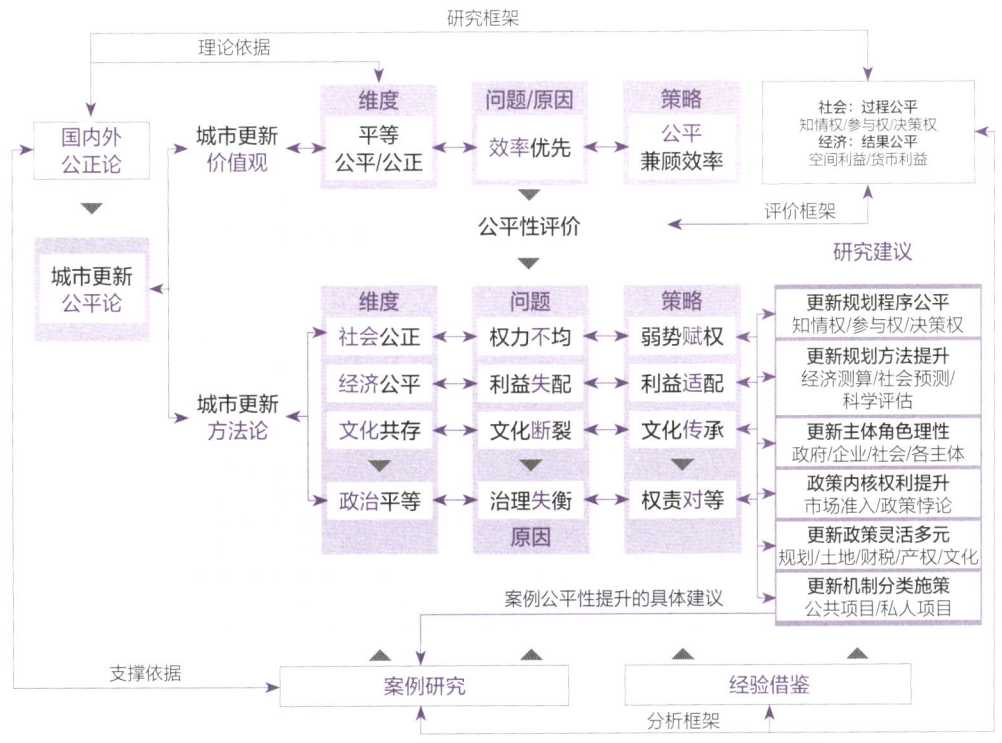

图1-7 本书的研究框架

Figure 1-7 Research Framework of This Paper

---

① 梁鹤年. 再谈"城市人"——以人为本的城镇化[J]. 城市规划，2014，38（9）：64-75.

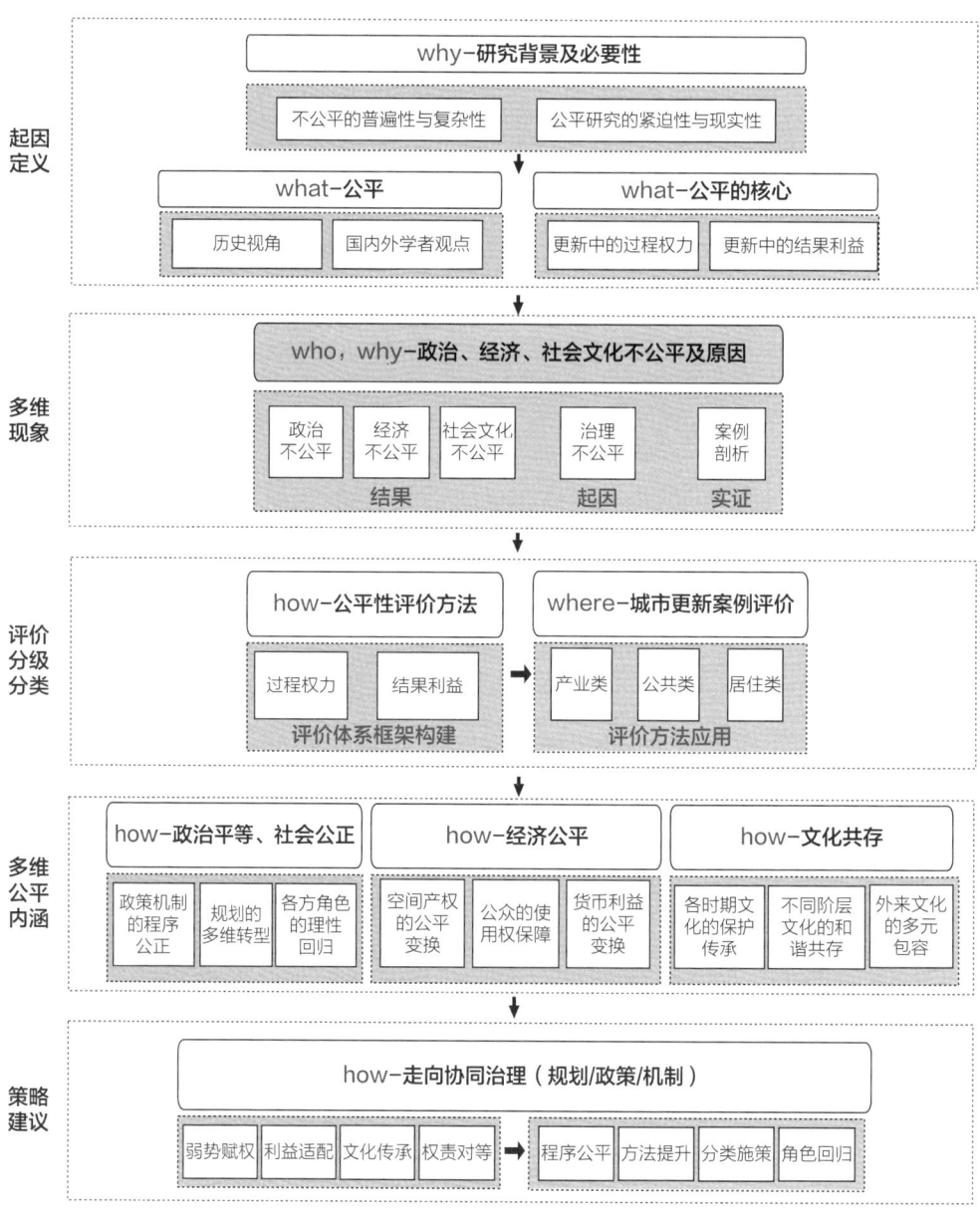

图1-8 基于研究框架的本书内容框架

Figure 1-8 Content Framework of This Book Based on the Research Framework

一是城市更新中的不公平现象。基于公平研究的维度，多角度分析城市更新制度不公平的现象，主要包括政治不公平、经济不公平、社会不公平、文化不公平。二是城市更新中不公平现象产生的原因。从更新理念、更新规划、更新政策机制等方面剖析不公平产生的原因，提出治理不公平是更新不公平的主要原因。结合重点研究的短期不公平，剖析更新的过程权力，即各方的知情权、参与权及决策权，主要包括更新前期的诉求收集、中期的方案比选、意见征询及后期的方案决策等方面。三是城市更新中不公平现象的评价。从社会公平（过程权力公平）和经济公平（结果利益公平）的视角对不公平现象进行评价，提出评价分级分类的建议，结合案例开展实证研究。四是改变城市更新不公平的建议。从专业人员的视角，结合国内外经验借鉴，针对更新规划、更新政策机制提出改善不公平的策略建议。

1.3.4 研究意义及主要创新
Research Significance and Main Innovations

一是构建了基于社会、经济、文化、政治和治理的城市更新公平性研究框架。现有的研究中针对城市更新公平的研究大多从过程公平和结果公平的视角，本书在整合上述框架的基础上，构建了包含因果关系的"政治平等—社会公正—经济公平—文化共存—协同治理"的理论框架。

二是丰富了更新中社会公平公正的理论内涵。结合国内外公平理论，研究提出，在城市更新中的权利可以分为基本权利与非基本权利，更新中的基本权利应"人人平等"，即每个人应该均等地享受更新中的各类基本权利；更新中的非基本权利应"比例公平"，即多劳多得，多付出、多收获。

三是提出了多层次的更新公平性评价分级分类建议。研究基于社会（过程权力）、经济（结果利益）、三方权利视角、企业权力视角、社会权利视角以及社会多主体权利视角，分别提出了城市更新公平性评价的框架建议，为后续城市更新的公平性研究提供了框架参考。

四是结合上海的大量案例与实证，深入剖析了超大城市城市更新公平性问题的复杂性与诸多挑战。研究结合大量最新一手资料，结合研究框架从城市更新的多个维度进行了深入剖析，分析案例中的不公平现象及产生原因，并结合公平性评价模型对案例的公平性进行了评价应用。

五是为政府提升更新政策机制公平性提供了方向性建议。基于研究框架及公平性问题分析，结合国内外经验借鉴，进而提出解决问题的路径，提出更新政策、更新机制、更新规划等方面的具体建议，对后续城市更新政策机制的完善具有现实意义。

1.4

上海城市更新演进历程回顾

Review of the Evolution of Shanghai Urban Regeneration

　　上海自宋代设镇，元代成县，明代筑城，1842年开埠，逐渐发展成为中国近代史上的贸易、金融和工业中心。新中国成立初期，为缓解住房紧缺问题，政府建设了如曹杨新村、鞍山新村等大量工人新村，称为"两万户"工程。当时的棚户区维修和环境整治，主要以国家资金投入为主。1978年，上海市区人均居住面积仅为4.5m²，人均4m²以下的困难家庭占全市一半以上，人均不足2m²的"特困户"接近3万户，住房困难程度居全国之首。自20世纪80年代开始，上海启动了大规模的城市更新，大致可划分为如下三个阶段。第一阶段为80年代，计划经济体制下以政府筹措为主的更新阶段，重点改造对象为棚户区和危房，并转移中心城区的大规模工业用地至城郊。第二阶段为90年代，吸引外资向市场化运作转型的更新阶段，以房地产开发与"退二进三"政策推动城市居住环境整体优化。这一时期有大规模的房屋拆除重建，居民易地安置。在这个阶段，上海的工业区改造也正式开启，上海明确提出"退二进三"政策，曾出现了创意产业园区、工业用地转型为科研用地等多种更新尝试。第三阶段为进入21世纪后，上海的城市更新进入寻求机制创新的新阶段，政府、企业、市民三方参与，更新中的遗产保护与改造利用愈发成为关注重点。至"十一五"时期结束（2010年），通过旧区改造，上海全市共拆除危旧房面积7000多万m²，约120万户家庭改善了居住条件[①]。在工业区更新方面，2014年3月，上海市政府发布了《关于本市盘活存量工业用地的实施办法（试行）》《关于加强本市工业用地出让管理的若干规定（试行）》，其中对全市各类型工业用地转型的要求、方式和政策进行了新的规定和探索，导向上鼓励原物业主体自主更新。

---

① 《关于进一步推进本市旧区改造工作的若干意见》（2009年）《上海市旧区改造"十二五"发展规划》.

1.4.1 旧城改造的四个历史阶段
Four Historical Stages of Old City Renovation

新中国成立初期，上海房屋主要是旧式里弄和棚户区，由于实行住房建设由国家拨款、住房低租金和作为福利的分配制度，上海的房地产业长期处于停顿或萎缩阶段。20世纪50~60年代建设了一定数量的工人新村，解决了部分工人的住房困难问题。但有限数量的工人新村与群众对住房的实际需求之间依然存在较大差距。上海居民的居住条件依旧比较差。

在新中国成立后相当长的时间内，上海的城市建设重点更多着眼于工业，直至20世纪90年代，上海的城市建设重点转向改善居住条件。由于历史遗留的住房欠账和危旧房太多，90年代初上海市民居住矛盾突出，旧区改造局面十分严峻。1992年中国共产党上海市第六次代表大会的召开，正式拉开了大规模旧区改造的序幕。通过各方努力，2000年年底前全部拆除"365危棚简屋"的预定目标顺利完成，使上海人均居住面积从1991年的6.6m²提高到11.8m²，住房成套率从34%提高到75%[①]。截至2005年，上海市共拆除旧城区危旧房7000多万m²，涉及居民达120万户。2005年之后，受国家土地政策变化（即2004年8月31日国家全面停止经营性土地协议出让）和拆迁成本不断高企等因素影响，上海旧城改造一度处于缓慢推进状态。21世纪初，上海基本完成了"危棚简屋"改造任务，开始聚焦中心城二级旧里以下房屋的改造，并对其他类型旧住房更新改造，提出了"拆、改、留、修"并举的改造方式（表1-1）。

表1-1 上海居住区更新历程
Table 1-1 History of Residential Area Regeneration in Shanghai

阶段	更新对象及措施	特征
20世纪80年代	有计划地改造闸北、南市、普陀、杨浦等地工人居住的棚户简屋和危房	推倒重建和原地回搬，政府出资，不涉及产权
	重点实施人民广场、外滩、徐家汇商城等地区的更新改造，进行复合功能开发	

① 上海市建设和管理工作委员会，上海市建设和管理委员会，中共上海市委党史研究室，等. 上海城市建设发展[M]. 上海: 上海人民出版社，2004.

续表

阶段	更新对象及措施	特征
20世纪90年代	以"365危棚简屋"为序幕，对成片"危棚简屋"基地进行拆迁改造	为中心城区发展第三产业和高容积率商业住宅腾挪空间； 推倒重建和易地安置为主，开始出现"拆落地"； 开始利用土地批租，利用外资推动旧区改造
21世纪初	聚焦中心城二级旧里以下房屋的大力改造，并对其他类型旧住房更新改造	"拆、改、留、修"并举，兼顾"成套率""平改坡""历史建筑和风貌街区保护性改造"等要求
	开始推动传统历史文化风貌区的保护工作	
21世纪10年代	继续推动中心城成片二级旧里以下房屋改造	开始关注居住区更新中的社会效益，如鼓励原地安置和就地回搬、旧改工作的城乡统筹等

2009年2月上海市政府出台《关于进一步推进本市旧区改造工作的若干意见》（简称4号文），标志着新一轮大规模旧城改造正式启动。从实施效果来看，4号文在体制和机制上的创新有力地破解了上海旧城改造的瓶颈约束。到2010年，旧城更新的工作范围已从中心城向郊区拓展。

（1）起步期（1992～1995年）

这个阶段旧区改造的主要特点是政府主要关注弱势群体，为居住特别困难户解决居住问题，并且开辟了利用外资改善居民住房条件的新路径。

大规模旧区改造首先面临巨额资金来源的问题，这也是长期以来制约上海旧区改造的主要因素。1992年以后，上海开拓了土地批租利用外资进行旧区改造和新区建设的新路子，将需改造的旧区住宅地块批租给国内外房地产商，批租收入用于完善市政设施和安置动迁居民。仅1992年、1993年两年，全市共批租土地445幅，引进外资38.19亿美元、内资15.3亿元人民币，拆除各类旧房237万m²，其中棚户、简屋、危房13.6万m²，有10万多户居民先后告别旧宅，搬进设施较为齐全的新建住宅区。截至1995年，全市通过土地批租、房地产开发、市政建设，共拆除危房、旧房1163万m²，其中"危棚简屋"180万m²，占1991年"危棚简屋"统计面积的近50%。

（2）瓶颈及攻坚期（1996～2000年）

这个阶段由于受到经济不景气的影响，旧改进程趋缓，于是为了继续推进住宅的更新，政府让利及补贴，更新模式多样化，主要通过减免或者缓缴土地出让金、手续费、管理费等一系列优惠政策，吸引开发商参加旧区改造的地块开发，后期甚至采取直接对剩余未完成的"365危棚简屋"地块改造实行财政补贴的方式推动改造。

从1996年开始，房地产形势发生变化，土地批租进展缓慢。1997年亚洲金融风暴对上海经济发展产生了较大冲击，不少外资房地产公司资金周转困难，导致实施改造的地块也陷入困境。与此同时，上海的商品住宅开始受到控制，市场售价也从1994～1995年的高位出现下滑，开发商投资旧区改造的意愿降低。对此，上海市政府制定了一系列优惠政策，在1996年和1997年先后出台了《关于加强本市中心城区危棚简屋改造的若干意见》和《关于加快本市中心城区危棚简屋改造的具体实施意见》等文件，核心是通过减免或者缓缴土地出让金、手续费、管理费等一系列优惠政策，吸引开发商参加旧区改造的地块开发。1996年年底，占地39万m²、动迁居民1.3万户的原静安旧区改造任务提前4年完成。1997年年底，原卢湾区提前3年全面完成了33.78万m²"危棚简屋"的拆除改造工作。

进入1998年后，旧区改造遇到了新的困难：一方面是房地产经济的迅速退潮；另一方面是在经历了前几年大规模的更新之后，剩余的街坊地块基本上都是难啃的"硬骨头"。为此，上海市政府从1998年起连续三年将"365危棚简屋"改造列为市政府实事项目，由各区政府负责实施，并于1998年5月下发《关于加快本市中心城区危棚简屋改造实施办法的通知》，明确提出更为优惠的政策措施，甚至采取直接对剩余未完成的"365危棚简屋"地块改造实行财政补贴的方式推动改造，每拆除1m²"危棚简屋"住房补贴金额900元，前后补贴共计达10亿元。在此背景下，上海各区政府按照市政府落实到区的指标，动用行政手段、调动各方力量完成改造计划。市政府大力推进落实旧区改造与消化空置商品房相结合的"搭桥"政策。这一时期还推动了以成套改造为主的旧区更新工作。1999年，上海第一块完整街坊旧住房成套改造项目"新福康里"获得"全国人居经典"奖。

（3）内涵拓展期（2001～2010年）

这个阶段政府对社会公平的重视程度加强，力图实现由"以政府、企业为主"向"政府扶持、企业运作、市民参与"转变。从改造开始阶段的居民投票、改造方案的征求居民意见到改造过程的监督，再到改造竣工的验收，都有居民的参与。

与前一轮旧区改造相比，从政策层面上来说，新一轮旧区改造具有以下特征。拆除改造的重点是中心城区房屋结构和居住环境差的二级旧里以下地区。同时，提出"拆、改、留、修"并举的改造新模式，兼顾"旧住房成套改造""平改坡"与"历史建筑和风貌街区保护性改造"。优惠政策的内容基本参照"危棚简屋"改造的有关政策，如土地使用权出让金为零、减免或免收有关税费等。提出机制探索、体制创新的目标，实现由"以政府、企业为主"向"政府扶持、企业运作、市民参与"转变。进一步通过市场来筹集旧区改造的资金，同时进一步规范土地供应和房地产开发市场。

其中，"十一五"期间，上海中心城区共完成二级旧里以下房屋改造343万㎡，受益居民12.5万户。在动迁安置房建设方面，"十一五"时期全市动迁安置房建设供应达到3250万㎡，并在中心城区想方设法建设就近安置房，满足动迁居民多元选择需求。旧区改造已成为解决中低收入家庭住房困难的重要渠道和方式。在此期间，上海市政府还着重推进了世博园区等重大市政工程的拆迁和建设，由此带动了一批旧住宅的拆迁。

从改造所涵盖的内容来看，不仅住宅本身的改造，室外环境和配套设施也包含在内。改造涉及居住生活的方方面面，不只是关注居住生活本身，还涉及日常的休闲等内容，以期综合性地提高居民的生活品质，内容不再粗放。

另外，从操作过程来看，从改造开始阶段的居民投票、改造方案的征求居民意见到改造过程的监督，再到改造竣工的验收，都有居民的参与。政府推行了以"公开、公平、公正、透明"为原则的阳光新政，从官方公布的材料来看，整个改造过程除了对物质环境进行改造，居民也被纳入改造参与活动之中。

（4）新时期旧区改造（2011年至今）

旧区改造逐渐进入成熟期，在更新范围、土地管理、规划管理、拆迁补偿、居民安置、公众参与等方面陆续有相对应的政策颁布，形成相对完善的政策体系。社会公平被高度关注，公众参与逐步走向透明化和法制化。

在旧居住区的更新改造方面，自1991年出台《上海市城市房屋拆迁管理实施细则》，到2012年《上海市人民政府办公厅关于加快推进本市"十二五"旧区改造若干问题的意见》发布，前后经历了20年的发展变迁。在更新范围、土地管理、规划管理、拆迁补偿、居民安置、公众参与等方面陆续有相对应的政策颁布，推动居住区更新工作逐渐成熟。

228街坊"两万户"城市更新是这一阶段具有创新意义的一个城市更新项目，该项目在保护模式、开发规模、公众参与等方面都形成了一些经验模式。市、区两级政府基于风貌保护和地区发展的考虑，主动对原来没有身份的"两万户"建筑进行整体保护，改变原先大拆大建、推倒重来的简单改造模式，通过功能置换的方式保留城市记忆，使历史建筑重现生机。该项目也通过城市更新的方式推动旧区改造，228街坊"两万户"被列入城市更新试点项目后，推动了曾经的旧区改造停滞基地再启动，并顺利通过"3个100%"的程序完成居民搬迁。该项目有以下三个创新点。

一是保护了历史风貌。228街坊作为目前上海全市唯一完整的"两万户"街坊，承载着非常重要的城市记忆。为保留新中国成立初期"两万户"工人新村的记忆、风貌和格局，重塑地区活力，228街坊"两万户"项目被列为全市城市更新四大行动计划中的"魅力风貌计划"，规划目标是保留特殊的城市记忆和风貌、打造地区城市公共中心。

二是增加了公益性设施，减少了开发量，创新运用了容积率转移政策。与一般的以增加公益性要素换取增加开发量的城市更新项目不同，在全区范围内该项目的总开发量与原规划保持一致，上海市规划和国土资源管理局在开发量跨社区平衡等政策上予以有针对性的支持。针对大型老式居住区长白社区较缺乏配套设施的问题，在更新方案中因地制宜地配置了社区配套服务设施及公共开放空间，增加了净菜超市、室内健身点、儿童游乐场、步行通道、公共绿地等公益性要素，以提升地区的整体服务水平和空间环境品质。考虑到保留12栋"两万户"建筑的风貌与格局，同时减少对周边区域的影响，对该地区的开发量做了减法，以确保良好的公共开放空间和项目品质。

三是创新了公众参与模式，调动了多方的积极性。在前期的区域评估过程中，通过座谈、发放问卷等形式对周边居民的需求进行调研；多次听取市、区两级政府及多方面的意见；在规划调整过程中，根据要求开展公示、公告；市、区、街道合作，举办了论坛，听取了文史、规划、建筑等方面专家，市、区两级政府，街道，居委干部及居民等方面的意见；众多媒体也对该更新项目进行了广泛宣传；并通过概念方案的比选汇聚了各设计团队的智慧。

总结来看，上海旧区改造政策主要有六个方面的变化：一是在更新范围上，对旧居住区的更新改造由中心城区向郊区城镇扩展；二是更新过程中的土地管理由双轨制转向市场化；三是更新过程中的规划管理导向由增加开发容量转向增强综合功能；四是更新过程中的拆迁补偿由实物补偿转向货币补偿；五是更新过程中的居民动迁安置由易地安置转向鼓励居民回搬和就近安置；六是更新过程中的公众参与逐步走向透明化和法制化。

1.4.2　产业区更新政策演变历程
Evolution of Industrial Zone Regeneration Policies

上海针对产业区的城市更新工作可以追溯到20世纪80年代末，在更新工作开展初期，相关政策与指导性文件较缺乏，而经过不断摸索和实践，近些年来不断有比较具体和具有操作性的办法与规定发布。总体而言，政策演进从宽松到收紧，再到不断探索，可以分为如下三个阶段。

（1）政策宽松阶段（1998～2002年）

这个阶段主要采取了非常宽松的工业区更新政策，很多国有企业象征性地补交土地出让金后，将模糊产权的划拨用地转变为清晰产权的批租用地，也使大量工业用地转变为居住、商业、办公等城市功能用地，企业在更新中大幅获利，而政府及公共利益受损。

1998年国家颁布的关于国有企业土地使用权处置的规定，为国有企业所拥有的划拨用地转型明确了路径，企业可以与开发商合作，象征性地收取土地出让金即可进行土地开发。而《上海市城市总体规划（1999～2020年）》对上海各圈层的产业发展提出了明确的布局要求，中心城区未来的产业应逐步外迁。在此背景下，一大批国有企业与开发商合作，将大量工业用地转变为居住、商业、办公等城市功能用地。这一时期的工业用地更新从用地性质上来说，是将工业用地转变为了住宅、商业等经营性用地，实现了中心城区大多数用地的再城市化改造。从产权来说，原来大部分经划拨得到的工业用地通过更新变成了产权明晰的经营性用地，并获得了大量的土地增值收益，但收益对象主要是原有产权的利益人以及开发商，带来大量的国有资产流失以及寻租现象，政府从中获得收益较少，政府意识到这点后，便收紧了工业用地更新政策[①]。

（2）政策收紧之后的微调（2002～2005年）

这个阶段政策收紧后，市场需求被压抑，政府也无法取得相应的税收。部分企业通过"非正式更新"的方式，将厂房改造为商务办公或商业服务用途来满足市场的需求。这种更新方式在一段时间内产生了局部的不公平现象，客观上造成政府土地收益的流失，也给正常通过招拍挂建设的办公市场带来较大冲击。

---

① 郑德高，卢弘旻. 上海工业用地的制度变迁与经济逻辑[J]. 上海城市规划，2015（3）：25-32.

2002年国家的土地招拍挂政策出台，在2004和2005年上海也发布政策规范土地转性。而新政的出台使得市场需求被压制，政府也无法实现税收收入，部分企业工业转商业商办的更新转变为"非正式更新"，而政府也随后出台政策认可和鼓励相应做法，在一定时间内平衡了政府、企业、投资方等各利益相关方的权益。但这也是一种过渡性的政策，需要探索正式更新的合理路径。

关于规划技术方面的政策，2003年的《上海市城市规划管理技术规定》明确工业用地容积率为内环内3.0以下、内外环间2.0以下、外环外1.2以下，客观放宽了对工业用地的管控要求，为"非正式更新"提供了可能。2004年在国家撤并开发区、提升土地利用效率的背景下，上海将郊区工业区的容积率进一步提高到1.5，并提出下限为0.6，后续又发文提升下限至0.8提高上限至2.0，局部可达3.0。这期间，部分工业用地通过在自持土地上增建办公楼的方式满足自身的研发办公需求。也出现了部分利用容积率要求放松，以厂房形式增建的、用于出租的办公楼宇。这种现象的出现在客观上造成政府土地收益的流失，也造成了工业园区内部工业、办公、居住相互混杂与难以管理的尴尬局面，同时还给正常通过招拍挂建设的办公市场带来较大冲击[①]，产生了阶段性的不公平现象。

（3）探索合理路径阶段（2005年至今）

在这一阶段，政府不断对政策进行微调，并探索产业区正式更新的合理路径。政府主要通过放宽准入、加强对自有物业比例的控制、实行弹性年租制、加强监管等方式鼓励工业用地转型。政府与市场之间也在不断地博弈，并使得更新结果利益分配更合理公平。

2012年上海市出台政策，对工业用地容积率进行管控，规定严禁在工业用地上建设工业别墅，同时规范在工业用地上设办公功能的问题。2013年，上海市提出了新增地类工业研发用地（M4）和研发总部用地（C65），其中C65允许区政府定向供地，避免了重新招拍挂，还明确了容积率最高可按3.0控制，建筑高度最高按60m控制。另外，政策对C65的地价、弹性年租制、自持比例都作了细致规定。但由于要求全资国有开发主体必须全部自持经营，而全资国有开发主体由于资金有限，无法在投资后全部持有经营，因此市场整体反应平淡。2014年，上海市政府进一步调整政策，发布《关于本市盘活存量工业用地的实施办法（试行）》。该办法针对存量工业用地进行调整，进一步提升容积率指标至4.0，同时调整细化了土地出让政策，提高了研发总部类用地的地价，增加政府土地收益，避免国有资产流失。

---

① 郑德高，卢弘旻. 上海工业用地的制度变迁与经济逻辑[J]. 上海城市规划，2015（3）：25-32.

总体而言，上海城市存量工业用地转型过程中出现了大量"不完全更新"现象，如非正式转性、多种形态商办设施并存等，这些现象若长期存在会对正常的土地市场造成一定影响。新制度经济学的产权理论可以用来解释"不完全更新"现象。对于政府和市场两大再开发主体来说，若土地发展权和土地增值收益完全归于某一方，则另一方会放弃再开发，从而导致存量工业用地停留在低效利用的状态。因此，推动城市存量工业用地"再开发"的关键是解决"发展权配置"问题，也就是要在再开发主体之间合理配置发展权。随着政治周期和经济周期的变化，近三十年上海存量工业用地再开发政策大致经历了发展权"大部分让渡—完全收回—小部分让渡—部分让渡"的过程，以适应政府和市场主体之间博弈关系的变化。然而这些探索试点意味较强，政策更迭也过于频繁，带来工业用地"三个不变"作商办、转性为研发用地作商办和提高容积率作商办等"不完全更新"现象。需要进一步研究科学、合理的发展权配置和增值收益分配方式，稳定政府和市场双方对发展权的预期，从而减少投机行为，使土地资源得到最充分的利用①。

1.4.3　新时期产业类更新政策
Policies for Updating Industries in the New Era

2014年3月，上海市政府发布了《关于进一步提高本市土地节约集约利用水平的若干意见》，另附《关于本市盘活存量工业用地的实施办法（试行）》，打出土地管理一整套"组合拳"，提出"控制增量"与"盘活存量"并行的改革路径。2014年4月，上海市出台了新版国有建设用地（工业用地产业项目类）使用权出让合同（简称新版合同），以进一步加强工业用地节约集约利用。自2016年4月1日起，经过两年试行，经上海市规划和国土资源管理局修订完善的《关于本市盘活存量工业用地的实施办法》和《关于加强本市工业用地出让管理的若干规定》正式施行。

以上一系列政策的出台主要有以下几方面的背景：一是上海的土地增量空间有限；二是上海工业用地占比高；三是存量工业用地数量大、利用水平有待大幅度提高；四是大量工业用地被违法使用；五是工业用地规划导向明确。

---

① 陆晓蔚，周俭. 城市存量工业用地的发展权配置与不完全更新——以上海实践为例[J]. 城市发展研究，2022，29（5）：68-72.

（1）政策核心要点

一是实行工业用地的分类管理。不同类型的工业用地由于使用方式不同，物权人获得的收益不同，针对这种现象上海市制定了差异化的地价评估、供地方式、规划调整等新政，保证了政策的公平性。

《关于加强本市工业用地出让管理的若干规定》将上海产业用地分为工业用地产业项目类、工业用地标准厂房类、研发总部产业项目类和研发总部通用类四类建设用地，实施不同的出让管理手段。

政策对评估地价进行了规定：①对于产业项目类，外环线以外地区不得低于相同地段工业用途基准地价的150%，外环线以内地区不得低于相同地段办公用途基准地价的70%；②对于通用类用地，市场评估地价不得低于相同地段办公用途基准地价的70%；③对于商务办公等经营性用途用地，不得低于相同地段同用途的基准地价。

产业用地实行两类供地方式，即带产业项目挂牌及公开招拍挂。经产业准入审核认定后，工业用地产业项目类、研发总部产业项目类采取"带产业项目"挂牌方式供应，工业用地标准厂房类、研发总部通用类通过公开招拍挂方式供应。

政策对104与195区域内的产业用地给出了明确转型要求，规划工业区块（即"104区块"）主要进行结构调整和能级提升，重点发展高端制造业、战略性新兴产业和生产性服务业；规划工业区块外、集中建设区内的现状工业用地（即"195区域"）按照规划加快转型，通过城市有机更新，进一步完善城市公共服务功能，重点发展现代服务业和生产性服务业等。

二是放开了原物业人的存量补地价操作路径。以往的土地招拍挂政策实际上剥夺了原业主自行更新开发自持土地的权利，土地必须交给国家收储再通过招拍挂出让，而新政为原物业人打开了通过补地价自行实施更新的路径，维护了物权人的开发权。

存量工业用地盘活的责任主体为各区、县政府，主要采取区域整体转型、土地收储后出让和有条件零星开发三类实施路径。政策通过明确存量补地价、物业持有率、公益性责任和低效闲置违法用地处置等管理事项，为不同转型路径制定了详细的开发机制和管理要求。

政策鼓励多方参与、共建共享的开发机制，允许单一主体或联合开发体采取存量补地价的方式自行开发，又规定对于采取收储后公开出让的工业用地，原土地权利人可以分享一定比例的土地收储收益，并明确具体比例由区、县政府集体政策确定。

三是要求物业自持，规范产权转让。为了避免原物权人通过存量补地价政策获得土地开发权后全部转让土地获利，新政对物业自持比例给出了明确规定，限制原物权人过度获利的行为，同时也避免大量抛售对现有土地市场造成冲击而产生不公平现象。

规定转型为产业项目类的以自用为主，转型为通用类的可以将不超过30%的物业分割转让；转为商务办公用地类的，整体转型区域内的开发单位须持有50%以上的物业产权自用，零星工业用地的开发单位须持有60%以上的物业产权。

基于工业用地出让方式等方面的特殊性，新版合同对工业用地流转也采取了一些限制举措，如其中规定产业项目类、研发总部产业项目类工业用地不得整体或分割转让，宗地房屋不得分幢、分层、分套转让；工业用地标准厂房类不得整体或分割转让，宗地房屋不得分幢、分层、分套转让，但可出租。《关于加强本市工业用地出让管理的若干规定》指出，工业用地产业项目类、研发总部产业项目类房屋，应记载在同一房屋土地登记簿上，并发放一本房地产权证书，不得分证办理。工业用地标准厂房类、研发总部通用类房屋，按照房地产登记有关规定登记，不得小于登记基本单元。

出资比例结构、项目公司股权结构经出让人同意方可改变。抵押物竞买人资格必须经过规划、产业、园区管理机构等综合认定，抵押权实现时出让人或园区管理机构可以优先购买。

考虑到工业产品受市场、经济形势变化及产业结构调整等客观情况的影响，新版合同还引入了土地使用权退出机制，在工业用地开工约定日期和达产之后，受让人因自身原因可申请退出。

四是明确了存量盘活项目的公益性责任。新政针对整体转型区域和零星盘活项目分别规定了公益性设施的责任，在原物业权利人获得收益的同时，回馈社会公众，建设公共空间及公共设施，保障市民的公共利益。

整体转型区域内，规划公共绿地、广场用地及地块开放空间用地占城市建设用地的比例应不低于15%，地块附属绿地宜沿城市支路或公共设施通道布局，并向公众开放。规划公共服务设施用地占城市建设用地的比例应不低于10%。提高支路路网密度，道路间距控制在200m以内，支路路网密度控制在6km/km^{2}以上。对于零星盘活项目，应向政府无偿提供不低于10%的建设用地用于公益性设施、公共绿地等建设；无法提供公益性建设用地的，应将不少于15%的经营性物业产权无偿提供给区、县政府相关部门，用于公共性用途，完善公共配套服务设施。

五是工业用地的弹性年期出让。以往，一般产业项目的用地出让年限为50年，而大多数企业和产品的生命周期达不到50年，造成大量产业用地资源闲置，新增工业用地出让弹性年期制提高了循环利用效率，保证所有人可以公平享有工业用地的土地使用权。

新政中新增工业用地产业用地类项目开始施行20年弹性年期制度，国家和上海市重大产业项目、战略性新兴产业项目，按照上海市相关规定和程序进行认定后，以认定的出让年期出让，年限最高为50年。首期出让年限届满后，经对项目经营情况和合同履约情况进行评估，采取有偿协议方式续期或收回土地使用权。新版合同还加强了开（竣）工和投产时间管理，引入项目履约时间保证金制度。在诚信管理方面，建立了黑名单制度。

（2）政策实施效果

从官方公布数据来看，上海市新政实施以来，截至2015年年底，长宁虹桥机场东片区、杨浦杨树浦电厂、御桥工业园区等整体转型项目，以及普陀"红子鸡"、杨浦上海船厂等零星转型项目已签订出让合同或已完成转型前期工作，面积约200hm²，存量工业用地盘活已经取得初步成效。截至2016年3月底，相关区、县和派出机构列入2016年存量工业用地转型计划项目已达66个，涉及土地面积约460hm²。

（3）核心问题分析

一是政策的短期性与项目的长周期相矛盾。实际调研发现，城市更新项目推进的周期一般都比较长，与政策实施周期不匹配。企业对今后的政策走向预期存在不确定性，有的企业初步估算流程所需时间后，就觉得非常紧张，干脆放弃了改造计划。二是获利空间狭窄限制了市场的积极性。当前政策规定的补地价成本过高，经常成为制约项目推进的阻力因素。从企业的角度，很可能无法实现经济的平衡。根据调研，有很多无法推进甚至已经中止的城市更新项目都是卡在了这个环节。

1.4.4 新时期商业商办更新政策
Policy Updates for Commercial Offices in the New Era

长期以来，上海的城市更新都是工业区与旧区各自进行改造，原本的政策体系与内容应对未来更多元、更复杂的城市发展需求时存在诸多短板。

一是城市更新缺乏统筹与顶层设计。其实上海的大多数更新都是以旧住宅区和工业区为主，其政策制定长期处于各自为政的局面，顶层设计上明显有所欠缺，既没有法定的统筹机构，也缺少统一的法规依据。随着更新需求日益多元、更新诉求日渐复杂，急需顶层设计保证从管理到法制的健全。

二是更新政策适用对象不够完整。从上海的情况来看，无论是政策层面还是操作层面，基本上都是以旧住宅区和工业区为主，对商业、办公旧区少有考虑，难以应对目前和未来更多的更新需求。并且未来的城市更新不仅是单一的功能类形式更新，更多的是功能复合多元的建成区的更新。原本的更新政策局限性显现。

三是原权利人主动更新权利的缺失。上海大多数更新是由政府主导的，其更重要的目的是带动城市发展。虽然对公众参与愈发重视，但目前还处于强调"居民自愿"的原则阶段，从项目的计划、启动到实施，全过程基本仍由政府主导，原权利人主动提出更新申请、自主更新的权利还缺少法规上的依据，也没有制度的保证。

四是规划引领作用体现不足。诚然，上海"拆改留修"各项工作均需在符合规划和土地相关要求和标准，或者取得规划、土地管理部门同意的条件下开展。但与其他城市的更新规划[①]工作相比，上海的规划、土地管理工作在城市更新中更多体现的是一种被动参与，引领作用未得到足够体现。这一问题的直接后果是，在城市更新单元缺失的情况下，改造都是以单种模式、单个项目的方式进行，即便是成片拆建的项目也容易缺乏与周边区域的统筹性、整合性，导致更新质量下降。

在上述背景之下，根据上海市委、市政府要求，自2014年5月起，市规划和国土资源管理局在借鉴国内外经验和总结上海市若干试点案例的基础上，经广泛听取市、区两级政府部门及各领域专家的意见，研究形成《上海市城市更新实施办法》（简称《办法》），经市委、市政府同意，于2015年5月15日颁布实施。同时，为有效实施《办法》，建立科学、有序的城市更新实施机制，市规划和国土资源管理局进一步细化和完善了城市更新工作流程、技术要求和相关政策，形成《上海市城市更新规划土地实施细则（试行）》（简称《细则》）以及《上海市城市更新规划操作规程》等相关配套文件。

（1）政策核心内容

以上《办法》和《细则》适用于上海市建成区域内的城市更新地区，重点补充了商业商务等综合型用地的更新政策空白，聚焦工作制度优化和更新政策创新，涉及规划、土地、建管、权籍等规划和土地管理的各方面。

《办法》规定设立城市更新工作领导小组，负责全市城市更新协调推进工作。区县政府负责本行政区范围内城市更新工作的组织、协调和监管。城市更新工作领导小组由上海市政

---

① 在深圳、珠海等城市的制度设计中，尽管名称有所不同，但基本上都是先编制城市更新专项规划，以专项规划为纲，落实到城市更新单元，在单元层面实施更新工作。

府及市相关管理部门组成，负责领导全市城市更新工作，对全市城市更新工作涉及的重大事项进行决策。城市更新工作领导小组下设办公室，办公室设在市相关主管部门，负责全市城市更新协调推进工作。

新政出台的最初背景是想摆脱追求经济利益、忽视社会环境与公平的更新方式，说明了政府在这方面的决心，政策内容中对城市公共要素的地位十分关注，同时注重区域评估，保证规划的科学性，并对原本空白的商业商务地区的更新进行了规范。

第一，评估明确公共要素，保障公众利益。评估"缺什么"，明确"补什么"。将公共要素的"补缺"作为适用更新政策的前提。评估方法是以控制性详细规划为基础，分析地区发展趋势，梳理发展诉求，对照《上海市控制性详细规划技术准则》及有关新标准、新要求，明确公共要素清单。在评估的基础上，将现状情况较差、民生需求迫切、近期有条件实施建设的地区划为更新单元。

第二，通过实施计划，保障公益设施落地。在方案编制阶段，落实公共要素配置需求，程序简化，流程公开；按照区域评估的要求实施计划，落实"怎么补"。以更新单元为编制范围，按照规划和土地政策，通过编制各更新项目的意向性方案和更新单元建设方案，落实公共要素配置需求。通过"上下结合"的操作规程，提高实施计划的可行性。

组织实施机构汇总各项目意向性方案，经统筹优化后编制更新单元建设方案；按照确定的更新单元建设方案，由组织实施机构与更新项目主体签订项目协议，明晰各方权益，并将公共要素建设义务、项目开发时序、资金安排等内容纳入土地出让合同一并管理。

过去城市更新项目主要是通过控制性详细规划修编和局部调整进行实施，整体编制流程复杂。其纳入《办法》后，从政府管控理念上实现了部分放手、流程简化，通过交易成本的降低刺激市场动力。

在实施阶段，通过全过程管理，保障公共要素落地。一是土地合同管理，强调全生命周期管理，形成针对既有物业权利人在持有比例、持有年限、项目开发时序等方面的管理要求。二是建设工程管理，强调整体报送建设工程设计方案，并一次性取得建设工程规划许可证，按照更新要求全面完成建设的，核发竣工规划验收合格证。三是权籍登记管理，强调将土地使用的限制性条款在房地产登记簿中予以注记，以确保公共要素同步落实。

第三，激励市场参与，为企业适度让利。为激发既有产权主体释放更多的公共设施和公共空间，在规划用地性质转变、高度提高、容量增加、用地界线调整、地价补缴及市、区收入分成等方面设定适度奖励。

在用地性质转变方面，鼓励用地混合和复合，规定了公共设施用地混合、住宅用地转换为公共设施或公共租赁住房、商业和办公用地性质相互转换等情形。在容量调整方面，注重"引逼结合"，既鼓励和引导公共要素的增加，也抑制单纯的增容冲动。调整幅度的设置体现以下四个方面的差别：提供公共开放空间优于提供公共设施，提供产权优于不提供产权，按规划标准配置的优于超出规划要求的配置，中心城优于郊区城镇（表1-2、表1-3）。

表1-2 符合相关标准规范要求时的商业商办建筑额外增加的面积上限

Table 1-2 Upper Limit of Additional Area for Commercial and Office Buildings When Meeting Relevant Standards and Requirements

	提供公共开放空间（按用地面积（m²））			提供公共设施（按建筑面积（m²））	
情形	能划示独立用地用于公共开放空间，且用地产权移交政府的	能划示独立用地用于公共开放空间对外开放，但产权不能移交政府的	不能划示独立用地但可用于公共开放空间24h对外开放，产权不能移交政府的（如底层架空、公共连廊等）	能提供公共设施，且房产权能移交政府的	能提供公共设施，但房产权不能移交政府的
倍数	2.0	1.0	0.8	1.0	0.5

注：①以上倍数为外环线内，外环外相对应的商业商办建筑额外增加倍数的折减系数为0.8。
②提供地下公共设施的，增加倍数的折减系数为0.8。
（来源：《上海市控制性详细规划技术准则（2016年修订版）》）

表1-3 超出相关标准规范要求时增加倍数的折减系数

Table 1-3 Reduction Coefficients for Increased Multiples When Exceeding Relevant Standards and Requirements

	超出数额	增加倍数的折减系数
公共开放空间	小于或等于相关标准规范要求50%的部分	0.8
	大于相关标准规范要求50%的部分	0
公共设施	小于或等于相关标准规范要求30%的部分	0.5
	大于相关标准规范要求30%的部分	0

（来源：《上海市城市更新规划土地实施细则》）

在土地管理方面，在既有政策基础上适度放宽了物业持有比例、市区收入分成等要求，并对建设跨地块的空中廊道等建（构）筑物作出了相应的管理规定。在风貌保护方面，针对历史文化风貌区（含风貌保护街坊）内更新项目，允许参照旧区改造享受房屋征收、土地出让、财税减免等优惠政策（表1-4）。

表1-4　更新办法主要奖励要点
Table 1-4　Main Incentive Points of the Regeneration Method

管理要素		主要奖励要点
规划管理	用地性质转变	增加公共服务设施的，可按相关技术准则实施； 鼓励向租赁性质住宅转性； 商业服务业用地与商务办公用地可以相互转换，住宅用地可以全部或部分转换为商业服务业或商务办公用地； 根据风貌保护要求确认的保护、保留历史建筑，因功能优化再次利用的，其用地性质可依据实际情况通过相应论证程序进行转换； 市政、交通设施用地在满足底线性功能的前提下，需更新再利用的，应符合地区规划导向，优先调整为公益性设施
	高度调整	应当符合高度分区以及相邻关系的要求； 在城市重点地区的建筑高度调整应结合城市设计确定； 有风貌保护、净空控制的地区应当严格执行相关要求
	容量调整	公益性建筑容量和经营性建筑容量的奖励比例； 风貌保护容量全部或部分不计容； 基于风貌保护的容量转移； 优先转移至轨道交通站点周边地区
	用地界线调整	地块拆分合并； 零星地块的规整
土地管理	物业持有比例	适度降低比例
	市区收入分成优化	在计提国家和本市有关专项资金后，剩余部分由各区统筹安排，用于城市更新和基础设施建设等
	多种土地出让方式	带方案招拍挂、定向挂牌、存量补地价、带保护保留建筑出让
	其他	对纳入城市更新的地块，免征城市基础设施配套费等各种行政事业收费，电力、通信、市政公用事业等企业适当降低经营性收费

　　第四，通过公众参与保障市民的参与权。区域评估阶段和实施计划阶段的公众参与重点不同。在区域评估阶段，重在收集民意。就地区发展目标、发展需求和民生诉求等广泛征询公众意见，以问卷调查、访谈、座谈、网上征询等方式开展公众参与，参与对象包括本地居民、街道或镇政府部门工作人员、利益相关人等。在实施计划阶段，搭建沟通协作的平台，

通过项目意向性方案和更新单元建设方案的编制，实现物业相关权利人和政府相关部门的深度协作，逐步提高市民社区自治的能力。鼓励规划、建筑、交通、环境、社会、经济、文化等多领域专业人士和市民共同参与方案制订，必要时可开展方案征集。

（2）政策实施效果

在新政指导下，众多城市更新项目有序开展，通过有效的更新机制，充分调动各方积极性，在政府、物业权利人、市民之间形成良好的协作关系，实现利益共享、多方共赢。政策颁布后，丰富多样的市民参与和宣传活动提高了社会公众对城市更新工作的认同，推广了城市更新先进理念，在上海市乃至全国范围形成持续性的社会热议。规划调整内容主要包括性质转变、容量增加、高度增加等多个方面，但是均提供了相应的公益性设施或者公共空间，在城市转型、品质提升方面有较大的促进作用。

然而，上海的城市更新仍然面临如下挑战和困境。

一是政府主导，社会自主更新缺乏政策支撑[1]。过去上海完成的城市更新大多数从项目的计划、启动到实施，全过程基本由政府主导，其成绩是显著的，也确实带动了城市整体有序发展。随着经济和政治体制改革的不断深入，政府、企业、社会多方合作的城市更新方式将逐渐增多，作为原权利主体的企业和社会公众的更新意识会增强，更新需求必将拓展。但目前原权利人主动提出更新申请的自主更新权利还缺少法规上的依据，也没有制度的保证，更不用说具体实施操作中的种种瓶颈。例如，对于住区更新，以往的政策主要针对旧区改造，这部分房屋大多数产权属于政府，公众参与主要集中于拆迁安置的居民意愿方面，较少有居民参与更新实施的。但是未来随着房屋的老化，私人产权的商品房小区也会面临诸多更新需求，业主都会参与实际的更新过程。目前这一需求在部分小区已经出现，但是政策的滞后导致未能对其进行合理化引导。

二是效率优先，城市历史风貌及社会公平亟待关注。上海通过旧区改造使众多家庭改善了居住条件，中心城区居民的居住水平大幅度提升，而这其中相应的旧城改造政策是主要的推动力。但是，以"大拆大建"为主要特征的旧城改造给城市风貌带来很多负面影响。如过程中作为城市重要公共空间的城市街道、传统的城市街巷及街巷生活大量消失，取而代之的是机动交通导向的交通干道。大量历史建筑被拆除，城市的记忆无处寻觅。

---

① 葛岩，关烨，聂梦遥. 上海城市更新的政策演进特征与创新探讨[J]. 上海城市规划，2017（5）：23-28.

三是分类推进，存在政策空缺，缺乏统筹协调机制。过去上海的城市更新主要以旧区改造、城中村改造和工业区改造为主，政策制定也主要针对住区和产业区这两类对象。住区类改造主要是由区政府推动实施；旧工业用地中，一些走市场招拍挂程序由开发商推动实施，一些产权不变的更新改造由原主体推动实施。应该说这几类都对城市发展起到了重要作用，而其中的诸多尝试有非常积极的意义①。

然而随着更新需求的拓展，更新分类推进出现很多弊端。关于居住类及产业类更新目前已有较多政策性规定，而旧区改造②和存量工业用地③政策未涉及的其他类型用地的更新需求一直未有规范引导，如很多老旧的商办地块还是一事一议；同时，很多有更新想法的企业希望在更大规模上对区域进行整体更新，有时会涉及很多类型的用地，实际推进中各条线政策相互冲突或者操作难度大，都成为更新实施中的重要困境，导致更新成本增加。此外，缺乏统一的协调平台导致很多需求难以启动，如一个街坊内有急迫更新需求的只有一家，也愿意为整个街坊的更新作出公共要素的贡献，但往往相邻地块没有强烈需求，不给予配合。更新过程缺少协调平台导致大家陷入"囚徒困境"，很多好的更新想法都难以实施，极大地压抑了社会的更新需求，不利于城市的健康发展。不同于旧区改造主要以政府实施推动为主，旧工业区主要由所属的单位主体进行改造，因此更容易受到政策导向的引导，明显经历了宽松—收紧—探索的阶段变化。

四是实施困境，符合多数人需求的公共空间落地难。城市更新过程中，对于需要更新保护的高成本项目，由于无法高强度重新开发，导致土地级差增值无法实现，资金成本难以平衡，最终项目更新无法实施。另外，为了提升城市开敞空间和绿地空间品质、落实城市公共绿地统筹规划，需要对更新区域进行拆除，改善生态环境。然而，此类项目更加因为没有再开发收益来源而难以实施。这一问题已经成为城市更新过程中面临的极大障碍。要解决这一问题，就必须建立城市容积率转移机制，来平衡地块开发条件差异，拓展平衡开发成本新思路。

① 葛岩，关烨，聂梦耀. 上海城市更新的政策演进特征与创新探讨[J]. 上海城市规划，2017（5）：23-28.
② 《关于进一步推进本市旧区改造工作的若干意见》中主要对象为"中心城区成片、成规模和群众改造意愿强烈的二级旧里以下房屋改造"。
③ 《关于本市盘活存量工业用地的实施办法》的适用范围为上海规划集中建设区内的国有存量工业用地的盘活活动。

1.4.5 综合法规更新条例发布
Release of Comprehensive Regulations Update Regulations

更新条例的研究与发布主要是为应对一级土地市场收储开发成本日益高企、土地势能级差逐渐减小的局面，需要改变原来政府主导的"储备模式"，探索市场积极参与其中的"更新模式"，通过构建零星更新、区域更新的不同路径，探索存量用地更新利用的模式创新，调动各方资源全面整体实施规划。产权归集难、征收收尾难、市场参与渠道不畅、引逼机制缺乏等问题，倒逼上海城市更新体系走向全方位创新转型。

新时期上海城市更新的关键点主要包括两个方面。一是以《上海市城市更新条例》为基础，提出上海的城市更新要全面提升城市能级和整体空间品质、实现更新内容和对象全覆盖、构建共建共治共享的治理格局，探索有效破解城市更新瓶颈问题的政策路径。二是从原来政府收储到现在创造一种新的模式，即在既有土地收储再供应的基础上，创设包括存量主体在内的市场主体，针对存量国有建设土地及其既有建（构）筑物实施的用途调整、改造重建等建设开发行为，是对存量用地更新利用的模式创新。

城市更新政策法规体系是"1+1+N"。第一个"1"是《上海市城市更新条例》；第二个"1"是《上海市城市更新指引》，作为上承条例，下接各部门相关工作的行动性文件；"N"是《上海市城市更新规划土地实施细则（试行）》《上海市城市更新操作规程（试行）》等一系列细化操作流程与政策要求的配套文件。

《上海市城市更新条例》创设了区域更新和零星更新两种路径。这两种路径在权属情况、空间范围、更新目标、实施机制等方面均具有一定的差别。其中，区域更新要着重把握"更新行动计划"环节。更新行动计划是政府对这个地区更新的基本谋划和相关要求，由各区组织编制。通过更新行动计划明确更新范围及更新基本条件后，确定"统筹主体"。统筹主体要做进一步的经济测算分析，需要对当地居民意愿、企业诉求进行了解，进一步摸清相关情况后研究、制定区域更新方案，经论证并批准后启动实施。

城市更新是实施规划的行动，应符合各层级国土空间规划中明确的城市更新相关规定与要求。对于城市更新项目推进，控制性详细规划可以在符合相关法律法规和相关政策的前提下，结合市场需求予以优化完善。控制性详细规划组织编制主体经与统筹主体会商，依据更新方案中的规划实施方案，同步编制控制性详细规划成果，按规定开展控制性详细规划优化相关工作。

统筹主体由市、区政府通过公开遴选或者指定的方式确定，由政府授权，通过市场化运作，统筹平衡各方利益，编制区域更新方案，推动更新区域内物业权利人达成统一的更新意愿、协调推进区域更新实施，也可以参与区域内城市更新项目的实施与运营。统筹主体可以是物业权利人，也可以是区属企业、市属国企、央企、民企等其他市场主体。市场主体可以通过公开、公平、公正的遴选机制（或指定）确定为统筹主体，系统推进区域更新；也可以通过与原权利人合作的方式（联营、入股、协议等）作为更新项目的实施主体，参与区域更新、零星更新。

总体而言，2014年以前上海的城市更新主要包括政府主导推进重点地区整体转型、历史文化保护再利用等。2014年、2015年上海市先后出台《关于本市盘活存量工业用地的实施办法（试行）》及《上海市城市更新实施办法》探索自主更新。城市更新从起步时的以原权利主体自主更新为主，到引入市场主体、扩大参与对象，再到突出区域、统筹资源，经历了城市更新的整体转型。2021年，上海市出台《上海市城市更新条例》，在地方性法规层面进行了制度创新，并推动相关配套文件的制定，标志着上海的城市更新步入新时代。

Chapter **2**

Theoretical Traceability

第2章 理论溯源

　　本章主要介绍了国内外社会公平及城市更新的理论发展，具体包括社会公平及公正的相关理论历史演进，从古希腊时期、中世纪、启蒙运动到近现代、后现代正义论的主要观点及代表人物，基于社会学、产权经济学、空间生产理论等视角开展的城市更新研究，同时对城市更新一些被高度关注的议题如博弈论、绅士化以及城市更新的政策机制研究进行了归纳。

This chapter primarily introduces the theoretical development of social equity and Urban regeneration domestically and internationally. It specifically covers the historical evolution of theories related to social equity and justice, from the main viewpoints and representatives of ancient Greece, the Middle Ages, the Enlightenment, to modern and postmodern theories of justice. It also examines research on Urban regeneration from perspectives such as sociology, property rights economics, and spatial production theory. Additionally, it summarizes highly focused issues in Urban regeneration, such as game theory, gentrification, and the study of Urban regeneration policies and mechanisms.

2.1

国外正义论的历史演进及主要观点

The Historical Evolution and Main Perspectives of Justice Theory Abroad

通过对公平正义相关文献的整理研究可以发现，在漫长的历史长河中，有大量学者对公平正义进行过概念界定及内涵阐述，归纳一下，可以分为古希腊时期、中世纪、启蒙运动、近现代及后现代几个阶段，而公平正义的内涵也从追求等级制度与社会秩序的理想化、对神的绝对服从，到消灭等级特权，建立并维持民主政治与市场体制，解决人与社会发展中存在的政治、经济、文化问题，实现人的平等、尊严以及多方面的权利价值，最后到改良主义的社会正义原则，强调时空统一的辩证的正义（表2-1）。

表2-1　国外不同历史时期公平正义的内涵变化
Table 2-1　Changes in the Connotation of Fairness and Justice in Different Historical Periods Abroad

时代	学者	观点	主要特征
古希腊时期	卡克利斯	优者比劣者多得一些是公平的，强者比弱者多得一些是公平的	追求等级制度与社会秩序的理想化
	柏拉图	公平就是和谐，正义是个人和国家的美德	
	亚里士多德	公平就是赋予平等的人以平等的权利，给不平等的人以不平等的权利	
	伊壁鸠鲁	公平与正义是人们彼此约定的产物，不存在独立的公平与正义	
中世纪	圣·奥古斯	不存在真正的正义，它只有在上帝那里才存在	对神的绝对服从
	托马斯阿奎那	服从上帝就是正义	

续表

时代	学者	观点	主要特征
启蒙运动	胡果·格劳秀斯	自然法给人们的理性和行为提供了正当的、正义的准则，这些准则就是自然权利，而这些自然权利是符合人性要求的，因而也就是公平的	消灭等级特权，建立并维持民主政治与市场体制
	霍布斯	自然法最核心的内容是"己所不欲，勿施于人"，在自然法支配之下，人人都是平等的。遵守自然法就是实现正义、公平、公道	
	休谟	强调公共福利是正义的基础	
	爱尔维修	正义就是法律，功利主义的正义观	
	伏尔泰	公平是自然法的基本要求，普天之下都认为如此。它既不使别人痛苦，也不是以别人的痛苦使自己快乐。实现自然法的要求就是实现了公平	
	孟德斯鸠	公平的法律不能牺牲公民的个性，在公平的社会中，人民的安全就是最高的法律	
	卢梭	主张平等并不是绝对的、事实上的平等，而是尽可能缩小贫富差别，实现法律面前的平等	
	康德	公平作为一个道德律令是理性为自身设置的一个道德命令，它是理性自由选择的结果	
	边沁	公平的要求在于为社会谋福利，在于福利的平等	
	黑格尔	公平理性的东西即是自在自为的法的东西	
近现代	马克思和恩格斯	以历史唯物主义为基础对公平给出了解释，任何社会的公平都不是抽象的、绝对的和永恒不变的，而是具体的、相对的和历史的，不同的社会存在着不同的公平观念	解决人与社会发展中存在的政治、经济、文化问题，实现人的平等、尊严以及多方面的权利价值
	哈耶克	社会的公平应是机会均等，而不是权利平等，更不是结果均等。自由竞争的市场制度是公平的制度安排，是实现公民机会均等的制度保证	
	罗伯特·诺齐克	一个人的持有是否正义，要看其是否对其持有之物拥有权利。如果一个人对其持有是有权利、有资格的，那么他的持有就是正义的	
	大卫·米勒	公平原则与人类关系模式密切相关。区分了三种人类关系模式，即团结的社群、工具性联合体以及公民身份。在这三种不同的关系模式中，公平原则分别是按需分配、应得与平等	

续表

时代	学者	观点	主要特征
近现代	迈克尔·沃尔泽	存在三种不同的公平原则，分别是自由交换、应得和需要，它们适用于不同的领域	解决人与社会发展中存在的政治、经济、文化问题，实现人的平等、尊严以及多方面的权利价值
	罗宾斯坦	区分了市场公平原则与横平原则。市场过程遵循的是权利原则而非横平原则。供需关系是市场过程中遵循的支配性关系，在这一过程中，行动者是否具有持有、转让、所有等权利是关键所在	
	弗利	以妒忌与否作为判别公平的依据，将公平定义为"如果在一分配状态下所有人都不妒忌别人的话，这一分配是公平的"	
	约翰·罗尔斯	作为公平的正义的两个原则如下。第一，平等自由的原则，即每一个人对于最广泛的基本自由、与其他人相一致的自由都有着相同的权利。第二，社会的和经济的不平等应当满足两个条件：一是公职和其他职位向所有人开放，即机会均等的公平原则；二是有利于最小受惠者的最大利益，即差别原则。并且罗尔斯认为，第一优先原则平等的自由优先，自由只有为了自由的缘故而被限制。第二优先原则正义对效率和福利优先，其中机会平等原则优先于差别原则。也就是第一原则优先于第二原则，第二原则中的机会均等原则又优先于差别原则	
	列斐伏尔	通过对城市权利的争取来取得城市正义，这种正义的目标包括群众和城市居住者对城市空间的建设、城市中心的使用等一系列城市空间的知情权、享用权、参与权	
后现代	戴维·哈维	社会与政治组织以及生产与消费系统应该使对劳动力的剥削降低到最低程度；解放被边缘化所压迫的团体；授予被压迫者参与政治的权利以及自我表达的力量；消除城市规划方案与公共讨论中支配者的文化霸权；在不摧毁人民自我赋权的前提下，消除个人和组织的暴力；缓和任何社会规划对居民及未来代在生态上的负面影响	正义是历史的产物，并随时间不断变化，提出改良主义的社会正义原则，强调时空统一的辩证的正义
	爱德华·索亚	空间正义是指正被日渐空间化了的一些概念，这些概念包括了社会正义、参与式民主以及市民权利与责任	
	费恩斯坦	通过反思城市空间中一系列的非正义现象，提出了包含公平、民主及多元化三个维度的"正义城市"理论	

下面针对四个重要历史阶段公平正义的主要代表人物及其观点作详细阐述。

2.1.1　古希腊时期：分工正义与分配正义
Ancient Greece: Division of Labor Justice and Distributive Justice

西方古典哲学中有很多关于公正论的探讨，柏拉图批判功利主义，坚持本质主义的正义论。西塞罗和奥古斯丁在不同的文化场景中发展了本质主义的正义观。亚里士多德确立了公平的正义和交换的正义的均衡正义原则。在上述观点中，以柏拉图的"分工正义"和亚里士多德的"分配正义"最具有代表性。

柏拉图和亚里士多德都是古希腊伟大的哲学家，亚里士多德是柏拉图的学生，师徒二人和柏拉图的老师苏格拉底并称为"希腊三贤"。柏拉图关于理想国的社会分工原则和所谓"共产"的观点影响深远。柏拉图认为正义有国家正义和公民正义之分[①]。国家的正义大于公民的正义。亚里士多德认为城邦高于公民，但是他也主张人有自己的权利，要求实现城邦和公民利益的平衡。他还确立了公平的正义和交换的正义的均衡正义原则。分配正义主要是针对利益和权利的分配而言的。亚里士多德认为，在利益的分配上，数目的平等不一定都是正义的，但比例的平等都是正义的[②]。

柏拉图认为，在社会分工中，每个人所从事的行业和担任的职务由天生的秉性决定。他所描述的理想国，按照严格的社会分工原则，由三个等级组成。第一个等级是负责制定法律、教育人民和治理国家的执政者等级，即指富有理性和知识的哲学家，并特别强调贤人治国的极端重要性。第二个等级是负责执行法律、保卫国家的保卫者等级。第三个等级是农民、手工业者和商人，被其称为供应产品者等级，他们必须服从统治者的命令，负责生产和供应生活资料。在柏拉图看来，实行共产制将有助于优生优育并防止出现腐败和内部冲突。因此，在理想国里，哲学家和军人都被取消私有财产和个人家庭，实行共产、共妻、共子。柏拉图关于统治者阶级实行共产主义的思想，对后来的各种公有制思想具有重要影响。

柏拉图认为正义有国家正义和公民正义之分，国家的正义大于公民的正义。所谓国家正义，就是主张公民在认可等级划分的基础上的职责意识。具体来说，就是构成国家的各阶级或处于不同阶级地位上的人，都应安于由自然形成的社会分工所决定的自己的位置，履行自

---

① 柏拉图. 理想国[M]. 郭斌和，张竹明，译. 北京：商务印书馆，2002.
② 赵苑达. 西方主要公平与正义理论研究[M]. 北京：经济管理出版社，2010.

己与这种位置相适应的职责。个人正义就是要求个人能够主宰自己、节制自己，使自己去做正义的事，而不去做不正义的事。个人对自己主宰的实质，是其灵魂中理性借助于意志对欲望的节制①。

亚里士多德确立了公平的正义和交换的正义的均衡正义原则。他认为，一方面，对于不同出身、财产、地位、能力的人要平等对待，另一方面，对于特殊的任务也可以给予特殊的优待。亚里士多德认为，社会成员的利益高于个人的利益。防止社会成员追求个人利益的行为而损害社会成员的共同利益的办法是建立和强制社会成员共同遵守法律。

亚里士多德认为，普遍的公正也称为总体的公正，特殊的公正也称为具体的公正。特殊的或具体的公正包括分配公正和矫正公正两个部分②。亚里士多德所谓的分配公正是指对荣誉、地位、官职、权力、自由民主权利等的公平分配。他把分配的平等分为两种，即数目上的平等与由价值而定的平等。数目上的平等是指在数量或大小方面与其他人相同或者相等，由价值而定的平等则指在比例上的平等。数目上的平等和比例上的平等都可以是公正的，但比例上的平等可能伴随着数目上的不平等甚至是很大程度上的不平等。在平等与公正的关系上，亚里士多德并不认为只有平等才是公正的。在他看来，不平等也可以是公正的。分配正义主要是针对利益和权利的分配而言的。亚里士多德认为，在利益的分配上，数目的平等不一定都是正义的，但比例的平等都是正义的。矫正的公正，顾名思义，就是指对私人交易中的不公正进行矫正，使交易后的双方仍处于交易前的相对地位上，使他们得到的既不多于他们原有的，也不少于他们原有的。分配正义原则是亚里士多德正义原则中最重要的，矫正的正义是由分配正义派生出来的，对分配正义起着重要的补充作用。

2.1.2 启蒙运动：功利主义的公平观
Enlightenment Movement: a Utilitarian View of Fairness

功利主义诞生于18世纪末与19世纪初，由英国哲学家兼经济学家边沁提出，核心观点是"最大多数人的最大幸福"，其基本原则为：一种行为如有助于增进幸福，则为正确的；若导致产生和幸福相反的东西，则为错误的。幸福不仅涉及行为的当事人，也涉及受该行为影响的每一个人。

---

① 赵苑达. 西方主要公平与正义理论研究[M]. 北京：经济管理出版社，2010.
② 亚里士多德. 尼各马可伦理学[M]. 苗立田，译. 北京：中国人民大学出版社，2003.

在边沁之前，亚当·斯密把人性归结为个人利己主义，认为个人追求一己利益，便会自然而然地促进全社会的利益最大化。边沁在《道德和立法原理导论》（1789年）一书中进一步阐明：一是功利原理或最大幸福原理，人们一切行为的准则取决于是增进幸福抑或减少幸福的倾向，社会全体的幸福是组成此社会的个人幸福的总和，社会幸福是以最大多数的最大幸福来衡量的；二是自利选择原理，在经济活动中应以个人的活动自由为原则，国家应为之事，只限于保护个人活动的自由和保护私有财产的安全，除此之外不应作任何干涉。

2.1.3　近现代：城市权利与持有正义
Modern and Contemporary Times: Urban Rights and Holding Justice

近现代关于公平正义有重要论述的三位代表人物及其观点分别是列斐伏尔的"城市权利"、约翰·罗尔斯的"分配正义"和罗伯特·诺齐克的"持有正义"。

列斐伏尔是近现代法国著名的思想大师，他在20世纪60年代发表了《城市权利》《空间与政治》《城市革命》等一系列为城市权利批判和抗争的著作，所有著作中都传递着他对城市日常生活被权力化的抗争，并在此过程中寻求社会正义。约翰·罗尔斯是美国政治哲学家、伦理学家，是20世纪70年代西方新自然法学派的主要代表之一，他的著作《正义论》（1971年）是20世纪思想界最具影响力的作品之一。罗伯特·诺齐克是20世纪美国杰出的哲学家和思想家，是第二次世界大战后至今最重要的古典自由主义的代表人物。

列斐伏尔在1968年给出了城市权利的定义：城市的权利像是一种哭诉和一种要求（a cry and a demand），前者是对被剥夺的权利的哭诉，后者是对未来城市空间发展的一种要求。他认为，传统的城市权利是给公民一定的赋权，使其参与到资本对城市的决定过程中[1]，需要建立一个新的城市结构和空间关系来寻求正义、民主和公民权利的平等[2]。对城市权利回归的呼唤包括城市信息的获得权、城市综合服务的享用权、使用者对城市空间中活动的知情权，还包括对城市中心的使用权。对城市权利回归的呼唤来源于那些被排除在权利之外的人，主要包括边缘人群以及工人阶级、中低收入和低保障的人群，而不是精英阶层和资本家。

罗尔斯认为正义是社会制度的首要价值。他认为"公平和正义"是两个原则，这两个原

---

① 刘怀玉. 论列斐伏尔对现代日常生活的瞬间想象与节奏分析[J]. 西南大学学报（人文社会科学版），2012，38（3）：12-20.

② Cymhia Wagner. Spatial justice and the city of Sao Paulo [D]. Luneburg: Leuphana University of Luneburg, 2011.

则暗示着社会基本结构的两大部分，一是有关公民的政治权利部分，二是有关社会和经济利益的部分。罗尔斯的第一个正义原则是平等自由原则，他认为公民的基本自由包括政治自由及言论和集会自由、良心的自由和思想的自由、依法不受任意逮捕和剥夺财产的自由等。罗尔斯强调，以上各种基本自由作为权利对每一个公民来说都应该是平等的。罗尔斯的第二个正义原则是机会的公平平等原则和差别原则的混合。由于资源的最初分配总是受到自然和社会偶然因素的强烈影响，如人的才能、天赋、社会地位、家庭、环境、运气等偶然因素都会造成个人努力与报酬的不相等。在罗尔斯看来，这种分配方式是不合乎正义要求的。为此，他主张尽量减少社会因素和运气的影响。为了实现这一点，他强调，自由市场不应是放任的，必须由以公正为目标的政治和法律制度来调节市场的趋势，保障机会公平平等所需要的社会条件。在罗尔斯看来，不平等的能力和天赋不能成为不平等分配的理由，因为这些因素在很大程度上依赖于幸运的家庭。为此，他就主张用差别原则来纠正这种不公正。罗尔斯探讨正义原则的目的是希望人与人之间达到一种事实上的平等，而且为了这种事实上的平等，还要打破形式的平等，即对先天不利者和先天有利者使用形式上不同等的尺度。

诺齐克认为，"分配"这个词不是一个中性的词，因为它总是与某个机构使用某个原则做出的行为联系在一起。因此，他用"持有"一词替代"分配"。诺齐克提出的"持有正义"有三个主要论点：第一个是持有的最初获得，或对无主物的获取；第二个涉及从一个人到另一个人的持有转让，可称为转让的正义原则；第三个是对持有中的不正义的矫正[1]。诺齐克认为，人们只能占有原来不属于任何人，因而任何人都可以获得的东西，并且是通过自己的劳动对其加以占有。劳动才是与自然权利相符合的唯一的占有财产的资格。诺齐克认为，个人拥有绝对的权利，没有经过权利的所有者的自由同意，这种权利的边界是任何国家权力都不能任意逾越的。诺齐克认为，是个人的权利和自由决定国家的性质和职能，而不是国家自身的需要决定公民个人享受与否或享受多少权利和自由。

2.1.4 后现代：改良主义与空间正义
Postmodernism: Reformism and Spatial Justice

在后现代的城市研究领域中有两位代表性人物，分别是戴维·哈维和爱德华·索亚，戴维·哈维是当代西方地理学家中影响极大的一位英国学者，而爱德华·索亚是美国后现代政

---

[1] 罗伯特·诺齐克. 无政府、国家与乌托邦[M]. 何怀宏，译. 北京：中国社会科学出版社，1991.

治地理学家和城市规划学者。他们的突出贡献是把公平正义与地理空间联系到一起，形成了系统的跨学科结合理论。

戴维·哈维的代表性著作是《社会正义与城市》（1973年）。作为人类学家和地理学家，哈维在该书中从社会正义公平原则与地理空间分布的关系入手，以马克思主义为分析框架，批判了资本主义社会中城市进程中的不公平问题。作为补充，他在其下一部著作《城市权利》（2009年）中，在日益增长的城市社会不公平和全球金融危机的背景下对这个话题进行了进一步的诠释。

哈维所关注的正义是与地理空间和城市生活相关的中心（城市）和公共政策制定中的价值取向问题。他首先赞同了马克思主义的正义观，即正义是历史的产物并随时间不断变化的观点，但也认为正义不仅指社会经济的公平分配问题，也表现在空间和城市生活的更广范围。哈维在另一部著作《资本的城市化》的开篇就表明了自己的观点，他认为城市包含两个过程——资本积累与阶级斗争，资本通过"空间修复"的策略，即本书讨论的城市更新，来缓解资本过度积累的危机。这一策略导致空间生产的分散和分裂，由此瓦解了工人组织和联合起来的力量，甚至导致不同地区的工人阶级为了生存和争取更多的空间资源而展开了激烈的斗争。因此，哈维提出了改良主义的社会正义原则，其中与本书相关的原则包括授予被压迫者参与政治的权利以及自我表达的力量、消除城市规划方案与公共讨论中支配者的文化霸权、缓和任何社会规划对居民及未来后代在生态上的负面影响等[1]。

在哈维的理论研究的基础上，索亚在2010年提出了"空间正义"（spatial justice）的概念，并在《寻找空间的正义》一书中提出地理学的空间正义始于1968年，从"领域正义"的创始人规划师戴维斯那里延续而来[2]。在此基础上，索亚进一步提出了空间正义所包含的内容：一种"正被日渐空间化了的一些概念，这些概念包括了社会正义、参与式民主以及市民权利与责任"[3]。

索亚强调空间正义具有三元辩证性，即正义的社会性、历史性和空间性，认为并不存在绝对的正义空间或者空间正义，那样的空间只能是乌托邦。在这一点上，索亚继承了哈维的思想，特别是辩证唯物主义的观点来实现空间正义，不断修正既有的空间不正义，才能寻求

① HARVER. D. Social justice, Postmodemism, and the city. [J] International journal of urban and regional rsearch, 1992(16): 588-601.
② DAVIES B P. Social needs and resources in local services: a study of variations in provision of social services between local authority area[M]. London: Joseph Rowntree, 1968.
③ SOYA E W. Seeking spatial justice [M]. Minnesota: the University of Minnesota press, 2010.

空间正义的所在。索亚认为"空间正义"应该定义为一个地理和资源、服务获得公平分配以及空间可接近性的基本人权。他指出空间正义并不是任何空间形态或模式的替代方式和替代品，而是对不正义的空间的一种解释方式，提供一种对（不）正义的空间性（spatiality）进行深入批判的视角。在运用空间正义批判性视角时要强调三点：一是强调更加平衡、辩证的社会和空间的因果关系；二是起始于领域（territory，这里领域指邻里、社区、城市、郊区、区域、国家以及全球层面），正义应该通过对社会福利和不平衡的地理分布进行自由表达，对不正义的城市发展进行批判来表达；三是脱胎于列斐伏尔对城市权力的思想，索亚以1996年洛杉矶乘坐者联盟（Bus Riders Union）对城市交通当局的对抗胜利为例，讲述了为弱势群体阶层获得空间正义的行动，认为实现空间正义的方式是集体行动。如索亚所言，寻求正义的过程是漫长而艰难的，平等永远只是崇高的理想①。正义也是这样，我们不可能实现完全的正义，但我们需要一个关于正义城市的乌托邦构想，引领我们离正义更进一步。

费恩斯坦提出了正义城市理论，通过反思城市空间中一系列的非正义现象，从传统、抽象的正义理论走向实际，开创性地为城市空间治理提出了新的思路和理论体系。其通过正义城市理论的发展来评价现有项目或者制度，尤其适用于帮助在城市更新过程中更好地实现社会公正。正义城市理论认为，正义城市有三个量度，即公平、民主以及多元化，并以正义的影响来推动所有公共政策的制定。正义城市理论的民主主要体现在：决策参与实行代表制，已开发地区规划要在咨询全市范围内市民的看法与意见的基础上开展，不能仅局限于项目切身利益涉及人群；在规划无人区或者人烟稀少的地区时，要对周围可能受到影响的全部团体代表进行咨询。总的来说，应建立一个普遍的公众参与、决策和监督的机制，确保城市建设考虑到包括弱势群体在内的多元社会团体的利益。费恩斯坦教授认为参与的本身并不是为了彰显参与的价值，而是为了确保利益被公正地代表。公平主要是指公共政策带来的各种物质和非物质的利益分配，同时这些公共政策主要考虑弱势群体的利益，使富裕的人难以从中获利。因此，公平在对待每个人的方式上不要求同等而是要求适合。具体包括新建住宅项目必须考虑中低收入水平人群住房；城市拆迁要以公共利益为目标且过程中必须本着居民搬迁的原则，并保证合理的赔偿；国家经济发展计划应优先考虑员工需求；大型项目的建设应有多元利益主体，并以公共设施、工资等形式为低收入群体直接提供补贴；公共交通应该保持低收费以照顾低收入人群；规划师应该追求平等，并在限制富人明显受益的规划方面起积极作用。正义城市主张维护一个多元化社会，以及其中不同阶层的互相尊重、包容共存，而不是

---

① 爱德华·索亚. 寻求空间正义[M]. 北京：社会科学文献出版社，2016.

用统一的规定对待所有群体，致力于消除群体的差异。他认为要建立包容性新社区，公共空间不应该被垄断，而是应被广泛和多样性地使用；主张混合的土地利用，让城市生活中的每个人都有权利保护自己，免受那些不尊重自己生活方式的人的影响[①]（图2-1）。

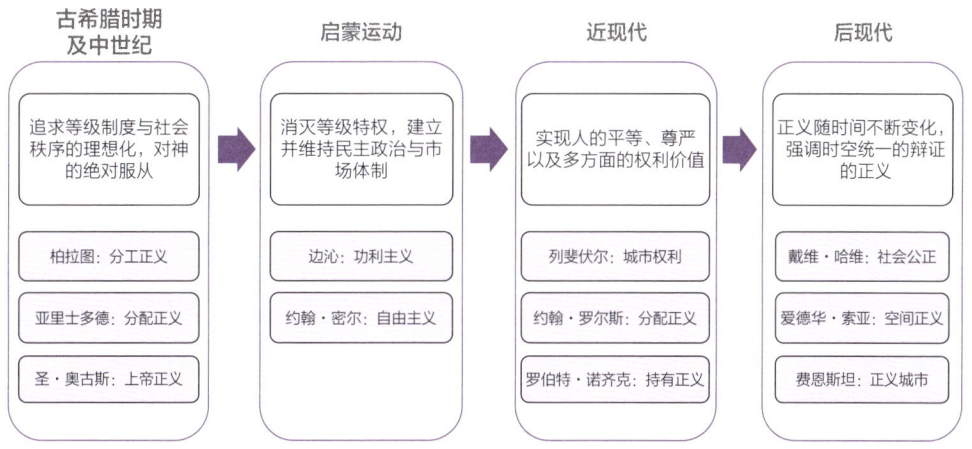

图2-1　西方正义论的历史演进、主要代表人物及观点

Figure 2-1　Historical Evolution, Main Representatives, and Views of Western Justice Theory

---

[①] 苏珊·费恩斯坦. 正义城市[M]. 北京：社会科学文献出版社，2016.

2.2

中国公平正义的主要理论及观点

Main Theories and Viewpoints on Fairness and Justice in China

2.2.1　中国历史上的社会公正观
Social Justice Views in Chinese History

社会公正思想不仅在西方源远流长，早在我国先秦时期，为了完善社会实践和社会制度，各学派便均已提出自己的社会公正观，其中影响最大的有儒家、道家、墨家和法家[①]。

儒家学派代表人物有孔子和孟子，其社会公正观以仁爱为核心，重视礼制，承认人与人之间的差异，主张正视这种不平等，提出"名不正则言不顺"，个人通过正直、仁爱的为人处世为实现整个社会的公正作贡献。与儒家的等级思想相反，道家的社会公正观主张人人平等、张扬自我，"无为"是实现社会公正的最好方式。道家的代表人物老子认为，管理者的无为而治是实现公民社会地位平等的最好引导。墨家的社会公正观以兼爱为主。法家则强调法律上不认亲疏，赏罚分明是实现社会公正的重要途径，强调程序公正。

2.2.2　中国当代的社会公正观
Contemporary Chinese Social Justice Perspectives

到了当代，随着城市化的持续推进，社会财富不断累积，贫富差距、大城市排外现象、

---

① 潘兰英. 以社会公正目标为导向的深圳市城市更新策略研究[D]. 长沙：湖南大学，2018.

公共服务设施分布不均等一系列社会矛盾出现，人们对个人权利、自由的向往愈发强烈，社会公正逐渐引起各领域学者的注意。目前国内对社会公正的研究主要集中于政治经济学、社会学、伦理学和哲学领域。

在政治学领域，对公正的界定更加倾向于衡量一个社会是否有利于人的发展。有学者认为现代意义上的社会公正基本理念集中体现了人的价值取向，即社会全体成员共同享受社会的发展成果，每个人都有平等的发展权利，认为社会公正是使每个社会成员在价值分配的过程中受到公正的对待，但公正的社会不是无差别的社会。

在经济学领域，国内部分研究学者从经济学的角度出发，认为社会公正是追求利益、权利的平等。冯维波、黄光宇提出公正的实质是人们对平等利益的追求，是表示人与人之间关系上的无差别意义，是权利和义务的统一体。但是公正是相对的，公正不是平均；公正是在一定条件下的、一定范围内的公平①。

在伦理学领域，有学者认为社会公正是一种道德范畴，是人最基本的道德准则和价值标准。郭建、孙惠莲认为社会公正自古以来是人类社会追求的一个道德理想和价值目标，同时也是衡量一种社会计划和行动是否合理的考量工具②。马永庆、肖霞认为不管哪个时代的社会公正都蕴含着平等、权利与义务相统一的核心，但在伦理学领域，义务的践行是基于道德而不是以获得权利为目的的③。

在哲学领域，有学者从哲学角度出发，认为社会公正是一种社会态度和价值标准。叶志华认为社会公正是与实践发展水平相一致的，是符合社会发展规律的社会价值分配④。冯颜利认为符合我国国情的社会公正首先要保障个人的基本权利，其次根据每个人对社会的贡献程度不同享受部分非基本权利，最后对弱势群体实行社会调剂原则来保障社会安全、和谐地运行⑤。张书维、许志国、徐岩认为社会公正由程序公正和分配公正构成⑥。

在城市规划领域，由于现代城市规划从诞生之初其核心价值就是追求公平与正义，作为公共领域和公共政策，其作用是弥补市场缺陷，保证公共利益。关于城市规划领域的社会公平，国内学者也有阐述，主要观点如下。

① 冯维波，黄光宇. 公正与效率：城市规划价值取向的两难选择[J]. 城市规划学刊，2006（5）：53-57.
② 郭建，孙惠莲. 公众参与城市规划的伦理意蕴[J]. 城市规划，2007，31（7）：56-61.
③ 马永庆，肖霞. 社会公正的伦理解读[J]. 伦理学研究，2014（1）：6-11.
④ 叶志华. 试论社会公正[J]. 现代哲学，1999（1）：23-27.
⑤ 冯颜利. 公正（正义）研究述评[J]. 哲学动态，2004（4）：14-17.
⑥ 张书维，许志国，徐岩. 社会公正与政治信任：民众对政府的合作行为机制[J]. 心理科学进展，2014，22（4）：588-595.

周俭教授认为，各种社会矛盾的表现形式和复杂程度各不相同，但核心问题都与空间资源分配的公正公平有关①。我国城乡规划的主要职能之一是对空间资源的再分配，而分配是否合理公正涉及空间正义与社会公正问题②。唐子来教授对社会公平公正提出了两个层面的理论框架，即社会公平与社会正义。第一层面的社会公平（fairness）建立在各社会群体的能力（abilities）和需要（needs）相同的基础上，因而注重人人享有平等的公共服务水平；第二层面的社会正义（justice）强调各社会群体的能力和需要不同，基本公共服务应当向特定的社会弱势群体倾斜，因而是更具有进步意义的社会发展理念。唐子来教授基于社会公平理念，以2010年上海市中心城区公共绿地分布为例，提出了公共服务设施分布的社会绩效评价方法③。姚洋教授构建了四个层次的城市规划领域公平正义框架：一是人身权利的均等分配；二是基本物品的均等分配；三是依据功利主义的分配，城市规划要注重土地利用和资源配置、开发的效率；四是对弱势群体的关怀，城市规划要提供特定的帮助和保障机制。在上述前三个层次中，上一层次优先于下一层次；第四层次是对前三个层次必要的补充和完善。

顾哲根据公共选择理论提出了三个层面的更新机制研究框架④，即需要从过程或程序（process）、利益或利润（benefit）、产品或服务（product）三个方面来分析，从城市更新过程或程序的公平、城市更新利益或利润（profit）获得或持有的公平、城市更新产品或服务供需满足程度的公平方面构建城市更新整体分析框架。胡毅、张京祥提出"空间正义"在中国城市住区更新中的理论框架⑤：一是没有绝对正义的住区更新，需要不断进行理论批判与实践修正；二是将受住区更新影响最大的居民权利作为首要考量方面，最大限度地考虑弱者的权利，保证其权利和资源可获得、可享用，具体包括决定更新与否的决策权、更新后居住地点的选择权、被协助进行日常生活空间重建的权利、对更新后空间成果的享用权以及对更新中产生利益的分享权；三是将住区更新作为实现空间正义的一种方式和过程而不是结果（表2-2）。

① 周俭，钟晓华. 城市规划中的社会公正议题——社会与空间视角下的若干规划思考[J]. 城市规划学刊，2016（5）：9-12.
② 周俭. 城乡规划要强化社会公正的目标[J]. 城市规划，2016，40（2）：94-95.
③ 唐子来，顾姝. 上海市中心城区公共绿地分布的社会绩效评价从地域公平到社会公平[J]. 城市规划学刊，2015（2）：48-56.
④ 顾哲，侯青. 基于公共选择视角的城市更新机制研究[M]. 杭州：浙江大学出版社，2014.
⑤ 胡毅，张京祥. 中国城市住区更新的解读与重构——走向空间正义的空间生产[M]. 北京：中国建筑工业出版社，2015.

表2-2　城市规划领域关于社会公平国内学者的理论研究框架

Table 2-2　Theoretical Research Framework of Social Equity in Urban Planning by Domestic Scholars

学者	主要观点与理论框架
周俭、钟晓华	各种社会矛盾的表现形式和复杂程度各不相同，但核心问题都与空间资源分配的公正公平有关；城市规划的主要职能之一是对空间资源的再分配，城市空间资源分配是否合理公正涉及空间正义与社会公正问题
唐子来、顾姝	社会公平理念注重人人享有平等的公共服务水平，社会正义理念强调基本公共服务应当向特定的社会弱势群体倾斜
任平	空间正义是存在于空间生产和空间资源配置领域中的公民空间权益方面的社会公平和公正，包括对空间资源和空间产品的生产、占有、利用、交换、消费的正义
王志刚	强调在空间生产关系中，应关注主体（尤其是弱势群体）的自由选择、机会均等和全面发展；强调空间制度、政策安排对主体存在的意义，使得空间生产活动充满着对主体的终极关怀
顾哲、侯青	城市更新过程或程序的公平，城市更新利益或利润获得或持有的公平，城市更新产品或服务供需满足程度的公平
姚洋	人身权利的均等分配，基本物品的均等分配，依据功利主义的分配，对弱势群体的关怀
胡毅、张京祥	决定更新与否的决策权，更新后居住地点的选择权，被协助进行日常生活空间重建的权利，对更新后空间成果的享用权，对更新中产生利益的分享权

　　空间正义是城市建设和空间发展过程中应当遵循的价值观，应该成为引导城市更新一系列过程的基本原则；它也作为一种空间发展的目标，是多数人应该共享的空间利益。如果空间的各种资源能够按照使每个人都受益并保证最小受惠者的最大利益的原则进行分配，那就是正义的。因此，空间正义既包括对空间资源和空间产品的生产、占有、利用、交换、消费的正义，也包括在地域上实现社会合理的需求，如就业机会、良好的环境、公共空间准入等方面的正义。但是，空间正义不是一个终结状态，而是一个不断修正的空间发展方式，而这个方式是通过各类空间方案和空间政策来实现的。

2.3

城市更新研究的多学科视角
Multidisciplinary Perspectives on Urban Regeneration Research

2.3.1 社会学视角的城市更新研究
Research on Urban Regeneration from a Sociological Perspective

刘易斯·芒福德和简·雅各布斯是两位著名的社会学视角研究城市更新的代表性人物。芒福德是一位人本主义规划大师，他激烈批评了西方城市规划中的许多思想，认为社会对金钱、物质、技术的崇拜已经发展到了否定人类正常生理需要、心理需要和社会需要的程度。他反对城市规划中的形式主义表现，认为"我们不能用建新建筑物取代旧建筑物来实现城市更新，因为这些新建筑物只符合城市发展的陈旧格式，同时也是以同样陈旧的机械发展思想为基础的"。

雅各布斯的思想和芒福德有类似之处，其理论主要反映在1961年出版的《美国大城市的死与生》一书中。作为一名城市规划领域之外的观察者，她认为大规模的更新计划缺乏弹性和选择性，排斥社区内的中小型商业，对城市的多样性产生了毁灭性破坏；大规模改造计划只是使建筑师、政客、房地产商热血澎湃，而广大群众则成为牺牲品。雅各布斯的著作引发了理论界对自上而下式大规模城市更新的进一步反思。赫伯特·甘斯（1962年）认为，城市更新运动不顾中低收入阶层的价值观，使得大量有稳定住房的社区和具有特色的社区意识消失，目的是将穷人从内城迁走，满足高收入者和私人企业的要求，更新运动破坏了传统的邻里社会，导致社会关系破裂。马丁·安德逊（1964年）认为城市更新运动是政府权力的扩大，相应地，穷人的权利被剥夺。舒马克在1973年出版的著作《小的就是美的》中，回顾了大规模城市更新的缺陷，并提出更新规划的出发点应该是人的需求，应当采用以人为尺度的生产方式和适宜的技术。霍尔（1975年）对规划历史进行了深刻回顾，认为现有的规划重点大多放在了蓝图的编制上，从物质环境的角度来看待社会和经济问题。罗和凯特（1975年）在《拼贴城市》一书中批评了一味追求完整、统一的城市设计，认为城市是一种小规模、现实化和许多未完成目的的组合，应该以"有机拼贴"的方式开展城市建设。列斐伏尔在其经典著作《空间生产》中提出了"空间就是社会"的基本论断，即我们所经历的物质空间变化不过是社会变迁的表象，物质空间变化的背后是一系列复杂的社会发展过程以及其中的社会权力、社会联系、社会日常生活的变迁。

胡毅、张京祥在《中国城市住区更新的解读与重构——走向空间正义的空间生产》一书中，运用空间生产理论对中国住区更新进行了深入剖析。指出在中国城市转型发展的背景下，住区更新愈演愈烈，也是社会冲突与矛盾最为激烈之时。层出不穷的更新问题和矛盾是西方发达国家城市更新中不曾遇到或不曾出现的。加之，中国这么庞大的住区更新规模，其本身就构成世界更新理论的重要部分，没有"中国元素"的理论是残缺的。因此，在理论意义上，其通过对空间生产理论的深入挖掘，如对空间生产理论本身不同流派的侧重点进行总结，对空间三元辩证进行深入探讨，引入索亚的"空间正义"理论，用理论检视中国的住区更新，为理论加入中国元素。另外，中国是反馈新马克思主义空间生产理论最好的实践场所。他们结合新马克思主义的社会—空间辩证法与空间生产理论，尝试提出城市更新实践的对策建议，进而为当代中国城市更新动力机制的路径选择及规划方案提供可资借鉴的样板[1]。

注重形体规划的大规模城市更新在实践中遇到了困境，被证明是失败的。这也引起了一大批学者的反思，这些学者多从人本主义角度出发来进行思考。

周俭教授指出，在我国城乡规划将不再仅仅是工程和经济的思维，生态保护、文化传承、生活品质化、多样性与创新以及吸引力和魅力，所有这些城市发展目标的实现都需要立足于"人"这个复杂、多元群体的贡献。城市社会学话题在城乡规划领域被越来越多地提及，城市社会课题已经实实在在地进入了城乡规划学科的研究范畴[2]。钟晓华、周俭在2012年通过对三个上海石库门里弄更新案例的解读，将其置于20世纪90年代以来的三轮"旧改"的背景中，分析城市遗产在社会结构转型、价值观念变迁、城市发展战略调整的动态过程

---

① 胡毅，张京祥. 中国城市住区更新的解读与重构——走向空间正义的空间生产[M]. 北京：中国建筑工业出版社，2015.

② 周俭. 城乡规划要强化社会公正的目标[J]. 城市规划，2016，40（2）：94-95.

中，在多重因素共同作用下呈现出的不同更新结果，并简述其社会效应①。周俭教授认为，社会融合、身份认同、邻里交往、社区参与的共同交集是关于社会公平、社会交流、社会和谐、社会凝聚力等涉及城市生活品质的各方面。因此，作为社区主体的社区成员在社区建设及发展过程中的参与是十分重要的。

钟晓华在其博士论文中对社会和空间之间的辩证关系，以及社会分析中能动与结构连接的重要性和可能性作了阐述②。她认为，第一，空间不只是行动者聚集和行动发生的场所，也是生产工具或生产对象，还是行动者和社会行动本身的构成要素。第二，空间实践赋予行动者特殊的行动力。行动力即行动者的能动性，是在特定的时空条件下为社会空间的重构所激发的。第三，空间实践带来社会关系的变化。行动者之间存在着依据既有规则与制度形成的社会关系，如阶层、职业、种族、性别等。第四，空间实践重构空间结构与社会结构，创造出新的社会空间与社会结构。第五，空间是能动和结构的连接中介。

徐建在博士论文中从社会学的视角对上海的城市更新进行了深入剖析。他认为，上海现行的拆迁补偿政策对公益拆迁和商业拆迁没有明确的界定，城市更新缺乏制度化的公众参与机制，拆迁补偿标准提升，但是安置逐渐以易地安置为主，同时存在拆迁制度不合理以及救济制度缺乏等问题。通过引入社会空间概念，发现城市更新有导致社会空间极化的危险，可能会形成集中的城市贫困带，进而导致弱势群体空间失配，整体性地遭受社会排斥，无法公平地享用城市资源。同时，他还探究了城市更新政策过程中的多元主体运作机制。对城市政府、地方政府、市场力量和弱势群体自身等多个主体进行了剖析，研究其运作机制，分析弱势群体遭受社会排斥的具体原因③。

快速城镇化进程中，中国城市社会矛盾不断积累，其中尤以城市更新中的社会冲突为甚，社会的公平正义已经成为当今城市社会生态系统中重点关注的方面④。20世纪后期，传统发展观面对资源枯竭、环境污染等问题愈发无能为力，可持续发展观应运而生，影响社会的方方面面。城市更新领域也不例外，具体表现在两个方面：一方面是前所未有的多元化，城市更新的目标更为广泛，内容更为丰富；另一方面则是继续趋向以谨慎渐进式的小规模改建为主的社区邻里更新，谋求政府、社区、个人和开发商、工程师、社会经济学者的多边合

① 钟晓华，周俭. 遗产在城市更新中的角色演变——解读上海中心城区"旧改"进程中的三个案例[J]. 城乡规划，2012（1）：113-120.
② 钟晓华. 行动者的空间实践与社会空间重构——田子坊旧街区更新过程的社会学解释[D]. 上海：复旦大学，2012.
③ 徐建. 社会排斥视角的城市更新与弱势群体——以上海为例[D]. 上海：复旦大学，2008.
④ 张京祥，胡毅. 基于社会空间正义的转型期中国城市更新批判[J]. 规划师，2012（12）：5-9.

作。叶炜以"社区自助建设"为概念框架，专门探讨了社区力量在英国城市更新中的角色演变和作用机制。李艳玲从城市社会学的视角特别关注了城市更新中社会因素和政府政策的社会后果，如更新过程中的矛盾和更新政策的左右摇摆。陶希东认为中国走向"社会型城市更新"的路径要实现四个方面的转型①，即发展理念从侧重硬件环境建设向侧重提升人的生活质量转变，改造方式从单一的"破旧立新"式改造向"拆、改、留"并举转变，功能效益从单纯的房地产、商业开发向完善城市功能、促进城市产业升级、保存城市文化等多功能更新转变，社会目标从社会排斥型改造向社会包容型、活力型改造转变，提出的规划策略建议包括制定和完善城市更新规划体系、城市更新配套设施规划、探索并实施深度参与式规划等。

城市更新引起的绅士化（gentrification）也一直被业界关注，关于绅士化的研究主要侧重于更新后街区的社会经济环境、物质建设水平和人口空间流转，其主要表现为租金上涨、土地使用功能置换、建筑物使用权和所有权的转换、业态变迁、居民被迫搬迁、邻里社会结构和街区文化商业氛围的转变等。其中不可避免地对绅士化在物质更新、社会经济方面的效应进行了评定。许多学者都认为绅士化是把"双刃剑"，一方面对振兴地方经济、带动产业转型以及提升城市物质建设水平的作用十分明显，但同时存在城市社会矛盾与原真性文化传承困境等负面效应。

西方国家的绅士化研究一直伴随现代城市更新进程，绅士化的理论与实证研究在几十年的演进中已经日趋成熟。早期关于绅士化的研究相对狭隘，绅士化即指在西方国家城市内城复兴时期，中产阶级从郊区搬迁至内城工人社区，挤占工人原有的空间，进而使得内城街区物资环境和社会经济状况焕然一新的现象②。然而，随着城市发展更新转型提出的新要求，绅士化的定义也有了更多解读。绅士化因此从住区生活物质空间转变现象扩充为对城市开发建设行为的解读。史密斯（1996年）从政治经济学视角提出了"地租落差"理论（rent gap theory），主要指潜在的地租水平与土地使用的实际地租之间的差异。这种资本差代表的巨大收益刺激了投资者和政府对城市改造更新的动机，即资本的"返城运动"成为绅士化的动力。英国社会学家阿特金森（2004年）的综述性研究得出，当城市从传统产业向先进生产性服务业转变时，内城的绅士化进程又会达到一个新的高峰。社会的弱势人群及弱势产业的

---

① 陶希东. 中国城市旧区改造模式转型策略研究——从"经济型旧区改造"走向"社会型城市更新"[J]. 城市发展研究，2015（4）：111-116.

② GLASS R. London: aspects of change[M]. London: Centre for urban studies and MacGribbon and Kee, 1964.

置换是新自由主义经济制度下的必然结果。德国学术界的绅士化研究主要围绕物质环境与社会结构两方面进行评估，大多通过构建一个多维度、多因素综合分析的方法来评定绅士化的影响情况。安德烈·霍尔姆将柏林内城绅士化的研究与城市政治、文化发展因素紧密衔接。依据绅士化产生的原因、发展类型与发展时期，对柏林的绅士化现象进行了分类，如先驱绅士化、后绅士化、超级绅士化等①。马蒂亚斯·伯恩特（2012年）通过对比柏林与纽约城市街区绅士化现象和政府政策的实行情况，论证柏林的街区绅士化情况大多受政府政策主导，但政府不同类型的政策初衷与绅士化带来的积极或消极结果往往存在一定出入。

我国学术界的绅士化研究基于我国国情，将绅士化类型进一步丰富，提出了"旅游绅士化""学生绅士化""乡村绅士化"等概念。但相比之下，我国绅士化研究主要围绕城市住宅更新项目，分析原住居民的安置与项目社会绩效方面的影响。少量研究将商业性项目与绅士化联系起来，分析城市商业开发对历史街区更新产生的绅士化影响。张京祥等运用空间生产理论，对近年来国内许多城市出现的近现代风貌型消费空间塑造进行了分析，指出其实际上是在商业利益的驱动下，针对特定人群，借助特定文化氛围的创造而被符号化了的一种消费空间，其本质上是一种赢利型的空间生产行为，并不涉及真正意义上的历史街区与建筑保护，而且也扮演着强行推动绅士化过程的角色②。

城市更新中的政府企业化与多方博弈也是学者关注的重点。我国政府具备强大的征收和整合土地产权的能力，土地出让金收入已成为地方政府倚重的重要财源，这为地方政府致力于推进城市的绅士化——促进土地增值、取得房地产收入提供了动力，进而导致地方政府的企业化。"低价拆迁征地—高价批租土地—商业开发增值"已经成为我国城市绅士化的一条典型路径。社会阶层与城市空间在绅士化进程中的错位，使得中低收入市民的权益无法得到有效保障。城市更新中面临的各种问题、矛盾，归根结底是城市中各利益集团相互博弈的产物。各主体力量的此消彼长或某个力量的薄弱导致话语权的缺失，必然会使博弈的结果向单极化发展。城市更新应是可持续的，是社会成员间共同选择、相互博弈的均衡。

博弈通常是指决策主体在受到其他决策主体行为影响时所采取的决策行为③，在20世纪30年代真正成为一种理论。现代博弈论认为，一个决策主体的选择受其他决策主体选择的影

① HOLM A. Urban Regeneration and the end of social housing: the roll out of Neoliberalism in East Berlin's Prenzlauer Berg: urban Regeneration, urban policy, and modes of regulation[J]. Social justice, 2006, 33(3): 114-128.

② 张京祥，邓化媛. 解读城市近现代风貌型消费空间的塑造——基于空间生产理论的分析视角[J]. 国际城市规划，2009，23（1）：43-47.

③ 雷翔. 走向制度化的城市规划决策[M]. 北京：中国建筑工业出版社，2003.

响，反过来也影响其他决策主体的选择。博弈有合作博弈和非合作博弈两种形式：合作博弈强调的是团体理性，是整体最优；非合作博弈强调的是个人理性，个人决策最优。现在的博弈论一般都是指非合作博弈。根据具体条件，博弈还可分为完全信息博弈和不完全信息博弈。城市更新中参与主体多元，每个参与主体代表不同利益集团，相互间利益难以兼容，使得城市更新中博弈大量发生，呈现混合博弈倾向。

其中，第一种是政企博弈。企业以追求利润最大化为目标，而政府则是以社会利益代表者的身份参与社会经济生活，以利润最大化为目标的企业理性往往与政府代表的社会理性（即社会整体最优）相矛盾，便形成了政府与企业的博弈。第二种是政府与公众的博弈。尽管政府是以公众代言人的身份参与城市事务，但由于角度不同，代表公众群体利益的政府也会与局部的公众发生利益上的冲突，产生政府与公众（局部）的博弈。第三种是开发商与公众的博弈。如前所述，在市场经济条件下，企业成为独立的经济法人后，往往在激烈的市场竞争中以追逐利润最大化为目标，会忽视弱势群体利益，这时两者便产生了博弈。

通常情况下，城市更新中的博弈会产生三种不同的结果：第一种是"正和"，即博弈的结果达到了博弈各方追求的目标；第二种结果是"零和"，指博弈的结果对城市建设和经济发展不起任何作用；最后一种结果是"负和"，指博弈的结果不仅未对城市建设和经济发展起到任何正面作用，而且还阻碍了城市建设和经济发展的顺利进行。

2.3.2 产权经济理论与城市更新研究
Research on Property Rights Economy Theory and Urban Regeneration

现代西方产权经济理论产生于20世纪30年代，是西方经济学的一个新的分支，代表人物主要为美国的罗纳德·科斯、哈罗德·德姆塞茨等，理论渊源是古典经济学和新古典经济学，以及制度经济学或制度学派。1937年11月，科斯在英国《经济学》杂志发表了《企业的性质》一文，成为产权理论产生的重要标志。1960年，科斯又发表了《社会成本问题》一文，被认为是现代西方产权理论发展或逐步成熟的标志，文中首创交易费用的概念，其提出的科斯定理是关于交易费用、产权界定和资源配置效率三者之间内在联系的定理。

产权理论是研究城市更新的重要视角，体现为产权单位之间以及产权单位和政府之间不断的博弈，体现为市场、开发商、产权人、公众、政府之间经济关系不断协调的过程[1]。赵

---

① 阳建强，杜雁. 城市更新要同时体现市场规律和公共政策属性[J]. 城市规划，2016（1）：72-74.

燕菁教授在《存量规划：理论与实践》[①]一文开篇便提出：存量规划和过往的增量规划是完全不一样的概念。增量规划的基础是工程学，核心的课题是"怎样分配和组合资源，以达成最优的公共服务水准"。而存量规划的基础是制度经济学，因为存量规划面对着大量的"既有产权人"，如果要避免征地拆迁，就需要设计出适宜的制度来降低"交易成本"，使城市存量"自动完成从低效益用途转向高效益用途，从低效率使用者向高效率使用者的转换"。笔者认为，基于城市更新自身的复杂性，城市更新的研究不应局限于单一领域的理论框架。

还有一些研究基于产权交易的视角，如黄砂从产权交易与城市更新的关系切入，分析了资源稀缺性的产权解释以及如何克服资源稀缺引发的市场失灵。并通过分析上海项目实践，重点探讨了空间更新、土地利用等城市更新要点与产权租赁、产权拆分等交易形式的关联匹配，从明确权责、区域平衡、响应式介入、分层次更新、灵活开发等方面加以聚焦，提出了产权交易影响下的城市更新策略[②]。

2.3.3 公共政策视角的城市更新研究
Research on Urban Regeneration from the Perspective of Public Policy

以上研究从研究理念和内容来看，已经基本与西方最新的城市规划研究接轨，把城市规划放在更大的社会经济制度背景之下，作为一种典型的公共政策进行多角度审视。

由安德鲁·塔隆著、杨帆教授译的《英国城市更新》开篇对城市更新概念进行了辨析、梳理和阐述。书中呈现了英国自第二次世界大战之后重建过程中城市更新理论和实践模式的演变，从时代特征、国家层面的更新政策、城市层面的更新政策、未来可能的走向四个方面展开，涵盖几乎所有与城市更新直接和间接相关的政策与措施，以及它们的起因、内涵和流变，深刻揭示了城市更新是自上而下政府推动发展的职能与自下而上市民表达诉求的意愿之间相互综合作用的结果[③]。

同济大学伍江教授在指出，城市更新是城市的永恒主题，持续不断更新才能使城市始终充满生命活力，但这不意味着城市更新要一直处在"破旧立新"的过程中，城市发展更应是"护旧立新"的过程。城市需要新的活力、新的建筑、新的生活方式以及新的空间，但这

① 赵燕菁. 存量规划：理论与实践[J]. 北京规划建设, 2014（4）: 153-156.
② 黄砂. 产权交易视角下的城市更新策略研究[J]. 上海城市规划, 2016（2）: 77-82.
③ 安德鲁·塔隆. 英国城市更新[M]. 杨帆, 译. 上海: 同济大学出版社, 2017.

不意味着对过去"斩草除根",而是要让城市生长,让历史回忆留存[1]。孙施文教授认为,城市更新存在着这样一些特点:问题和行动导向,关注短期的、直接的成效;任何的更新措施都与特定的物质空间、经济、社区组织关联;与周边地区存在直接的关联性,任何的改变都有可能产生振荡性的效应……这些特点决定了城市更新的规划模式与以新城、新区为主的规划模式不同,这也是在资源条件约束下城市寻求内涵式发展所直接面对的,是规划变革的基础所在[2]。张松教授认为上海的旧区改造及最新的政策存在较多问题,如速度效率优先、方式不可持续,"大拆大建"导致风貌破坏、尺度巨变,还有深层次的社会问题基本被忽视。他认为上海最新推出的《上海市城市更新实施办法》(2015年)与之前的房屋征收或拆迁条例相比,还停留在原则指导和方向指引层面,缺少实质性、经济性政策和措施,与广州和深圳的城市更新办法相比,内容也不够全面、具体,在可操作性和管控性方面尚有较大差距[3]。

张更立对英国的城市更新机制作了深入研究,他将第二次世界大战后英国的城市更新政策划分为"政府主导、福利主义色彩的城市更新——市场主导、基于公私伙伴关系的城市更新——以公、私、社区三向伙伴关系为导向的城市更新"三个阶段。黄鹤对"文化政策主导下的城市更新"进行了专门研究,包括其发展历程、发展模式、成效以及问题,她所关注的是城市更新中把文化作为经济发展的"引诱者",而不注重文化的精神作用和回应当地居民的文化需求的问题,尤其发人深省。肖礼斌在对英国建筑师理查德·罗杰斯的著作《走向强有力的城市复兴》的评述中指出,城市更新过程中要调动和发挥四个方面的力量,即城市管理者、专业人士、实施团体和社区团体,以及居民。他还探讨了全球化语境中城市更新的新特色,提出城市更新的本质是资本力量的整合和平衡,城市更新的表征应该是"树状结构"向"网络结构"的转变等观点。

黄静、王净净认为,上海市旧区改造的未来模式是建立政府、开发商和居民三方合作伙伴关系模式(PPPs),重点应关注公众全程参与的自下而上的方式,建议创建准公共性的旧区改造公司以及建立公开竞投及滚动循环的旧区改造基金[4]。张莉以上海市中心城为例,借鉴国际大都市相关案例,探讨了现有工业用地在规模总量、空间分布、土地绩效方面的特

---

① 伍江. 保留历史记忆的城市更新[J]. 上海城市规划,2015(5):2.
② 《关注城市更新,推动城乡规划改革》,2014年12月19日孙施文教授在上海同济城市规划设计研究院的同名讲座中的发言.
③ 张松. 上海城市更新的政策瓶颈及规划转型[J]. H+A 华建筑,2016(12):12-17.
④ 黄静,王净净. 上海市旧区改造的模式创新研究:来自美国城市更新三方合作伙伴关系的经验[J]. 城市发展研究,2015(1):86-93.

征，并梳理了中心城工业用地更新实践与相关政策，为后续上海市工业用地更新研究实践提供了一定的研究基础①。管娟的硕士论文对上海新天地、8号桥、田子坊三个案例的城市更新机制进行实证研究和剖析。在更新机制演进方面，从开发背景、运作方式、土地获取方式、参与主体、城市更新方式方面分析案例之间存在的演进关系，并揭示出影响城市更新发生的内在因素是源于城市更新目标的转变，以及土地制度的改革和政府职能的转变②。城市更新的最终目的是实现功能和空间活力的再生，在基于历史文化价值的城市更新中，创新尤为重要。城市更新更加强调社会融合性与多方部门的共同参与，多方利益相关部门在更新过程中也开始发挥更重要的作用③。

小结

通过对公正论、城市更新领域理论研究的系统梳理，可以发现城市更新是一个非常复杂和综合的领域，研究覆盖了社会、经济、政治、法律、城市规划设计、治理等各方面，研究视角开阔又具深度。而立足上海，以公平视角开展系统研究，并以更新的政策与机制为对象的研究目前仍较少，这个领域有待进一步深入挖掘。

（1）公平正义的多个维度

公平是一个非常复杂的价值观问题，价值群体不同，人们对公平内涵的界定就有区别，甚至有时区别很大。公平同时具有多个维度。在任何社会中，每个人的天资都是不同的，同时人的天资也不可能得到平等开发。公平是复杂多样的和不断变化的，无所不包的公平范围是不存在的，也是没有必要的。公平的复合理论是一个由定义和

---

① 张莉. 城市更新视角下上海中心城工业用地转型研究[M]//中国城市规划学会. 新常态：传承与变革——2015中国城市规划年会论文集. 北京：中国建筑工业出版社，2015.
② 管娟. 上海中心城区城市更新运行机制演进研究——以新天地、8号桥和田子坊为例[D]. 上海：同济大学，2008.
③ 胡力骏. 基于历史文化价值的城市更新研究——以上海虹口港城市更新为例[J]. 上海城市规划，2013（1）：36-40.

概念组成的复杂结构，如果公共行政致力于实现公平，那么至少必须对公平作多层次的分析。公平的复合理论将为我们在理论上和实践上回答这些问题提供一个基本的分析框架。

公平是历代学者始终给予高度关注的理论问题，同时也是人类社会发展过程中的一个重要现实问题。从古希腊至今几千年的时间里，产生了大量关于公平与正义的理论和观点。古希腊时期最具代表性的是柏拉图的分工正义与亚里士多德的分配正义。启蒙运动的功利主义在公平公正理论中占据重要地位，代表人物是边沁和密尔，功利主义主张把大多数人的最大幸福作为社会目标。到了近现代，列斐伏尔、罗尔斯及诺齐克是三位代表性人物。列斐伏尔提出了著名的城市权利，而罗尔斯的分配正义及诺齐克的持有正义是两个对立的观点。后现代公平正义理论的代表人物是哈维与索亚，两位从地理学的视角对公平正义给予了全新的定义，在哈维理论研究的基础上，索亚提出了空间正义的理论。

公平体现在政治、经济、文化等多个领域，具有时间性、空间性特征。有学者认为，政治领域的公平主要要符合罗尔斯的两个正义原则[①]。经济层面的公平，主要是经济收益的均衡。收益主要包括两类经济收益，分别为来自先天资源的收益和来自后天劳动的收益。对于来自先天资源的收益，公平的分配原则应是收益平均分享。在文化领域，就是要在人文价值中体现平等、对他人的尊重，己所不欲、勿施于人等理念。公平涉及权利义务或资源的配置，而权利义务或资源的配置就需要考虑时间因素。有些配置在短期内是符合公平原则的，但未必在长期内仍符合公平原则。例如，目前全球各国都注重可持续发展，就是考虑到公平的时间配置问题，也就是不仅要考虑到当代人之间的公平，也要考虑到当代人与后代人之间的公平问题。权利、义务或资源的配置也涉及空间。有些配置可能在局部空间看是符合公平原则的，但若放在一个更大的空间看就是不公平的。

公平与地理学科结合，产生了空间正义理论。空间正义之于城市更新，主要揭示出没有绝对正义的城市更新。对当下城市更新中面临的问题进行批判性修正，但是随着城市的发展会出现新的不正义问题，需要不断地进行理论批判和实践修正。应将城市更新作为实现空间正义的一种方式和过程而不是一个结果，因此与城市更新相关的一系列空间关系都应该列入被批判和改变的对象，如规划的参与和决策的民主性与公众性、权

① 宋圭武. 劳动者公平理论及其实现途径[J]. 商业时代, 2012（17）: 11-14.

力和资本的制衡与监督制度、法律或条例准则本身是否正义、制定法律或条例的过程是否正义等。

公平可以分为个人公平、分部公平、集团公平等。个人公平是指一对一的个人公平关系。分部公平是指在实行劳动分工的复杂社会中，对同种类的人同等对待，不同种类的人则不同对待。单纯的个人公平和分部公平实际上都是个人层次上的公平，而集团公平则要求群体或次级群体之间的公平。

通常，在政府控制的领域追求公平，目的是纠正市场带来的不公平，或纠正以往的政府政策导致的不公平。自20世纪90年代中期以来，城市规划领域的公平问题日益凸显，受到越来越多关注，因此有必要开展研究以解决当前的不公平问题。

（2）城市更新的西方经验与中国挑战

西方国家的相关研究在对第二次世界大战后对于大规模的城市更新的反思中引入了制度经济学、公共管理学等经济学和社会学方面的理论成果，研究覆盖广泛，包括社会、经济、政治、法律、城市规划设计、治理等各方面。西方学者普遍认为，城市更新应从研究物质和社会性表象的问题转向探究解决深层次的结构问题，在关注物质性开发的同时，应综合考虑物质性、经济性和社会性要素，注重综合性、整体性和关联性。

在西方理论的影响下，结合城市更新实践，中国的城市更新理论研究也从物质形态层面转向经济、社会、人文等深层次。综合这些成果来看，总体来说，针对某一类型或某个具体案例的分析居多，由于类型或者案例特性的影响，其适用性和体系的完整性有待进一步研究。

虽然我国学者已经认识到城市更新问题是由社会、政治、经济等因素相互交织形成的，并在西方城市规划和城市更新理论的影响下引入了多学科的研究成果，特别是公共管理科学（该学科本身就是运用管理学、政治学、经济学等多学科理论，融合了公共政策、公共事务管理等，专门研究公共组织的学科），研究方向转向对城市更新的产权制度、规划管理制度的探讨，核心是强调城市规划和城市更新中的综合性和关联性，期望建立多元主体之间的利益平衡机制，使得其各方利益需求最大化，从而化解冲突、解决问题。

很多专家通过经济、社会、人文方面的研究，指出了城市更新中存在的问题，如通过研究指出了城市更新对一些中低收入者的损害、在城市更新中出现的社会阶层分化和隔离问题、城市更新中的社会网络解体的社会成本问题，但同时又缺乏解决之道，或者提出的解决方法缺乏现实可操作性。如有学者研究指出城中村存续起到为城市流动人口提供廉租房的作用，但是又未能提出在提供这种需求的同时解决城中村更新问题的解决之道。

西方很多有价值的思想和实践精华值得借鉴。例如，对于市场条件下运作城市更新，采用公共干预与市场机制有效结合的公私合作的方式和方法；面对社会多元需求和个人权利主张，采用社区治理的城市更新模式；面对选择、权利和福利等目标，采用在城市更新中引入社会规划的内容和方法；有机更新模式可以认为是基于西方关于城市更新的渐进式认识和社区治理模式的一种理论提升。当然，由于城市发展阶段和社会制度环境的不同，西方发达国家的一些做法不能简单移植。

我国的城市更新不仅面临着大量存在的物质性老化问题，也面临着经济结构调整和城市空间拓展引发的结构性与功能性空间调整需要，面临城市发展活力如何适当引导、应对的问题。而西方发达国家城市更新则主要面临逆城市化引起的城市衰退问题，其主要目标是振兴经济、增强其社会活力和改善建筑与环境质量，以达到吸引中上阶层居民返回市区的目的，因而中西方城市更新地区的经济活力有本质的不同。

在社会环境方面，西方发达国家已经形成了完善的市民社会组织，能够承担多元社会需求的利益表达，并且通过法律保障与政治社会相抗衡，而我国的市民社会还处于萌芽状态，市民社会组织力量未较薄弱。因而一些制度和方法的引入需要注意社会制度环境建设，建构符合我国国情的城市更新理论体系，否则不能达到预想的效果。

（3）公平公正视角的城市更新研究的必要性

城市更新在物质空间更新的背后是城市社会空间的更新，在更新过程中的社会公平与公正问题是社会普遍关注的重点。正如周俭教授的观点，城市更新的所有这些城市发展目标的实现都需要立足于"人"这个复杂、多元群体的贡献。社会融合、身份认同、公共交往、绅士化、移民、养老以及社会组织的作用等的城市社会学话题在城乡规划领域被越来越多地提及，而且与城市更新领域密切相关。从社会学的视角切入研究城市更新，对现在城市更新中存在的不公平问题加以剖析，提出解决之道，对于更好地制定公平公正的城市更新政策与实施机制具有积极的意义。

目前我国对于城市更新问题的研究中，对问题解决的思考缺乏综合性，研究成果对城市更新中多元主体之间的相互关联性和整体性认识存在不足。例如，针对城市更新中政府、开发商、居民三元主体之间的利益冲突和博弈，很多学者指出由开发商的唯利是图和掠夺性开发造成的问题尤为突出，因而提出了以居民为主体的自主更新模式，这种模式以非营利为目标，因而实际在很大程度上排除了开发商的参与，简化了利益博弈主体。

但是，可以看到，这种自主城市更新模式在城市旧城改造中并没有占主流，如北京的"社区合作更新"很快就销声匿迹，广州市的这种模式也只存在于一些示范工程之中。因为在城市更新中，虽然开发商的逐利本质造成了诸多问题，但是也推进了城市更新的步伐，如果由于过于强调开发商带来的问题而在城市更新中有意无意地摒弃开发商，是一种"头痛医头，脚痛医脚"的做法，并不能真正解决问题，因为城市更新需要社会资金的参与。如果因为开发商的一些问题而在城市更新中无视开发商的作用，从而使得城市更新因为资金问题而进程迟缓，对城市发展和当地居民生活改善同样是一种损害。

而在上海很多成功的更新项目中可以看出，开发商虽然需要逐利，但是追求品质及回馈社会同样是他们的基本需求，因而如何公正地定位开发商的作用需要深入、审慎的研究。而上海的"微更新"实践也反映出了社会民众参与更新的局限性，公众参与、自下而上的城市更新在上海还有较长的道路要探索。

针对上海的城市更新研究较多集中在旧区改造和工业区更新两种特定类型，或者是针对一些较有影响力的如新天地、8号桥、田子坊等案例，从社会学视角解读城市更新的研究不多，而针对城市更新政策的系统研究也较少。2014～2015年，《关于本市盘活存量工业用地的实施办法（试行）》及《上海市城市更新实施办法（试行）》等一系列促进城市更新的政策性文件的发布旨在对上海未来城市更新进行系统性的、顶层的政策设计工作。在政策的指引之下，也促生了一系列城市更新项目以及新的实施机制与模式。面对未来可预见的大量、多样的城市更新需求，城市更新政策作为重要的城市公共政策，对促进未来的城市更新起到了至关重要的作用，从提升公平性的视角对目前城市更新的政策机制进行研究有较强的现实意义。

（4）公平公正视角城市更新研究的框架

基于研究综述，当前城市更新公平性的研究有多个维度，如过程权力公平、结果利益分配公平维度，机会公平、权利公平和规则公平维度，时间维度、对象维度、领域维度等（图2-2）。

基于上述多个分析维度，笔者结合上海城市更新中历史文化保护涉及较多的实际情况，提出了整合上述维度的综合性分析维度（PSECG），即政治平等（political equity）、社会公正（social justice）、经济公平（economy equity）、文化共存（culture coexistence）与协同治理（collaborative governance），其中社会公正、经济公平和文化共存是结果，政治平等与协同治理是起因。

城市更新的政治平等包括政府权力和市民权力两个维度，政府权力应"权责对等"，包括国家与地方在城市更新中的事权和责任划分、市与区的审批权限和责任划分；市民权力应"人人平等"，即市民在城市更新地区的居住权、就业权、阳光权、交通权等。城市更新的社会公正主要包括更新主体的机会公平（开放、竞争）、更新主体的权力公平（知情权、参与权、决策权）以及对社会弱势群体的特殊关怀。城市更新的经济公平主要包括空间利益的公平分配（产权、使用权）和货币利益的公平折算（空间与货币的转换）。城市更新的文化共存主要包括各时期历史文化的公平保护、同时期传统文化的公平传承以及外来多元文化的公平包容。城市更新的协同治理主要包括更新政策、更新规划与更新机制，核心是政府、企业、社会、智库的多方协同。

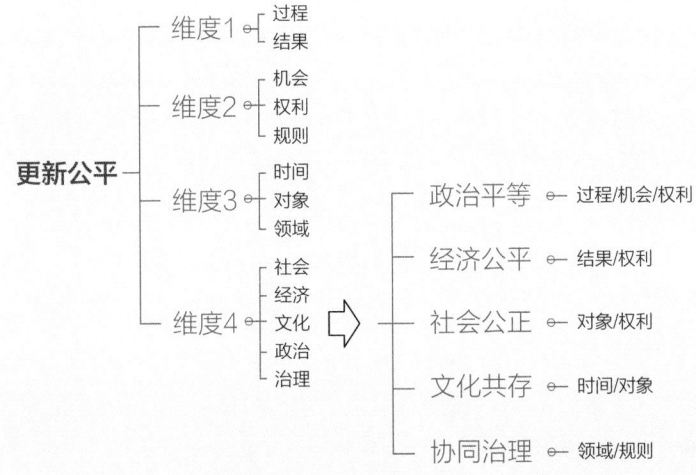

图2-2 城市更新中公平性的多个维度

Figure 2-2 Multiple Dimensions of Fairness in Urban Regeneration

　　上述维度中，主要涉及城市更新的三类主体，即政府、市场和社会，政府主要包括城市更新的审批部门、监管部门与技术指导部门，市场包括开发商、运营商和金融投资机构，社会包括本地业主、租客和就业者，周边居民和就业者，各类社团和社会公众。

Chapter 3

Unfair Urban Regeneration from a Multidimensional Perspective

多维视角下的城市更新不公平

第3章

本章在回顾上海城市更新演进历程的基础上，从经济、政治、社会与文化四个维度，结合城市更新中的不同主体分析了城市更新中的不公平现象，并从理念、技术方法与制度等方面分析了城市更新多维度不公平产生的原因。结合承兴里、舞蹈中心、上生新所等案例，对城市更新的公平性进行剖析。

Based on a review of the evolution of Urban regeneration in Shanghai, this chapter analyzes the unfair phenomena in Urban regeneration from four dimensions: economic, political, social, and cultural. It also explores the causes of multi-dimensional unfairness in Urban regeneration from aspects such as concepts, technical methods, and institutions. Combining three case studies of Chengxingli, Dance Center, and Shangshengxinsuo, it analyzes the fairness of Urban regeneration.

3.1

经济维度的城市更新

Economic Inequality of Urban Regeneration

从经济角度，城市更新公平性的核心是开发商和其他利益主体的经济利益分配问题。在以往更新的利益分配中，开发商往往能够获取暴利，而利益主体所获利益却缺乏保障。

在城市更新中，政府已经认识到单纯依靠城市公共财政不能满足城市发展建设需要，吸引社会资金进入城市建设领域已经成为一种共识。而这些社会资金的主体就是企业，一般是地产开发商。开发商为了应对变化的环境风险并获利，一般聘请或者咨询不同领域的专业人员，如规划师、建筑师、经济师以及其他专业人员，为其更新项目提供技术服务。

在城市更新中，由于不同城市之间存在竞争，使得开发商作为社会资本主体成为城市政府需要争取的对象和城市更新运作的主要执行者。在上海，一般有两种情况，一种是政府关注的民生性、公益性更新项目，一般交由国有企业（简称国企）承担开发，而其余营利性的更新项目主要由民营企业（简称民企）来承担。更新项目的原土地权利人可以分为国企和民企两种，两者的区别在于国企一般规模较大，资金较为充足；而私企一般规模较小，承担风险的能力较低。

3.1.1 开发商与运营商：徘徊于利益与公益间的国有企业与民营企业
Developers and Operators: State Owned and Private Enterprises Wandering Between Interests and Public Welfare

国企又称功能性企业，一般不以单纯经济盈利为目标，主要承担有公益性质的城市更新项目。各类国企在上海掌握着大量的土地资源，也实际推动着上海的城市更新进程。而作为企业，在财务、审计等方面仍然有微利的要求，必须保障每个下属独立项目公司的少量盈利，故很多国企在承担实际上无法盈利的纯公益项目时面临两难境地，可以说是双重角色的城市更新实施者。

国企按照归属级别主要分为国家级、市级和区级三类。在上海的城市更新过程中，持有土地的国企一般承担土地一级开发的任务，二级开发主要还是通过招拍挂由市场上的大量民企承担，当然也有少量国企直接开展二级土地开发。

参与城市更新的还有大量民营企业，它们往往通过土地投标的方式从政府手上获取土地，或者与更新原土地权利人协商后通过签订合同的方式获得土地进行更新开发。民企参与城市更新的主要目的是获取利润，当然在获利的同时也会开展一些公益性的回馈社会的活动。

万科城市更新基金与项目实践

在万科集团官网上的《2016万科企业社会责任报告》中可以看到，2016年企业实现3647.7亿元销售金额，2765.4万m²的销售面积，《2016万科年度报告》中企业年度利润总额392.5亿元，企业获得收益后也将一部分获利回馈社会，2008年万科集团成立了万科公益基金会，基金会在精准扶贫、教育发展、儿童疾病、健康运动、环境保护等方面，与中国80多个公益组织建立了紧密的合作关系，2016年万科公益基金会支出9710.6万元（仅占企业年度利润的0.25%）。2013年，万科集团提出万科从专注住宅开发转型为城市配套服务商。此后，万科集团在全国加速践行"城市配套服务商"理念。万科集团在上海寻觅了很多城市更新项目，而上生新所是其中最重要的项目。项目更新后业态涉及总部办公、创意文化、设计师工作室以及咖啡厅、书店、中高端餐饮等。

瑞安集团更新项目的模式探索

香港瑞安集团在上海拥有新天地、创智天地、虹桥天地等成功的更新项目。在创智天地的更新规划过程中，由政府组织编制控制性详细规划，发挥规划龙头作用，统筹土地、交通、产业、人口等公共政策，协调企（事）业机构、开发商、市民等多个团体的利益诉求，并在整体的发展原则下根据城市规划确定的内容选择最适合的开发者，对过程中可能出现的问题进行引导与调控。瑞安和国有企业上海杨浦大学城投资发展有限公司合作，共同开发项目。最初资金大部分来自开发商内部，瑞安同时利用债务和股权融资，同时政府减持项目股份，占比降至约13%。项目一期位于淞沪路东，紧靠江湾体育场建设办公区。在这个阶段，瑞安签署了租期为25年的租赁合同，将体育馆用作活动场地，向政府支付设施租赁费用。后期，创智天地还实施了著名的大学路多轮改造更新、创智坊开发等成功的项目。瑞安集团持有大学路商铺物业并成功地后续运营。

3.1.2　金融投资机构：资本对城市更新增值利益的获取
Financial Investment Institutions: Acquiring Value Added Benefits from Capital for Urban Regeneration

城市更新地块往往土地产籍情况复杂，现有地籍边界与规划边界不一致，不同权利主体的土地边界犬牙交错，边角地、插花地现象也大量存在。大量城市更新项目在具体开展之前，都会涉及现有土地、房屋等不动产权利的"重整"（包括归集、拆分、转移、置换、注资等），以便实现未来转型主体与转性土地之间的权利关系严格对应，为实施规划进行资产归集。

资产重整行为中有很多必须以不动产交易的方式完成，于是就产生契税、土地增值税、个人所得税等大量交易税费。而现行制度注重资产交易形式而非实质，对同一控制人下属法人主体之间的资产交易视同一般资产交易，缺乏交易税费减免制度。

原权利人自主更新参与主体和资金来源比较单一，因而城市更新项目推进较慢，总体规模较小。政府对城市更新前后的权利人股权交易设置诸多限制，客观上阻碍了社会资本参与城市更新。当前资本参与城市更新的准入有诸多限制，核心是政府不希望更新获得的增值收益过多地与市场分享，特别是境外资本，而这带来的问题是大量有更新需求的地区丧失了更新的机会，产生了机会不公平。

3.2

政治社会维度的城市更新

Political and Social Injustices in Urban Regeneration

从社会角度，城市更新公平性的核心是不同社会主体在城市更新过程中的权利重构问题。在城市更新过程中，多种角色在发挥作用，如政府、企业、社会以及智库等。不同角色出于其自身的利益推动或者参与城市更新，同时又与其他角色不断进行利益的博弈。在上海，政府可以细分为市级政府、区级政府以及街道办事处三级，企业可以分为国企和民企两类，社会又可以细分成本地业主、本地租客及就业者，周边居民及就业者，各类社团、社会公众等。不同角色在更新中地位迥异，应获得的权利与实际拥有的权利存在巨大差异，对其深入研究对揭示城市更新中的不公平具有重要价值。智库在协助其服务的主体开展咨询时，对城市更新的公平性起到了正向的还是负面的作用？关于规划师自身角色的反思对推进规划行业的发展具有积极意义。

在某种程度上，城市更新可以看作一种投入和产出过程，城市更新不同参与者在此过程中所投入的和收获的差异巨大。投入基本分为两种，通俗地说就是"出钱"与"出力"，而按照公平原则，投入的多应该收获的多，投入的少应该收获的少，没有投入应该没有收获，而现实中并非完全如此。

出钱有两种形式，一种是投入资金，另一种是以土地或者房屋作为物化的资本投入。出力有两种形式，一种是智力投入，另一种是项目运作过程中推动与协调的人力投入。在城市更新中出钱的一方一般是政府或者企业，政府在城市更新中需要投入大量的资金，而其经济力量有限，因而需要引入社会资金，故企业便大量进入城市更新领域，而出力的一般包括政府、设计机构、开发机构等。

在城市更新过程中，政府、企业及社会作为三个利益相关方，往往要经历多轮利益博弈，企业从利润最大化的角度往往会争取最大的开发量、高度突破、少量的公共负担，而政府的出发点往往是希望企业能够背负更多的公共设施、公共空间等公益性贡献，希望提供更多的公共开放空间、区域功能和形象的提升，设计方案尽量少突破原规划，更倾向于压低土地开发强度与地块高度指标，最终的设计方案往往是双方博弈的结果。政府和企业任何一方的诉求得不到满足，一个城市更新项目便不能够成立和推进。社会公众在此过程中相对弱势，参与度不高。一般针对个人利益相关的项目社会公众有一定的参与途径，但是不掌握决策权（图3-1、图3-2）。

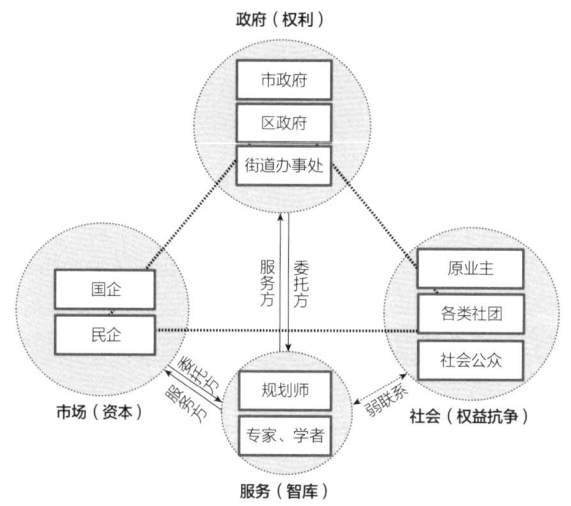

图3-1　城市更新中各方角色

Figure 3-1　Roles in Urban Regeneration

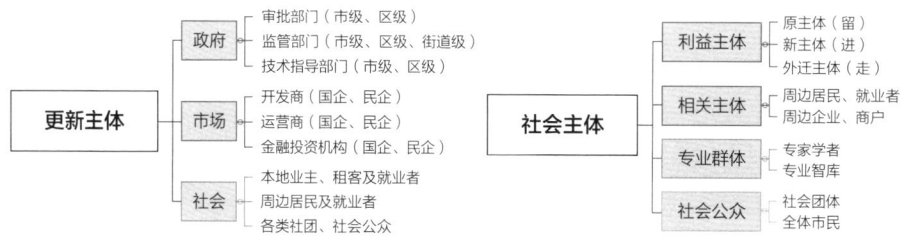

图3-2　更新项目中的主体构成

Figure 3-2　Composition of Subjects in Regeneration Projects

社会可以分为三类：第一类是本地业主，一般在更新中可以获得相应赔偿，外迁或者回搬，更新后往往可以获得生活质量的大幅度提升；第二类是本地租客，原来租住在更新区域，在更新中无法获得赔偿且须搬迁，给生活带来诸多不便；第三类是周边居民，在更新过程中除了施工阶段受到一定程度的影响外，基本以零投入而获利。

3.2.1　利益主体：矛盾、忐忑的本地业主
Stakeholders: Local Homeowners with Conflicting Concerns

在城市更新过程中，一方面更新为本地业主带来了生活条件的改善、家庭财富的增加，很多家庭热切期盼着更新的进程，而另一方面，本地业主在城市更新中仅具有非常有限的决策影响力，在对其利益直接相关的物权处置上处于相对弱势的地位，使得其利益得不到有效保障而被一些利益集团侵占，因而对城市更新持防御心态。因此，本地业主在更新实施过程中是矛盾、忐忑的获益者。

本地业主是城市更新的利害直接关系人，对于城市更新涉及的物权处置应该具有更大的决策影响力。2007年《中华人民共和国物权法》颁布标志着系统、完善的物权体系正式形成。长时间的物权概念缺失使得社会意识上对物权概念较为淡薄，对物权所有人缺乏应有尊重。

对于土地使用权征收和房屋拆迁中的补偿，虽然相关法律规定需要进行听证会，咨询物权所有人的意见，但是由于城市参与者拥有资源的不平等，使得本地业主处于一种弱势地位。虽然不排除少数本地业主拥有浓厚的经济资源，但是对于推动一个该区域的城市更新项目所需的资金而言仍然是杯水车薪，因而，相对于政府、开发商等城市更新参与者而言，本地业主处于一种弱势地位，缺乏决策影响力，对其可能的利益获得或持有既喜又怕的忐忑心理。

3.2.2　相关主体：毫无补偿与不劳而获
Related Subjects: No Compensation and No Effort Gained

在城市更新过程中，原来租住在当地的租客因为城市更新的实施而面临搬迁，原住地更新后一般房租上涨令其无法承受，搬迁带来的不便和损失也可能无法获得任何经济补偿。还有如城市更新区域的非正式就业者，在城市更新前可以依托一些非正式经济活动，如摆摊等获得经济来源。但城市更新后，受房价因素影响，这些群体一般自动或被动迁移至城市边缘地区，在这些地域由于经济收入雷同化，非正式经济活动无法开展，从而使得这些人失去经

济来源，同时还需要增加来往市中心的交通成本。即使这些租客留在原地区，由于空间的规整化也会使得一些非正规经济活动的空间消失。

在很多上海城市更新项目中，租住在原来更新地区中的大多是从外地来沪打工的务工人员。例如，笔者参与的三林楔形绿地项目是地产集团的重点城市更新项目，项目位于浦东新区三林镇，面积约4.2km²（含古民居项目），是上海市总体规划中心城区的8片楔形绿地之一，被列入上海市城中村改造项目。区域内现有市政设施严重落后，违建和环境"脏、乱、差"现象突出，外来人口集聚，安全隐患较大，治安问题严重。项目范围涉及5个村（归泾、久丰、新春、临浦、西林）以及1个居委会（劳动新村），共计需征收安置农（居）民2163产，企业565家，外来人口约5万。根据规划，该地区将建成约为2个世纪公园面积的绿地，成为生态、多元、融合的滨江生态功能集聚区、城市转型发展示范区、海派文化集中展示区，打造上海新的城市名片。根据规划，原基地内的所有村庄均需拆除，原居民搬迁，而租住其中的大量外来人口只好搬走。而在项目实施过程中，笔者了解到大量务工人员不得不搬到外面的城中村居住，更新后地段房租上涨，很多人居住地更远，带来诸多不便，却没有因此获得任何经济上的补偿。

对于更新项目周边的居民及就业者来说，城市更新的实施往往会带来较大收益，如房价的提升、交通和生活便利度的增加等，而从投入与产出回报的视角来看，周边居民可以被称为"不劳而获的受益者"。

当然，由于城市更新带来新增开发量，往往也会带来周边的交通拥堵和日照损失，损害了周边居民的交通权和阳光权，还有周边居民在项目施工过程中受到一定程度的影响，也存在周边社区的功能植入给社区居民生活带来负面影响的情况发生。

3.2.3 社会公众：一腔热血与事不关己
Social Public: a Passionate and Indifferent Attitude

要考虑社会公众在城市更新中的权力和决策影响力，就必须考虑市民社会组织，即平常我们所说的社团，有没有社团能够作为市民利益代言人以及社团的力量和影响力，会在相当程度上对城市更新过程和结果分配产生影响。

社团是指以社团成员的共同利益为宗旨，具有民事权利能力和民事行为能力，依法独立享有民事权利和承担民事义务的社会组织。它具有依法成立、有必要的财产和经费，有自己的名称、组织机构和场所，能够独立承担民事责任等特征。社团按照城市更新项目的地域特征可以分为本地社团和非本地社团两类，而根据其与政府之间的关系可以分为政府型社团和非政府型社团两种类型。

本地社团是城市更新直接影响范围内的个人代表，经常作为地域内个体行使集体选择的代言人，代表着地域的某一种整体的利益诉求。他们的行动通常不受任何较大组织的影响，所关心的范围往往仅涵盖直接影响其地域成员的行动，并会关心一些较小且较特殊的问题。例如，我们平常所说的社区居委会，就是一种本地社团。在地域内，共同的生产、生活活动经常会形成群体组织，如老年人由于集体娱乐活动（如打拳等）形成一个群体，这些群体在城市更新中由于受到的生产、生活方面的影响不同，而对城市更新具有不同的利益诉求和关注点。同样，在城市更新中，由于消费水平、经济地位等引起的社会分层对同一地域内的群体认同也有较大影响，因而也对城市更新有不同的利益诉求。本地社团一般由同类特点的人所构成，他们具有某些共同特征和关注点，具有相同的利益取向，因而具备一定的内聚力，如小区的业主委员会等。目前在上海的本地社团主要有社区居委会、小区业主委员会两种。

非本地社团既有依法不需要办理法人登记，从成立之日起即具有法人资格的社会团体，如工会；也有依法需要办理法人登记，经核准登记才能取得法人资格的社会团体，如各种协会、学会以及其他一些非政府组织是指在特定法律系统下，不被视为政府部门的协会、社团、基金会、慈善信托、非营利公司或其他法人，不以营利为目的的非政府组织，如北京的"自然之友""地球村""绿家园志愿者"，天津的"绿色之友"等。在非本地社团中，媒体是一个特殊的团体组织，作为一种信息的传播者，对公众意见具有重大的影响力。城市更新中，它们往往作为公众参与的工具，既可能是公众的代言人，也可能是某些集团的代言人。对于同一个城市更新事件，有时可能产生相互对立的解读。

社区居委会是居民自我管理、自我教育、自我服务的基层群众性自治组织，主要职能为协助政府提供公共服务、组织社区成员开展自助互助、为发展社区服务提供便利。基于社区工作的职能和人员配备，社区居委会工作人员对于城市更新而言一般很难具备专业知识和技能。社区居委会的运作费用来自于政府各级机构的划拨，因而没有独立的经济资源进行城市更新。

在一些上海的社区空间微更新项目中，居委会在项目实施过程中起到了极大作用。无论是在前期的更新需求收集、中期的设计方案意见征求，还是在后期项目实施过程中的各方协调方面，一支专业而且敬业的居委会工作队伍是对微更新项目实施成功的极大保障。对于我国的社区居民来说，居委会作为居民自我管理、自我教育、自我服务的基层群众性自治组织，天然带有很强的公信力。居委会通过协助区政府、街道做好与居民利益有关的公共卫生、优抚救济、青少年教育等各项工作，通过向区政府、街道反映居民的意见、要求和提出建议，自然而然地成为社区居民与政府之间沟通的桥梁、社区居民的"代言人"。所以，居委会在社区居民自治过程中的作用应该被予以极大重视，居委会在社区空间微更新方面的专业能力也应该予以加强培养。上海社区规划师制度的建立能够很好地填补居委会在专业技术能力方面的缺陷，同时居委会在与居民沟通方面的优势也可以帮助社区规划师在社区更好地履行技术服务的职能。

从业主委员会的产生和职责来看，业主委员会作为小区业主的利益代言人，并且得到了小区业主的认可。小区业主委员会掌握两个部分的经济资源。一是物业维修专项资金，二是物业共同部位经营收入，拥有这部分经济资源的小区基本为21世纪初建设的小区。但是，业主委员会社会影响有限，我国相关法律和城市更新程序并未赋予业主委员会等组织决策咨询权，业主委员会的利益声张需要通过社会舆论实现。同时由于业主委员会是义务性质，而集体的收益是公共性的，每一个成员能同等分享，对于业主委员会成员来说付出和回报不成比例，会损伤业主委员会的积极性。

因此，虽然小区业主委员会通过业主大会选举产生，是代表全体业主的群众自治组织，是真正意义上的市民社会组织，能够扮演小区业主的利益代言人角色，但是由于法治条件、意识观念等影响，其在城市更新过程中的影响力尚十分有限。

根据社团与政府之间的关系，社团还可以分为政府型社团和非政府型社团两种类型。

政府型社团也就是我们通常所说的政府智库或者政府智囊团，如协会或者学会组织。由于我国长期的行政控制和市民社会自上而下的特征，这些社团呈现出行政化倾向，对政府的依赖性很强，对政治敏感，社团的运行和管理具有政府的行政特征，一些协会和学会也与相关的行业行政管理机关关系密切，包括其社团负责人大多由行政管理机关的现任或者卸任官员担任，其运作以业务主管单位的组织网络为依托。

非政府型社团是一种民间组织机构，作为一种非营利性组织，一般其运作费用主要来自公众或者企业捐款，并接受一部分国外组织的经费援助，如世界银行对国内一些环保非政府组织的援助。在上海，推动城市更新的非政府型社团目前有两类，一类是由国际基金资助的，如美国能源基金会、世界资源研究所等；另一类是本地自发形成的，如四叶草堂。

虽然政府型社团在法律上作为社会组织无行政资源，但是实际上这些社团往往以业务主管单位的组织网络为依托，通过为政府提供咨询服务获得经济来源，这也是大多数政府智库的主要经济来源。这些社团组织通常针对某一类别的问题拥有较多的专业人才，因而具有较大的社会影响力。政府型社团通过各种渠道向政府提供意见和建议，从而影响政府决策的议事日程，有一定的决策影响力。

四叶草堂：非政府型社团的先行者

四叶草堂（全称为"上海四叶草堂青少年自然体验服务中心"）是上海本地的非政府型社团，由同济大学景观学系教师刘悦来老师发起。社团成立于2014年1月，注册为自然教育类社会组织，宗旨是在都市环境里保留更多绿色，营造更丰富的自然生态，带动更多人过上绿色生活。四叶草堂作为一家致力于自然教育与体验、永续设计以及社区营造的民办非企业服务机构，服务对象以青少年为主，面向社区在地力量的培育，并借由公众的高度参与来提升公共空间品质与社区互动融合。目前，四叶草堂已在上海引导市民、单位或绿化机构因地制宜建造数十个各具特色的社区花园，美化市民身边的生活环境，并以此为平台促进交流，加强社区建设。

"创智农园"是四叶草堂的一个成功的城市更新项目。项目基地原本是创智天地社区的一块狭长废弃地，如今变身为人人皆可参与的农耕乐园。"创智农园"由瑞安集团代建代管，社区组织参与日常运维，成为上海市首个位于开放街区中的社区花园。项目涉及政府、企业、社会组织、居民等，他们在项目中扮演着各自的角色，发挥着各自的作用。项目涉及的政府层面有区政府行政主管部门、街道办事处、具有政府管理职能的特别地区和业态管理公司以及居委会等。日常运维由社会组织——四叶草堂旗下的运营机构"留耕文化"负责，对农园开展专业技术、日常管理、运营组织的工作。

四叶草堂协助不同类型的社区营造"身边的自然"教育基地。四叶草堂和留耕文化策划组织的各类活动，作为连接政府、企业、居民三者的桥梁，发挥了良好的社会作用。社区民众以各种方式使用农园并参与农园的管理维护，其中认养认建是关键的动力支持。未来由民众发起的社团组织将具有生命力，维持可持续社区建设所需的健康组织关系。

城市更新提供产品潜在的消费者，如城市更新后的经营者、购房者和租房者，更新后公共设施与公共空间的使用者。他们希望城市更新为其需求满足提供合适产品，因而对城市更新进程产生影响。

现代社会以生产为主导的社会已逐渐转变为以消费为主导的消费社会，公众拥有引导社会流通的经济资源，但是由于阶层分化，这种经济资源具有很大差异性。同时，社会公众拥有一种社会智慧和集体理性，形成社会道德规范和行为准则，对社会进行批判性思考，并具有一种与生俱来的同情弱者的道德，维护社会公正和正义是促进社会文明的推动力。

在城市更新中，为社会公众提供的消费品包括公共利益和城市更新提供的产品，如住宅、商业设施等。城市更新提供的产品主要为本地业主的潜在消费者购买或者使用，在市场法则下，主要受潜在消费者的消费影响，潜在消费者拥有的经济资源和消费能力引导城市更新产品的生产。

虽然公众通过代理制拥有组织资源，但是由于公众对代理人缺乏有效的监督，因而这种委托代理制运转情况并不良好，公众对政府决策影响力主要还是取决于公众能否参与具体决策过程和形成外部压力的程度如何。虽然在相关政策中规定规划方案应予以公告，并采取论证会、听证会或者其他方式征求专家和公众的意见。公告的时间不得少于30日。组织编制机关应当充分考虑专家和公众的意见，并在报送审批的材料中附具意见采纳情况及理由。但是从城市更新实际运作分析，公众在城市更新中实际影响力有限。

公众意见大多需要通过代表其利益的市民社会组织来表达，形成政府外部社会压力，从而包括社团组织和电视、广播、报刊、网络等媒体，但影响力仍有限。

城市更新产品的潜在消费者在市场法则下，通过消费引导影响城市更新的产品生产，因而实际上会影响城市更新的议事日程设置。但是这种影响主要通过开发商的市场判断来体现，影响是间接而非直接的。

综上所述，城市更新虽然在过程中存在负面因素，但是完成后大多数情况下外部影响是正向的，能够提供或多或少的公共利益，如改善城市面貌、提升城市环境品质等，因而如果不考虑公共资源使用是否合理、高效，对于社会公众来说，其收益是正向的，从这点上来说对城市更新还是应持欢迎态度（表3-1）。

表3-1　城市更新中各方角色及不公平现象
Table 3-1　Roles and Unfair Phenomena in Urban Regeneration

	角色定位	投入与收益	公平性问题
政府	主要推动者	投入：制定政策、推动实施、监管保障公共利益、资金投入； 收益：土地增值、税收、就业等经济收益，保障民生社会效应	绝对权利
企业	主要实施者	投入：资金投入、人力投入，项目前期策划及后期实施； 收益：经济回报、社会效益、品牌效益	国企与民企的差别权利

续表

		角色定位	投入与收益	公平性问题
社会	本地业主	主要受益者	投入：搬迁或回搬，自主更新； 收益：资金补偿，物业升值，居住办公条件改善，交通、公共空间、公共服务设施改善	决策权缺失
	周边居民	间接受益者	投入：公共参与； 收益：城市交通、公共空间、公共服务设施改善	不劳而获
	租客	利益受损者	租金上涨、被迫搬迁	维权无路
	社会公众	间接受益者	城市交通、公共空间、公共服务设施改善	参与权缺失
智库		技术服务者	投入：智慧、劳动力； 收益：设计费、经验积累、品牌效益	中立

3.3

文化维度的城市更新
Cultural Injustice in Urban Regeneration

3.3.1　年代抉择：城市的历史文化断代分配
Era Decision: Historical and Cultural Chronological Allocation of Cities

　　城市更新往往发生在中心城区，而中心城区的形成大多经历了漫长的历史阶段，有丰富的历史文化遗存。在更新过程中，难免会面临哪些保护保留、哪些拆除的艰难抉择，而保护什么阶段的历史，如何进行不同时代的分配，是城市更新中历史保护的重要议题。

　　以上海福泉山遗址为例，其地下遗址的保护规划所划定的保护范围和建设控制范围与地上的历史文化风貌区保护范围存在叠合，就带来如何权衡历史价值的问题。从保护地下的古遗址的角度，地上建筑要拆除，并限制所有新的建设，而从地上历史建筑保护与文化传承的角度，建筑需要活化利用，延续功能与活力并促进街区发展，二者明显存在矛盾。同类情况在其他地区也大量存在，必须建立一套公平的权衡评价标准。

3.3.2　类型抉择：传承精英文化还是市民文化
Type Choice: Inheriting Elite Culture or Citizen Culture

　　建成于同一时期的城区在更新时仍然面临保护哪些建筑、如何保护的难题，其背后的逻辑就是要传承谁的文化，建筑背后都蕴藏着使用者的文化底蕴。当前的普遍做法是精英文化的传承，与历史中有突出贡献、标志性人物有关的建筑（如名人故居）往往可以得到精心保护，而普通民宅（如一些里弄建筑）在城市更新的浪潮中则被大量拆除。

上海老城厢历史文化风貌区的肌理变化

以上海老城厢为例，从1948年至2005年，老城厢历史肌理已经发生较大改变。但自《上海市老城厢历史文化风貌区保护规划》（2005年）编制完成并实施以来，老城厢内历史肌理变化较小。在"核心保护区"中，第一、三、四象限核心保护范围内目前未经历开发，保存良好。但在第二象限核心保护范围内，存在着大量以露香园一期、二期为代表的拆除重建状况，核心保护范围内拆除面积超过85%，复建肌理效果与历史特征明显偏移，仅余约1.5hm^{2}完整传统肌理。在实际开发建设中，由于节约成本和地下室整体开挖等原因，历史建筑遭到破坏。如露香园一期工程实施后，保留历史建筑消失逾8800m^2；露香园二期地块除了开明里和几处文物保护建筑，其余一般甲等、乙等历史建筑均已消失，致使该片区的历史遗存几乎全部丧失。

3.4

城市更新不公平的产生原因
Reasons for Unfair Urban Regeneration

影响城市更新公平性的主要因素包括更新理念的效率优先与兼顾公平、更新技术的能力滞后与角色权衡以及更新制度的部门纷争与治理失衡。

3.4.1 更新理念：效率优先与兼顾公平
Update Philosophy: Prioritize Efficiency and Balance Fairness

城市更新的"公平"与"效率"大多数时候相互矛盾，偏重效率会导致不公平；公平与否也会影响效率，但效率与公平可以兼顾。

政府主导的城市更新中公平和效率可能产生的矛盾主要包括如下四个方面[①]。

一是政府公共政策与经济效率间的矛盾。城市更新涉及历史保护、环境保护等公共政策与市场开发的经济效率之间必然存在矛盾。二是程序公平与效率间的矛盾。程序公平涉及土地开发过程中的参与权、知情权、话语权和决策权等。土地开发对社会权益的妥协可能与效率发生冲突。三是空间利益、空间权利与效率间的矛盾。个人的空间利益会因相邻空间的开发发生变化，随之而来的个体行为变化可能引发利益主体间的冲突，造成效率下降。追求效率引发的土地开发关系改变可能导致一些利益主体的空间权利被剥夺，一些原本就弱势的人群及其后代失去了生存空间和产业空间，没有与其他人同等的发展机会，引发不公平。四是利益主体平等交易与效率间的矛盾。城市更新过程中，开发商和居民应该是平等的，两者之

---

① 张欣宜. 对政府主导的城市更新中"公平"与"效率"的认识——以董家渡多地块城市更新为例[M]//中国城市规划学会. 新常态：传承与变革——2015中国城市规划年会论文集. 北京：中国建筑工业出版社，2015.

间土地使用权的转让与交易应该建立在信息对等的前提下；政府和开发商也应该是平等的，一旦出让，规划调整应建立在契约双方都同意基础上。而利益主体间的平等交易往往需要长时间沟通博弈和频繁调整才能达成，因而造成效率下降。

3.4.2 更新技术：能力滞后与角色权衡
Updating Technology: Capability Lagging and Role Balancing

我国城市更新的技术服务团队，即更新智库主要分为两种类型：一种是相对中立的专家、学者，在业界具有一定话语权，参与城市更新的政策制定、方案决策等重要环节；另一种是左右为难的规划师，由于受到委托方利益的牵制，规划师保持中立角色十分艰难。作为智库，规划师往往只拥有建议权，而决策权仍然掌握在委托方即政府、企业手中。规划师的工作主要是从技术角度论证方案的合理性，在更新利益的博弈过程中，规划师经常扮演着协调者的角色。总体而言，规划师的技术辅助对保障公共利益起到了一定的积极作用，但也存在为了争取局部利益而放弃部分公共利益的情况。

在城市更新中，相对于一般公众而言，专家由于其在城市更新中针对某一类问题或者在某一领域拥有专业知识、技能和经验，从而更能够深层次地发现问题并提出具有一定社会认可度的见解，使得其建议更容易被重视。

从参与方式来说，专家作为政府智库的一部分，主要有内参模式、借力模式这两种。内参模式主要是专家通过各种渠道向决策者提出建议，希望自己的建议能被列入决策议程，如上海主要是通过专家咨询会议的形式，但建议是否被采纳则取决于决策者。借力模式主要是专家将自己的建议通过媒体或者网络公之于众，希望借助于舆论促使决策者接受自己的建议，这种模式是否成功取决于专家的社会影响力以及公众接受信息和表达信息是否通畅。在实际操作中，针对某一问题不同专家常常提出不同建议，有的甚至截然对立，使得借力模式的影响力减弱。

规划师作为城市更新的技术服务方一般受聘于政府或者企业，在项目前期策划、规划设计过程中发挥着重要作用。根据委托方的不同，规划师可以分为政府规划师、企业规划师和社区规划师，通常规划师会成为委托方的代言人，尽可能地为委托方争取利益，达成委托方的各种诉求。

政府规划师一般是政府的代言人，以政府下设的各类规划咨询机构的规划师为主，一般承担市级大型更新项目的规划设计。其项目规划过程中需要协调市级政府与区级政府不同的诉求，同时需要协调各条线政府主管部门的不同意见。

企业规划师一般是企业的代言人，受开发商委托，很难完全中立，会协助开发商与政府博弈，争取最大的开发利益。但是，当委托者是国企时，由于企业不单纯追求经济回报，会承担较多的公益性任务，企业规划师的角色就更接近政府规划师；而如果委托者为民企，规划师的协调难度会非常大，往往需要周旋于政府与企业之间，反复多轮地开展方案研究论证。

社区规划师是社区的服务者，受聘于社区，是服务于社区城市更新事务的规划设计机构的技术人员。上海近些年不断探索社区规划师制度。2018年年初，杨浦区试点社区规划师制度。区政府邀请了12名来自同济大学规划、建筑、景观专业的专家——对接辖域内12个街镇，全过程指导公共空间更新项目，引导各方力量参与到社区建设中来，通过专业力量的介入让社区重新焕发活力。根据杨浦社区规划师的制度安排，社区规划师受聘后，将定期与所结对的街道（镇）进行沟通，指导街道（镇）对辖区内亟待改善的老旧社区、具有提升优化潜力的小区内部公共空间、街角街边公共空间、慢行系统等进行全面摸排和分析，并结合居委会及居民诉求，共同选取可实施的社区更新项目。浦东缤纷社区行动中，36个街道聘请了36名导师、72名社区规划师，以居委会、业委会为主体，在项目产生、项目实施、项目评价等环节实行全过程自下而上"一图三会"的社区自治、共治模式，创新社会治理。

从中微观层面规划师提供的技术服务来看，一个城市更新项目的成功推进，越来越需要总体的统筹和一揽子考虑方案，对规划师的综合能力将有更多考验。当前的更新技术团队，一方面受甲方委托代理的身份很难保证角色中立；另一方面，其技术能力、技术手段由于长期习惯于蓝图式规划方法而无法适应复杂的利益博弈。更新规划方案往往缺乏科学、准确的经济测算以及科学、合理的社会和文化评估标准。城市更新项目推进过程中，会涉及控制性详细规划的编制、报批，以及土地政策路径的设计、项目功能定位和开发方案的设定、动迁补偿金额的测算、项目总体经济利益的平衡、补地价的操作、合同条款的拟定等，且以上各环节均前后呼应、层层铺垫。在项目初期，必须做好总体方案的设计，并在过程中协调推进。从政府管理层面来说，对未来的城市更新类项目的要求只会越来越高，因此，对城市更新项目主体的综合能力将会提出更高要求，今后能够提供一揽子综合咨询方案和服务的第三方专业机构将会大有可为。

3.4.3 更新制度：部门纷争与治理失衡
Updating System: Departmental Disputes and Governance Imbalance

城市更新涉及国家土地法律和城市规划法律的权力问题，以及地方政府与规划部门的权力分配问题，这些都对城市更新的公平性带来直接影响。在地方，城市更新涉及多部门利益之争，多头管理、缺乏统筹、各自为政会导致城市更新的低效与整体上的不公平，形式化的公众参与也会导致市民权利缺失。

（1）国家权力：管控地方更新事务

当前国家对全国范围很多的地方更新事务进行了较多管控。例如，按照《中华人民共和国文物保护法》相关规定，国家级文物保护单位的保护范围和建设控制范围内的所有项目需要国家文物局审批，而市级文物保护单位的保护范围内项目也需要国家文物局审批。对于国家文物管理部门来说，一方面，面对全国大量的审批需求，审批人员不可能对各地实际情况充分了解，带来审批效率低下；另一方面，也导致权责不对等的政治不公平。笔者认为，应该建立一个"谁审批、谁管理、谁负责"的权责对等配套机制。

（2）市级政府：绝对权利的决策者

上海市政府在管理上实行"两级政府、三级管理"。所谓"两级政府"是指市级政府和区级政府，街道办事处是区级政府的派出机构。"三级管理"是指市级政府、区级政府、街道办事处三者自上而下的管理模式。

市政府的管理重点主要是在制定战略规划、政策法规、监督检查和引导、调控等宏观层面上。而区政府的管理主要体现在直接管理上，将城市环保、交通、市容、卫生、城管、文化教育等具体管理职能和权限下放到区政府，坚持条块结合、以块为主的原则，充分发挥区政府在城市管理中的作用。街道办事处既是政府各项政策的具体执行者，又是调节社区政治、经济、文化等活动的中枢。街道办事处管理居委会，并通过它来处理大部分具体的社区事务。

市级政府拥有制定政策、法规、标准等能力，指导区域性的、全局性的相关更新行为的开展。在《上海市城市更新实施办法》中对市级政府在城市更新中的职责作了明确规定，即由市政府及市相关管理部门组成市城市更新工作领导小组，负责领导全市城市更新工作，对全市城市更新工作涉及的重大事项进行决策。领导小组在上海市规划和自然资源局下设办公室，负责全市城市更新协调推进工作。上海市规划和自然资源局负责协调全市城市更新的日常管理工作，依法制定城市更新规划土地实施细则，编制相关技术和管理规范，推进城市更新的实施。市相关管理部门依法制定相关专业标准和配套政策，履行相应的指导、管理和监督职责。

在访谈中笔者发现，如果严格按照现行政策规范及程序操作，几乎没有更新项目能够成功运作，政府必须在某些方面适度突破，给予政策支持，才有可能推动项目实施。而几乎每个更新项目都是特事特办、一事一议，经过谈判后主观决策能够突破的政策点。从实际情况来看，城市更新的操作多以区为平台，市局负责协调监管。一般项目大多通过区平台操作，在市局层面备案。但实际工作中，涉及一些政策点的突破时，区层面难以决策，经常需要向市局咨询、请求协调和指示。实际推进中，会碰到市局口头给予承诺但不出书面意见，而区层面认为需要书面意见才能往下推进的两难局面。这也是城市更新项目推进困难的一个点。

市级政府相关政策的制定对区政府的城市建设有一定影响，如采用严格的城市建设用地规划许可制度，从而促使城市建设必须坚持贯彻合理用地、节约用地的原则，较好地遏制了区政府盲目扩大城市规模，较好地引导了城市的紧凑发展。

（3）区级政府：多方制约的实操者

《上海市城市更新实施办法》中规定，区级政府是推进本行政区城市更新工作的主体。区级政府应当指定相应部门作为专门的组织实施机构，具体负责组织、协调、督促和管理城市更新工作。

在上海，由于财权分立，市政府不参与城市具体建设事务，一般通过税收政策、资金匹配等进行引导。各区级政府实际上是经济独立的经济实体，并且是城市更新过程中实际的成本支出者和利益获得者，相比于市级政府，各区级政府的考虑角度更偏向于实际。根据现有政策，各区存量工业用地转型应根据年度计划，经区级政府常务会议集体决策同意后方可执行。因此，区级人民政府作为制定年度转型计划和组织控制性详细规划调整的主体，拥有决定工业用地转型是否能发起并执行的权力。但是在实际推进更新项目时，区级政府往往受到来自于市级政府在政策、规范等方面的各类制约，需要逐个突破。

另外，对于以改善民生为目的的公益性城市更新，一般由区级政府直接财政拨款予以实施。以曹杨新村的多次更新改造为例。1981～1985年，曹杨二至八村主要通过加层和加贴的办法进行过独门独户改造，如面积扩大、设施更新。2009年的综合整治主要针对外部环境和建筑维修，普陀区投资按约160元/m²，共计近800万元进行了电线重排、外墙粉刷、屋顶防漏维修。2010年借助世博会的推动，搭设户外统一晒衣架，增补休闲小亭和体育设施，投入

400万元进行小区绿化与花溪路的公园、街景绿化美化；将污水管和排水管下埋，统一进行路面翻修，路面部分资金投入800万元。2011年则开展了厨卫改装工程，各户自愿改装，可获得标准为600元/m²的补贴，总投入超过1000万元。上述资金投入都是通过区政府的直接财政支出。

而在区政府行政范围内，有一种特殊现象即各类开发区，每个开发区经济独立，如虹桥开发区、临港开发区、陆家嘴金融贸易区、金桥开发区，根据开发区的级别，可以分为国家级、市级和区级。开发区下设管理委员会（简称管委会），属于政府派出机构，承担区域范围内的政府管理职能。

例如，陆家嘴金融贸易区管委会是新区政府的下设机构，管委会主任由浦东新区区委常委、副区长兼任。管委会主要负责开发区域内上海市高新技术企业认定、上海市高新技术成果转化项目认定、上海市技术先进型服务企业认定、浦东新区企业研发机构认定、浦东新区科技公共服务平台认定、企业研究开发费用税前扣除项目认定、浦东新区知识产权资助项目申报、国家和上海市科学技术奖申报、国家和上海市各类重大科技专项申报等事项的受理、初审、推荐或审批等。

（4）街道办事处：压力重重的执行者

在上海，街道办事处是市辖区人民政府的派出机关，下辖若干社区居委会，或有极少数的行政村。街道办事处具有城市基层行政区和城市居民基层社区的双重属性。居委会是基层群众性自治组织，应是街道社区内行使社区发展、社区服务和社区保障等社区管理的主体。但在实际操作中，居委会既行使大量操作性行政事务，也行使部分社区管理事务，使得居委会发生组织性质和组织功能的错位。

在城市更新中，上级的指标和任务要求往往层层向下分解，大量任务基本都沉淀到基层。在现实的"利益博弈"中，街道办事处逐渐成为区政府各职能部门落实工作任务的末端作业部门和基层被考核单位。由于人力和财力的限制，在城市更新推进的进程中，街道办事处所发挥的作用往往仍然非常有限。

而从另外一个角度看，街道办事处虽然压力重重，却也可以发挥一定的作用。与绝大多数更新项目不同，在具有代表性的田子坊城市更新项目中，街道办事处发挥了巨大作用。在更新过程中，田子坊地区所在街道基层政府可以说是一股非常特殊的力量。尽管街道办事处经常以政府的身份出现，但在更多的场合却是以社会力量代表的角色参与到与政府和制度的博弈当中。在政府放权的过程中，街道办事处被赋予了发展经济的职责，如招商引资、发展园区经济、提高财税收益和街道经济实力等。街道办事处最初利用政策、管理和人脉资源，吸引艺术家入驻，运营艺术创意产业发展，成功打响了田子坊创意工厂的品牌。在其形成一定的规模效应后，抓住上海产业发展热点，向市政府主管部门申报创意产业集聚区，获得市级机关的支持与扶植。同时，其依靠各种民间团体、重大城市活动、项目开发研讨等促进地区发展，更通过媒体进一步扩大社会关注。街道办事处联合社会群体发声，并鼓励地区居民和商户成立自治团体和联盟等。通过这些作为，街道办事处把体制内外的各种力量极好地联结起庞大的社会网络，从而主导了田子坊地区的更新进程。

3.5

城市更新案例公平性剖析

Analysis of Fairness in Urban Regeneration Cases

（1）承兴里：风貌街坊留房留人更新试点

承兴里所在8号街坊位于新昌路以东、北京西路以北、黄河路以西、青岛路以南，占地约2.9hm²，2016年被列入上海市第一批风貌保护街坊。街坊现状以里弄为主，大部分是公房。其整体肌理完整，大部分建于1911～1936年，由新式里弄、旧式里弄、沿街商住建筑和传统宅院建筑等共同构成。现状建筑面积约5.3万m²（含计租搭建面积约0.9万m²），共有约1798户居住租赁户、79户为非居住。街坊原规划为开发用地，用地性质为R2、R3，容积率为2.5。

作为全市房屋修缮留改试点，更新项目利用"抽户"方式实现石库门的"留房留人"，采用里弄房屋修缮流程。改建后，建筑檐口高度增高1m左右，总建筑面积由6500m²增加到7503m²，居民由261户减少到221户，建筑由2层增加为3层。改造保留了建筑外墙、天井、晒台以及坡顶形制，结合不同的住户情况，改造内部隔墙和楼梯，使住宅成套化（表3-2）。

表3-2 承兴里城市更新项目历程
Table 3-2 History of the Chengxingli Urban Regeneration Project

位置	时间	事件
一期新里（黄河路281弄1～31（单号），103户居民，1家单位）	2017年5月	启动开展承兴里一期试点方案研究
	2017年10月	向区委、区政府做专题汇报，开展8号街坊一期试点一户一方案设计
	2017年12月	发布《告居民书》，开始对一期新里房屋居民开展群众工作。发布一期新里房屋的实施方案和操作口径，开始居民签约工作

续表

位置	时间	事件
一期新里 （黄河路281弄1～31 （单号），103户居 民，1家单位）	2018年2月	一期新里房屋《改造实施协议》生效，居民开始搬离原址、腾空房屋，同时开始施工前期准备
	2018年5月	一期新里房屋开始施工
一期旧里 （黄河路253弄 58～126（双号）， 150户居民，7家单位）	2018年6月	发布《告居民书》，开始对一期旧里房屋居民开展群众工作
	2018年7月	发布一期旧里房屋的实施方案和解除租赁关系操作口径，开始抽户居民签约工作
	2018年8月	发布一期旧里房屋留改操作口径，开始留改居民签约工作
	2018年10月	一期旧里房屋《改造实施协议》（含《解除租赁关系协议书》）生效，居民开始搬离原址、腾空房屋，同时开始施工前期准备
	2019年4月	一期旧里房屋开始施工

承兴里一期从政府托底保障的指导思想出发，制定了就低数量抽户、必要性抽户原则，并因地制宜创设四条优先级标准：优先考虑处于原始公共部位的，优先考虑设计方案需要的，优先考虑居住密度特别高的，优先考虑面积特别小的（10m²以下）。项目首次创制了抽户改造经济补偿标准：根据房屋情况、部位与面积，参照第三方评估市场价格上浮20%，给予一次性货币补贴；补贴一次性设施设备改造费60万元；补贴一次性搬迁费、搬迁过渡费10万元。征收补偿标准为市场价格的150%～200%，抽户补偿标准相对较低。在具体抽户协商过程中，正是由于缺乏置换房源、与征收标准差距较大等原因，协商工作存在较大困难。同时试点阶段各区抽户补偿标准差异较大。这一问题可能直接导致因为不同项目不同标准而产生新的社会矛盾，也不利于群众工作的开展。

承兴里一期试点总资金投入2.3亿元（抽户费1.17亿元，居民过渡安置费1566万元，工程费8000万元），户均约90万元。按此概算，八号街坊1877户居民，改造费用至少为17亿元，后续修缮、管理费用也相当高。目前依靠单一财政投入，缺乏社会资金的进入。

笔者认为承兴里项目仍存在如下三个方面的问题：一是居住条件改善有限，与居民预料征收收益差距较大，原住民户均面积由26m²增加至36m²，而转租户租金显著提高，抽户略高于市场价，远低于征收价；二是城区发展受限，形成了大量面积在30～35m²的住宅，居民结构优化受限，功能业态固化，可能增加今后规划整体实施和地块整体更新的成本；三是风貌保护艰难，历史建筑被拆除重建，若后续高强度使用情况不变、修缮维护机制不变，后续环境维护状况堪忧。

从社会公平的视角，改造获得居民100%同意、100%签约、100%搬离后实施，"一户一方案"解决居民居住困难问题，设计团队与实施主体充分征询所有居民意见，保障了利益主体间权力的相对公平。但从更大范围来看，承兴里所在的8号街坊内部分居民同样极差居住条件仍未获得更新机会，后续改造模式无法延续，更新也没有带来地区功能升级、社区配套增加。

从经济公平的视角，政府财政投资改造政府产权的公房，受益群体包括两类：一类是仍然住在承兴里的原住户，另一类是已经把房子转租的转租户。原住户改造后居住面积略有增加，而转租户改造后房租大幅提升。因转租户大部分已经不是居住困难的市民，较多已在其他区域购房，改善了居住水平，政府财政的大量补贴仍然使其大幅受益，有失公平。而对于原来居住在街区里的租户，改造后租金的大幅提升导致其搬家，利益受损而毫无补偿。承兴里一期221户回搬户整体获利相对公平，每户增加一个马桶和厨房，但仍存在回搬户获益程度的部分差异，如顶层居民较多获益；而40户面积较小承租户被抽户，抽户标准相比于其他区较低。而其他更新项目中，原住户可选择搬迁或者不搬迁，提供本地或周边搬迁房源、房屋高价长期回租改造，改造后转租可使本地居民分享更新成果长期获利。与其他模式的城市更新相比，此种"留房留人"的城市更新中，政府补偿标准相比于征收拆迁低，居民获益仅为旧区改造类的一半，并没有从根本上解决本地大量居民的居住困难问题，可谓治标不治本，故居民的满意度与获得感非常有限，也引发了后续的各类投诉。

从文化公平的视角，8号街坊为市政府划定的成片风貌街坊，更新改造采用拆除重建的方式，改造中历史建筑被完全拆除，历史构件也没有被使用，改造后街区历史感荡然无存。

综上所述，笔者总结承兴里项目中不公平产生的原因有如下几个方面。一是更新理念方面，由于承兴里改造工作时间紧、任务重，承兴里承担了完成区里年度去马桶指标的重任，因此时间进度必须保障，因而导致在施工中出现拆除历史建筑等问题。二是技术能力方面，设计团队需要在很短的时间内完成复杂的设计改造方案，需要满足各类群体不同的差异化需求，对团队设计能力与应变能力是巨大的挑战。三是治理机制方面，项目改造涉及建筑量增加、建筑高度增加、历史建筑拆除重建，按照现行政策法规，需要进行规划调整，走相应的规划程序，而实际情况是直接按照修缮政策进行改造，导致改造后增加的面积无法办理新的使用权证，带来一系列遗留问题，产生了治理不公平。

（2）舞蹈中心：公共部门推动的功能升级

上海国际舞蹈中心（简称舞蹈中心）项目是上海市"十二五"重点文化项目，选址于延安西路、虹桥路、水城路围合街坊内。该街坊内原有上海歌舞团、上海芭蕾舞团、上海舞蹈学校（简称"两团一校"）以及刘海粟美术馆等单位。为了进一步提升城市文化软实力，项目将"两团一校"及原刘海粟美术馆地块合并，打造了一个集舞蹈教学、创作、排练、演出、交流、研究于一体的全新的国际化、复合型、公共性、功能性舞蹈综合体。原刘海粟美术馆易地重新安置。项目用地面积39080m²，调整后总建筑面积85300m²（其中地上建筑面积45000m²，地下建筑面积40300m²），容积率为1.15，建筑限高24m。项目涉及历史建筑保护、公共绿地调整、交通流线组织、建筑容量及高度等多方面的规划调整，调整程序相当复杂。同时，规划方案也经过了市、区两级部门意见征询以及公众意见征询、市规划委员会审议、技术审查等多个环节的修改完善（表3-3、表3-4）。

表3-3　舞蹈中心方案设计过程的博弈
Table 3-3　Game in the Design Process of the Dance Center Scheme

争论焦点	博弈各方及观点	博弈结果
保护建筑	设计方：保留优秀历史建筑，保留部分一般历史建筑； 业主方：优秀历史建筑搬迁至绿地内，一般历史建筑全部拆除	优秀历史建筑全部原地保留保护，一般历史建筑全部拆除以腾挪空间
刘海粟美术馆搬迁	刘海粟美术馆：不愿意搬迁，除非有更好的区位及新的基础设施条件； 项目方：希望其搬迁，以腾挪更大的空间进行项目新建； 设计方：建议保留，以延续街区历史文化与城市记忆，并与舞蹈中心形成集聚效应，更有利于吸引人流	搬迁重建，经过多方案选址，最终选址在内环内凯桥绿地东侧，新建一栋占地6000m²、建筑面积12540m²的建筑（原址建筑占地3600m²，建筑面积5000m²）
高度	能否突破限高，突破到什么程度，是否下沉到地下	限高未突破，大量建筑地下布局
容量	能够承载的最大容量是多少，剧场的座位规模是多少	地上建筑总量适度增加，结合实际需求确定了1080座的大剧场和300座的小剧场（合成排演厅）的容量规模

续表

争论焦点	博弈各方及观点	博弈结果
绿地	业主方及设计方：针对绿地调整开展多方案比选研究； 绿化部门：反对绿化空间调整	公共绿地面积总量不减小，布局调整
利益分配	新的设计方案如何分配，是否为各家单位划出独立用地和独立建筑	考虑公平原则，根据各家单位现阶段建筑量同比例增加

表3-4　舞蹈中心更新项目推进历程
Table 3-4　Progress of the Dance Center Regeneration Project

阶段	时间	工作推进	备注
策划及概念设计阶段	2010年10月	市委宣传部、市教育委员会、长宁区政府组成领导小组	以上海戏剧学院附属舞蹈学校（简称"舞蹈学校"）名义整体申报立项，由上海国际舞蹈中心工程建设指挥部（简称指挥部）全权负责建设实施
	2010年10月~2011年7月	上海市城市规划设计研究院开展前期概念设计	多轮关于方案核心技术问题的博弈过程
国际方案征集阶段	2011年7月28日~9月30日	国际方案征集	英国RMJM公司、美国Studios Architecture公司、法国夏邦杰建筑设计咨询（上海）有限公司、中国上海现代建筑设计集团、德国赛朴莱茵XYP、日本久米设计株式会社6家参与
控制性详细规划调整阶段	2011年12月底	区规划和国土资源管理局启动控制性详细规划调整程序	上海市城市规划设计研究院负责控制性详细调整规划编制
	2012年3月	获得市规划和国土资源管理局任务回复意见	
	2012年3月31日至4月30日	启动公众参与程序	公示期间未收到反对意见
	2012年4月24日	区规划和国土资源管理局组织召开公众意见听取会	进一步听取了周边单位及居民的意见和建议
	2012年4月27日	区规划和国土资源管理局召开专家及市、区两级部门意见咨询会	
	2012年6月26日	市规划委员会专题会议审议通过	

续表

阶段	时间	工作推进	备注
控制性 详细规划 调整阶段	2012年7月27日	经技术审查通过	
	2012年8月8日	市政府正式批复同意上海国际舞蹈中心项目的控制性详细规划调整	
建设阶段	2012年9月28日	项目开工建设	
	2016年10月	正式对市民开放	

　　从社会公平视角，在舞蹈中心项目中，规划增加了公共设施舞蹈大剧场，设计方案最终由专家和领导决策，过程中公众参与度不足，公示无意见。刘海粟美术馆作为外迁方，为新项目的建设腾出了宝贵的空间。馆方从政府提供的三个选址方案中选了区位最好的。其获得了良好的新场馆区位以及增加的建筑面积，即获得了良好的物质条件，但同时也远离了文化氛围浓厚的历史街区及周边的文化设施，文化的集聚效应减弱。而另外几个产权主体虽然在更新中获益，但是更新过程中参与权及决策权具有象征性，更多的是政府主管机构代为决策。从实施效果看，项目打破了原来院校和文化团体单位的围墙界限，基地内各机构能便捷地交流合作，各种舞蹈的相关功能可以融合互动，从教学、训练到演出、展示，打造成为舞蹈艺术街区综合体，整个街坊由一个封闭地块转变为一个大型开放空间，向公众提供了文化休闲的场所。项目实施后区政府同时推进了水城路（延安高架路—仙霞路段）、虹桥路（水城南路—伊犁路段）的道路改造，带动了整个周边地区的品质提升。二是从经济公平视角，该项目为政府公共部门投资项目，走教育系统财政预算，故舞蹈学校获利最大，符合多投入多获利的公平原则。三是文化公平视角，首先，项目处于历史文化风貌区，改造中历史建筑得到了保护和传承，历史建筑在本次规划中予以保留，项目建成后成为一个各类舞蹈艺术人才和爱好者共享的、充满历史及现代元素的舞蹈艺术街区。但是，改造后基地增加高度，地上、地下较多建筑增量，对周边历史风貌及交通带来负面影响；优秀历史建筑被保留保护，保障了公共利益，但是空间关系及效果不甚理想；基地内所有一般历史建筑被拆除，古树被搬迁，历史肌理被破坏，历史街区历史氛围消失。

　　舞蹈中心更新中不公平产生的原因包括以下几个方面。一是更新理念方面，该项目虽然前后历经多年前期策划，反复研究，但当项目成为区里关注推动的重点任务后，工作加速推进，时间效率变得尤为关键，过程中对公平的关注明显减弱。非常典型的现象是项目前期更新主体参与较多，后期基本较少。二是技术能力方面，规划设计机构不具备相关专业建筑设计经验，不具备精准经济测算的技术能力。三是治理机制方面，项目推进过程中，关于规划调整的核心指标和内容，各级政府部门进行了多轮博弈。如关于绿地的调整，如果从项目本身规划布局的合理性出发，对现有绿地进行较大调整，减少面积在附近进行增补更为合理，但是绿化部门对上述方案提出反对，导致设计方案有诸多局限。另外，在实施过程中，地铁风井、出入口未整合设计，后续效果不佳，极大地影响了项目建成后的品质。

（3）上生新所：民企承租的历史街区改造提升

上生所改造更新项目位于新华社区D1街坊，总用地面积约11.3hm²。改造前地块内主要为上海生物制品研究所（简称上生所）所在地，沿道路分布居住、商业、文化等多种功能。街坊内历史建筑较多，且具有显著的工业时代的建筑特征。纵然历史积淀深厚，但长期以来，该地区存在公共开放空间不足、核心形象不突显及公共界面、历史特色、公共服务设施均欠缺等问题，亟待更新。因此在长宁区政府的协调下，2014年原权利主体上海生物制品研究所退出使用功能，与万科合作对地块进行整体更新开发，塑造一个融合历史氛围、工作、生活、运动、娱乐的综合社区。

在更新规划过程中，一方面通过整体规划评估，关注历史建筑的转化利用，提供新的高能级的功能，增加周边社区急需的公共空间和公共服务设施一并解决。另一方面，结合上海市城市更新政策，更新提供的公共空间、公共服务设施以及保留的特色历史建筑均可获得相应的容量奖励，通过统计及相应的面积折减，共计可新增面积约1.6万m²，也在一定程度上对开发主体有激励作用。公共要素清单包括：在公共环境方面，增加5处公共广场空间，共计面积12500m²，由物业权利人维护运营，24小时开放，有若干条公共通道；在公共服务设施方面，增加社区级文化体育和商业设施，共计面积7500m²，产权归物业权利人，功能受区政府监管，置换为人才公寓的建筑面积为5945m²；在风貌保护方面，新增若干保留历史建筑。

2016年6月，上海万科投标成功，获得该物业整体租赁权。随后，其委托上海城市房地产估价有限公司进行评估工作。据上海城市房地产估价有限公司数据研发部项目经理邵明浩介绍，上生所整体租赁时，约定的是现状整体租赁，当时用途是科研设计。近年，上生所地块被列入长宁区城市更新重点项目，新一轮的控制性详细规划调整为商业、办公、社区服务设施用地。2019年4月，上生所获批以存量补地价方式完成土地转性。

采用PPP合作模式，在区政府的协调下，上生所和万科合作进行改造开发，原土地产权仍旧属于上生所，但其退出科研的使用功能，万科签订了"10+10"运营合同，对租赁用地进行空间方案改造和运营管理。按照最初的计划，上生所需要以存量补地价的方式完成土地转性。

用地性质由科研用地（C6）转为商业商办。总的建设量比原规划增加1.54万m²，街坊总的净容积率由原规划的2.14提高到2.31。新增建筑限高24m。政策奖励主要包括用地性质转变和建筑容量奖励，本街坊的建筑增量主要来源于新增公共空间、公共服务设施以及保留的特色历史建筑的增量三类，共计可新增面积约1.6万m²。

从社会公平视角，上生新所更新案例是一个原主体委托代建主体实施更新的案例，万科作为代建主体承担了更新的各类资金成本及人力投入，但是项目的产权未发生变换，万科只是作为一个长期的承租方开展城市更新。项目改造建设了开放式街区，为周边居民及社会公众提供了公共服务设施，更新规划过程经过了公众意见征询，并听取了利益相关方的意见。从文化公平视角，改造范围内哥伦比亚俱乐部、孙科住宅等建筑风貌佳、历史悠久，同时结合长宁区历史建筑普查信息汇总，以及对街坊现状建筑的逐栋调研，更新规划提出对十几处历史建筑进行保留，并保留街坊内工业时期的特色建筑，进行后续改造利用。保留建筑运用现行更新政策可以不计容积率。项目实现了改造中街区尺度和历史风貌的延续，尽可能地保护、保留了所有历史建筑，实现了文化公平。

总体而言，一是更新理念方面，万科作为民营企业，其在更新中的项目盈利及品牌效应必然成为首要的考虑因素，而项目推动周期的长短将直接影响其投入成本，故效率优先是其贯穿始终的更新理念。二是更新技术方面，一方面规划设计缺乏精确的资金测算，同时对历史建筑保护如何进行容量核算仍然在探索阶段，因此对于总量的确定缺乏严谨的科学依据，如项目新增的公共开放空间转换成不计容的建筑增量的测算方法；另一方面，建筑设计团队受万科委托，开展设计时中立立场受委托代理人角色影响不可避免。三是治理机制方面，项目由区级政府力推，市级政府规划审批，推进过程中万科曾因未签订合同在遇亏损时一度不肯支付土地转性的费用，后经协调才完成合同签订。

小结

　　城市更新的不公平现象可以归纳为政治社会不公、经济不公和文化不公。社会不公指城市更新中的利益主体、相关主体及社会公众的过程权力不公平。经济不公是指城市更新结果利益分配的不公平，包括开发商、运营商、国有企业、民营企业等与利益主体的利益分配。城市更新的文化不公是指历史地区的城市更新中不同时期历史文化的断代分配，以及同时期文化传承的类型选择。城市更新不公平产生的原因主要是更新理念的效率优先、更新技术的能力滞后、更新智库的角色权衡、更新部门的利益纷争以及城市更新治理失衡。

　　政府在城市更新中发挥着巨大作用，引领着城市更新的方向和进程。市级政府一般作为绝对权利的决策者，拥有制定政策、法规、标准等能力，指导区域性、全局性的相关更新行为的开展。区级政府一般是多方制约的实操者，实际推动辖区内的各类更新项目，而同时面临与市级政府各类要求以及开发商的利益诉求的多方博弈。街道办事处作为区级政府下设机构，是压力重重的执行者，在更新过程中往往发挥的作用有限。

　　企业，不论是国企还是民企，在更新过程中都承担了实际推动者的角色。国企是双重角色的推动者，一般不以单纯的经济盈利为目标，主要承担有公益性质的城市更新项目。各类国企掌握大量的土地资源，也实际推动着城市更新进程。民企是利润导向的赢利者，往往通过土地投标的方式获取土地，或者与更新原土地权利人协商谈判后通过签订合同的方式获得土地进行更新开发。民企参与城市更新的主要目的是获取利润，当然在获利的同时也会有一些公益性行为回馈社会。

　　社会是城市更新中的第三方力量。一方面更新为本地业主带来生活条件的改善、家庭财富的增加，很多家庭热切期盼着更新的进程；而另一方面，本地业主往往作为被通知者，在对其利益直接相关的物权处置上处于相对的弱势地位，因而对城市更新持观望态度。城市更新的实施使本地租客面临搬迁，一般来说原住地更新后房租会上涨使其无法承受，而搬迁带来的不便和损失可能无法获得任何经济补偿。对于周边居民来说，城市更新的实施往往会带来较大收益，如房价的提升、交通和生活便利度的增加等，而从投入与产出回报的视角来看，周边居民是不劳而获的受益者。

　　各类社团是城市更新一腔热血的探索者，社团按照城市更新项目的地域特征可以分为本地社团和非本地社团两类，而根据其与政府之间的关系又可以分为政府型社团和非政府型社团两种类型。本地社团一般包括社区居委会和小区业主委员会两种，目前已逐渐发挥作为市民社会组织的功能，但是其在城市更新过程中的影响力仍有限。政府型社团，如协会或学会，运行和管理具有政府的行政特征。非政府型社团是一种民间组织机构，作为一种非营利性组织，一般其运作费用主要来自于公众或者企业捐款。上海的非政府型社团仍处于发展和培育阶段。社会公众作为旁观者，对决策的影响力有限，虽然对城市更新中产生的问题和权益侵害表示同情，但并非实际受损者。

智库是城市更新的技术服务方，一般包括专家、学者以及各类规划师。专家、学者是城市更新的建言者。在城市更新中，相对于一般公众而言，专家、学者由于对某一类问题具有某一领域的专业知识、技能和经验，从而能够深层次地发现问题并提出具有一定社会认可度的见解，因而更容易被重视。规划师是城市更新左右为难的中立者。规划师作为城市更新的技术服务方一般受聘于政府或者企业，在项目前期策划、规划设计过程中发挥着重要作用。根据委托方的不同，规划师可以分为政府规划师、企业规划师和社区规划师，通常规划师会成为委托方的代言人，为委托方尽可能地争取利益。政府规划师一般是政府的代言人，企业规划师一般是企业的代言者，而社区规划师是社区的服务者。但由于受聘于不同利益主体，代表公众利益的规划师的技术中立往往非常艰难。

Chapter 4

Evaluation of Urban Regeneration Fairness from the Perspective of Rights

权利视角下城市更新公平性评价

第 4 章

  本章结合国外经典理论的研究学习与思考，尝试对城市更新的公平性进行分类、分级评价，构建了多层次的公平性分析评价框架。考虑到城市更新的复杂性与多主体，选取城市更新直接利益相关方及间接利益相关方，可对具体城市更新项目进行公平性评价。

Drawing on research, study, and reflection on classic foreign theories, this chapter attempts to classify and conduct hierarchical evaluations of fairness in Urban regeneration, constructing a multi-layered analytical and evaluative framework for fairness. Considering the complexity and multi-stakeholder nature of Urban regeneration, direct and indirect stakeholders in Urban regeneration projects are selected to evaluate the fairness of specific Urban regeneration projects.

4.1

公众参与及决策制度理论
Theory of Public Participation and Decision Making System

公众参与的经典理论是美国城市规划理论家谢莉·安斯汀提出的，1969年她的代表作《市民参与的梯子》中把公众参与的层次喻为梯子，分为三个阶段、八个级别（表4-1）。

表4-1 公众参与的三个阶段、八个级别理论
Table 4-1 Three Stages and Eight Levels Theory of Public Participation

阶段	级别
实质性参与 （degress of citizen power）	控制性参与（citizen control）
	代理性参与（delegated power）
	合作性参与（partnership）
象征性参与 （degress of tokenism）	安抚性参与（placation）
	咨询性参与（consultation）
	信息性参与（information）
不是参与的参与 （nonparticipation）	教育性参与（therapy）
	操纵性参与（manipulation）

最底层为不是参与的参与，包括两级，最低一级为操纵性公众参与，组织形式上采用"公众参与委员会"，委员会人员经指定选出，公众无法参与政策制定。其上一级为教育性参与，公众参与的目的是使人们更好地领会决策者的意图并执行它们。

中段为象征性参与，共三级。最下一级是信息性参与，指将预期目标及规划大纲告知公众，但并不听取他们的意见。再上是咨询性参与，组织公众听证会以收集意见，但公众扮演的只是受咨询的角色，并无决策权。更上一级是安抚性参与，设市民委员会，但其具有参议的权力而没有决策的权力。

上段是实质性参与，最下一级是合作性参与，市民与市政府分享权力和职责。再上是代理性参与，官方机构不参与决策，仅提出某些要求或条件限制，市民可代政府行使批准权。最高一级是控制性参与，市民享有充分的决策权，直接管理、规划和批准。

除了公众参与理论，决策制度及议程设置模式也有大量的理论基础。20世纪60年代，美国政治学家巴查赫和巴热兹提出了被理论界广泛认可的权力的两向维度：能否影响决策过程是权力的一面，能否影响议事日程的设置是权力的另一面。其中，后者比前者在权力中更为重要，因为对一些问题的控制和排斥可以影响政策制定进程。

在决策过程中，决策制度安排无疑是关键，它涉及最高决策者是谁、最高决策权是什么、决策的合法程序以及原则等方面内容。一些学者对历史上典型的决策制度作出了概括①。不同的政治制度下，有不同的决策制度、不同的决策权和决策者，意味着公共政策过程的不同价值导向和利益分配中的倾向性，决定公共政策体现谁的意志和为谁服务。

在民主制国家，决策权归于民众，民众可以通过代议机构和政治代理人行使决策权，将自己的意志转化为公共政策。在我国城市更新中，人民主要通过政治代理人制度行使决策权，即通过政府行政官员行使权力，基于这样一种理论假定，行政官员对政府负责，政府对国家负责，国家对人民负责，因而行政官员对人民负责。

对于中国政治制度中的议事日程设置，一些学者根据议程提出者的身份和民众参与程度提出了由政府提出议程的关门模式和动员模式、由智库提出议程的内参模式和借力模式、由民众提出议程的上书模式和外压模式②（表4-2）。

① 关于决策制度的分析主要整理自：王诗宗. 公共政策理论与方法[M]. 杭州：浙江大学出版社，2003.
② 关于决策议程设置模式的相关论述主要整理自：王绍光. 中国公共政策议程设置的模式[J]. 中国社会科学，2006（5）：86-99.

表4-2　议程模式类型
Table 4-2　Types of Agenda Models

提出主体	模式类型	模式内涵
政府	关门模式	决策者在决定议事日程时没有或者认为没必要争取大众的支持
	动员模式	决策者会尽可能引起民众对该议程的兴趣，争取他们对该议程的支持
智库	内参模式	智库通过各种渠道向决策者提出建议，希望自己的建议能被列入决策议程
	借力模式	智库将自己的建议公之于众，希望借助舆论扫除决策者接受自己建议的障碍
民众	上书模式	民众通过给决策者写信提出政策建议，但不包括为个人或小群体作利益申述之类的行为
	外压模式	议程的提出者虽然不排除摆事实、讲道理的方式，但他们更注重诉诸舆论、争取民意支持，目的是对决策者形成足够的压力，使他们改变旧议程、接受新议程

　　在这六种模式中，公众参与程度按照自低至高的顺序为关门模式、动员模式、内参模式、借力模式、上书模式、外压模式。而在城市更新过程中，由于涉及各类决策，不同的决策所应用的模式往往不同，故会存在多种模式并存的情况（图4-1）。

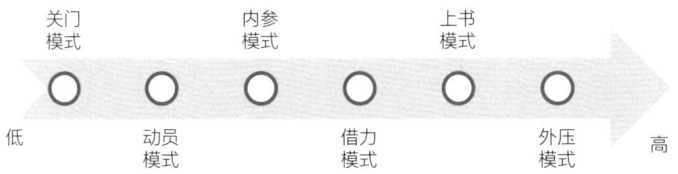

图4-1　六种决策模式公众参与程度的递进关系
Figure 4-1　Progressive Relationship of Public Participation in Six Decision-Making Models

4.2

政治（权）经济（利）视角的更新公平性分级

Update of Fairness Grading from a Political (Power) Economic (Benefit) Perspective

4.2.1 更新中权利的构成要素
Elements of Rights in Updates

　　权利分为过程权力和结果利益，过程权力包括知情权、参与权和决策权，结果利益包括空间利益和货币利益。城市更新过程或程序（process）的公平公正是城市更新中公平公正理念体现的关键和核心，其中心问题是权利问题，就是社会不同主体的政治、经济、社会权利是否在城市更新过程中得到了尊重和保障（图4-2、图4-3）。

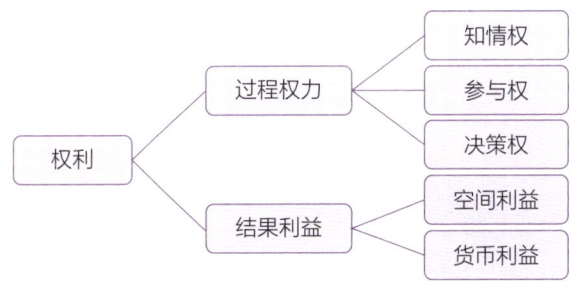

图4-2　城市更新中权利的构成分析

Figure 4-2　Composition Analysis of Rights in Urban Regeneration

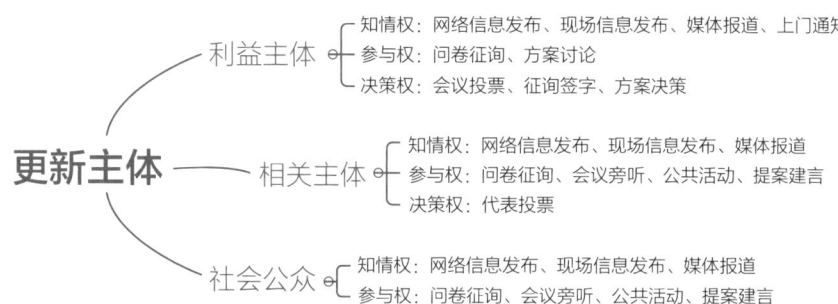

图4-3 城市更新中不同主体的过程权力分析

Figure 4-3　Process Power Analysis of Different Subjects in Urban Regeneration

城市更新的过程权力可以分成知情权、参与权和决策权三个权利来剖析。

知情权指知悉、获取信息的自由与权利，包括从官方或非官方知悉、获取相关信息。狭义知情权仅指知悉、获取官方信息的自由与权利。随着知情权外延的不断扩展，知情权既有公法权利的属性，也有民事权利的属性，特别是对个人信息的知情权，是公民作为民事主体所必须享有的人格权的一部分。

参与权指公民有权依照法律的规定参与国家公共生活的管理和决策，参与权更多与公民行动和公共实践有关系，包括对国家公共生活的管理参与和决策参与。

决策权指为决策者对决策系统内的活动拥有的选择、驾驭、支配的权力。权力是法律或规范赋予的，对下属具有强制性的一种力量。决策权是最重要的权力之一，同样具有法律效力和强制性。决策者只有有了决策权，才有权对整个系统的行动作出决定。

从知情到参与再到决策，是权力的层层递进（图4-4）。

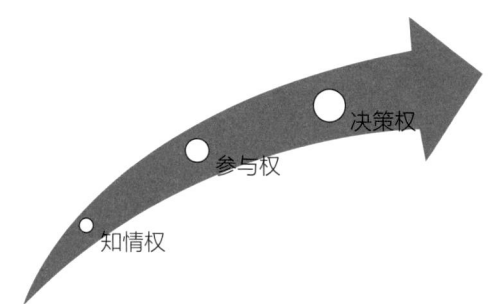

图4-4 城市更新中过程权力的等级

Figure 4-4　Hierarchy of Process Power in Urban Regeneration

本书研究将过程权力分为三个等级，分别为无权力、象征性权力与实质性权力，如表4-3所示。

表4-3　城市更新中过程权力等级及特征
Table 4-3　Hierarchy and Characteristics of Process Power in Urban Regeneration

类型		等级	特征
过程权力	知情权	无	全过程无法获得各类信息
		象征性	过程中仅了解少量不关键信息
		实质性	全过程掌握所有关键核心信息
	参与权	无	全过程无参与权
		象征性	过程中少量参与，信息被告知，发表意见
		实质性	全过程各环节均参与，具有发表意见及意见被采纳的权利
	决策权	无	全过程无决策权
		象征性	参与部分决策的讨论，意见供核心决策参考
		实质性	掌握决策权，影响最终方案决策

城市更新的结果利益可以分为空间利益与货币利益两种类型，空间利益可以分为产权与使用权，可再细分为土地所有权、物业所有权、土地使用权、物业使用权，货币利益可以分为一次性支付和长期支付两种类型。空间利益的特征可以分为延续、变化、退出和新增，货币利益可以分为有和无（图4-5、表4-4）。

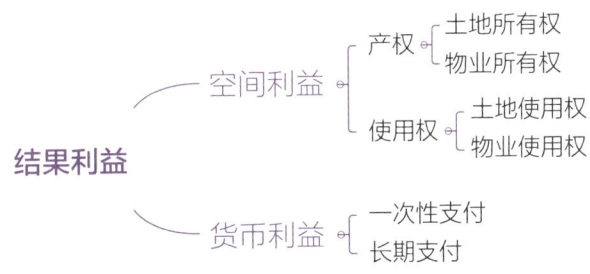

图4-5　城市更新中结果利益的构成分析
Figure 4-5　Composition Analysis of Outcome Interests in Urban Regeneration

表4-4　城市更新中结果利益的类型要素及特征
Table 4-4　Types, Elements, and Characteristics of Outcome Interests in Urban Regeneration

类型			特征
结果利益	空间利益	产权 — 土地所有权	延续/变化
			新增/退出
		产权 — 物业所有权	延续/变化
			新增/退出
		使用权 — 土地使用权	延续/变化
			新增/退出
		使用权 — 物业使用权	延续/变化
			新增/退出
	货币利益	一次性支付	有
			无
		长期支付	有
			无

因为我国土地归国家所有，所以这里所提到的土地所有权，是指对土地的长期使用权。而这里所提到的土地使用权是指日常生活中可自由进入、使用城市土地及地上空间的权利，如对城市开放空间的使用（表4-5）。

表4-5　当前城市更新中典型三方空间利益分配特征
Table 4-5　Characteristics of Typical Tripartite Spatial Interest Distribution in Current Urban Regeneration

	所有权		使用权	
	土地所有权	物业所有权	土地使用权	物业使用权
政府	国家所有	持有公益性物业	—	公共空间、公共设施使用权
企业	—	持有经营性物业	合同期限内享有土地使用权	自持物业的使用权，公共空间、公共设施使用权
市民	—	持有私人物业	合同期限内享有土地使用权	自持物业的使用权，公共空间、公共设施使用权

4.2.2 过程权力的界定与评价
Definition and Evaluation of Process Power

本书研究遵循的公平原则为：过程权力应各方平等，结果利益依据各方原物业价值及投入进行分配。

（1）过程权力不公平的界定

由于是否掌握各类权力的程度（无权利、象征性权力、实质性权力）与城市发展阶段密切相关，而衡量过程公平的关键在于，在同一时期和背景之下，更新各方掌握的权力是否一致。若一方无权力，另一方拥有象征性权力，或者一方拥有象征性权力，另一方拥有实质性权力，就是过程不公平。

不同更新项目之间的不公平指在不同的更新项目中，若同类主体在过程中掌握的权力不同，即为不公平。例如，两个均为民企推动的城市更新项目，一个项目中企业拥有象征性的参与权，而另一个项目中企业拥有实质性的参与权，即为不公平。

同一项目中不同主体间的不公平指在同一个更新项目中，不同更新主体之间存在权力差异，主要是利益相关方的权力差异，即为不公平（图4-6）。

（2）过程权力不公平的评价

过程权力的评价要考虑到直接利益相关主体和间接利益主体的差异。本书研究认为直接

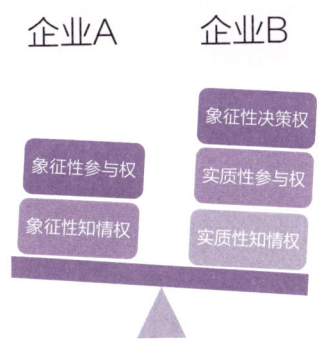

图4-6 城市更新的过程权力不公平示意图

Figure 4-6 Schematic Diagram of Process Power Unfairness in Urban Regeneration

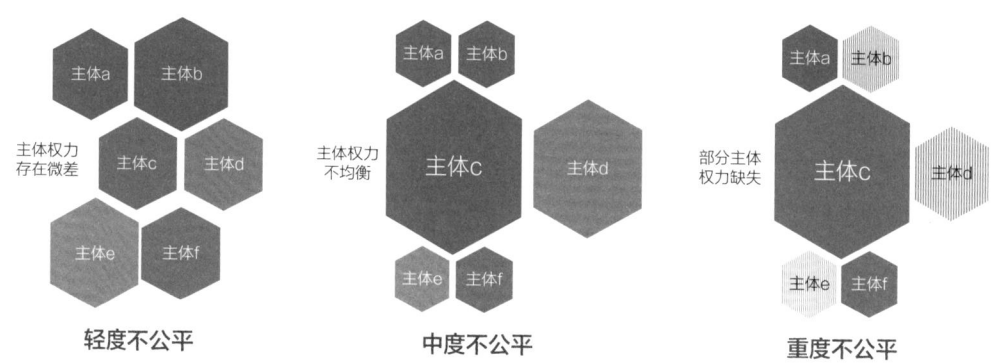

图4-7 城市更新过程权力不公平的程度等级示意图
Figure 4-7 Schematic Diagram of the Degree of Process Power Unfairness in Urban Regeneration

利益相关主体和间接利益主体之间的权力应有差异，直接利益相关主体应享有更多的权力，应重点关注直接利益相关主体的过程权力，研究认为：直接利益相关主体应拥有知情权、参与权、决策权，间接利益主体应具有知情权、参与权（图4-7）。

4.2.3　结果利益的不公平
Unfair Results and Benefts

本书研究遵循的公平原则为：过程权力应各方平等，结果利益依据各方原物业价值及投入进行分配。

（1）结果利益不公平的界定

城市更新的结果利益分配非常复杂，特别是在当前城市物业价值快速上涨的特殊阶段。笔者认为，城市更新的结果利益分配应按照各方持有的物业价值及投入的资本进行公平测算，按照比例进行利益分配。

从企业的角度，在同一时期的更新规划编制期间，政府与企业的博弈对象是公益性贡献与企业获得的空间增量利益，若有的企业贡献少、获利多，有的企业贡献多、获利少，即为不公平。另外，若在同一时期，同一类更新政策对某些企业适用，而另一些企业不适用，就是不公平。

从社会群体的角度，在同一时期，更新中的不同主体（如居民）在同一个更新项目中获

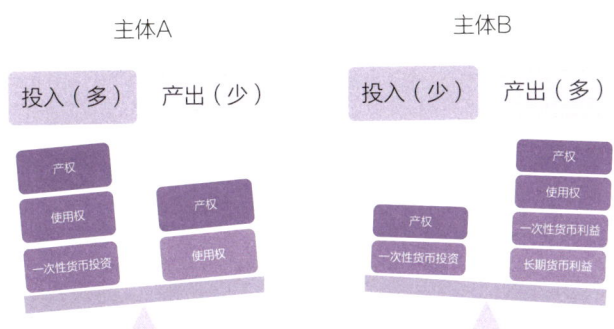

图4-8 城市更新的结果利益不公平示意图

Figure 4-8 Schematic Diagram of Outcome Interest Unfairness in Urban Regeneration

利不同，如在更新中部分居民改造后房屋面积增量较大，而不需要额外提供资金补偿，即为
不公平。或者在更新项目中，一些住房面积较小的住户被抽户，补偿标准达不到同类更新项
目的补偿标准，即为不公平（图4-8）。

（2）结果利益分配不公平的评价

参照过程权力不公平的评价分级，城市更新结果利益的不公平程度可以分为严重、中度
及轻度三个等级。轻度不公平是指对于更新结果各方投入产出比存在微差，中度不公平是指
对于更新结果各方投入产出比存在一定差距，重度不公平是指对于更新结果少数主体极少投
入而极多回报。因城市更新结果公平涉及复杂的经济测算，本书仅结合案例进行个案研究，
并未提出整体性的模型研究框架（图4-9、表4-6）。

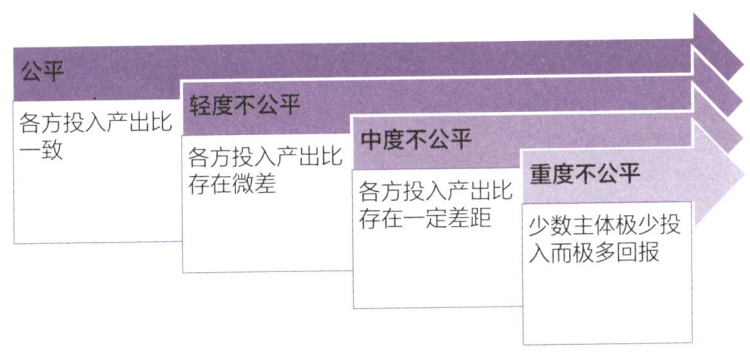

图4-9 城市更新结果利益不公平的程度等级

Figure 4-9 Degree and Levels of Outcome Interest Unfairness in Urban Regeneration

表4-6 城市更新不公平程度分级及典型特征

Table 4-6 Classification and Typical Characteristics of Unfairness Degree in Urban Regeneration

级别	程度	过程不公平		
		产业类	公共类	居住类
1	严重	一方或者多方完全无任何权力	更新项目完全不征求市民意见	部分居民无更新机会或者无法选择不更新
2	中度	多方分享权力，但分配不均衡	更新项目仅征求少数人的意见	更新居民间存在一定程度的权力差异
3	轻度	多方共享权力，个别存在微差	更新项目听取了多数人意见，少量意见未采纳	更新居民间存在权力微差

级别	程度	结果不公平		
		产业类	公共类	居住类
1	严重	少数企业极少投入而极多回报	更新项目完全不满足市民需求	相近区位的居住社区适用不同的更新政策，获利程度差异巨大
2	中度	企业投入产出比存在一定差距	项目更新仅满足部分人的使用需求	同类更新政策下，不同居民获利程度存在一定差异
3	轻度	企业投入产出比存在微差	项目更新满足了大多数人的需求，少量需求未满足	同类更新政策下，不同居民获利程度存在微差

4.2.4 过程公平与结果公平的关系
Relationship between Process Fairness and Result Fairness

过程公平是结果公平的关键，结果利益分配受到过程权力的影响，过程权力公平性的提升可以改善结果利益分配的公平性，但是过程公平不一定带来结果公平，过程不公平也不一定带来结果不公平。

公平存在于同一层级、同类主体之间，也存在于不同层级、不同类型的主体之间。不同层级、不同主体之间，因为体制机制决定了其职责、作用、权利与义务，故各方权力责任的不对等，如某一方权利大而责任轻、某一方权利小而责任大，都可以视为不公平（图4-10）。

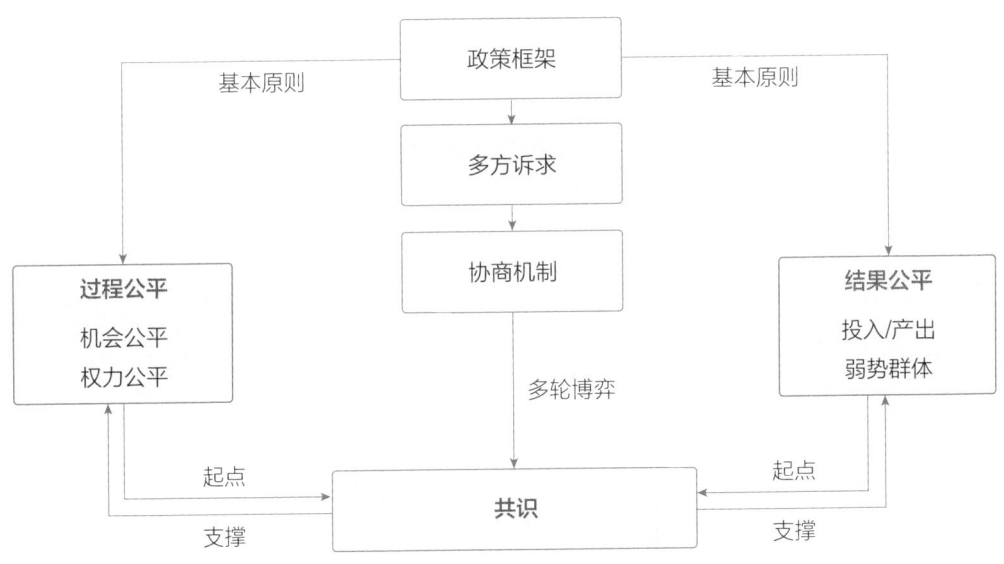

图4-10 城市更新的过程公平与结果公平关系示意图
Figure 4-10 Schematic Diagram of the Relationship between Process Fairness and
Outcome Fairness in Urban Regeneration

4.3

不同主体权利视角的更新公平性分类

Classification of Updated Fairness from Different Perspectives of Subject Power

综合城市更新的过程权力和结果利益情况，可以从如下三个方面对城市更新的公平性进行分类，即三方权利视角、企业权利视角和社会权利视角。

4.3.1 三方权利视角的更新公平性分类
Updating Fairness Classification from the Perspective of Tripartite Rights

三方权利视角的城市更新分类与城市发展阶段、政策制度环境密切相关，因为政府、企业及社会在城市运作分工中的地位及职责不同，因而在城市更新中掌握的权利及更新后获得的利益均不同，多方权利视角主要看更新过程中政府、企业及公众三方所掌握的永久权力与过程利益，即三方是否都掌握权利。按照掌握权利的数量差异可分为三个类型，即一方独享权利、两方分享权利、三方共享权利。

第一类是一方独享权利，可分为三小类。第一小类是政府未经征询公众意见，擅自开展不符合公众意愿、与公众需求错位的公共设施更新，如政府投资建设无人活动的城市大广场、建成多年还无法投入使用的社区服务设施，为了政绩投资更新市民并不需要或者不会经常使用的公共设施，拆了又装、装了又拆的街道绿化与隔离设施等；第二小类是企业违章自主更新，更新给周边带来外部负效应，如工厂自行改造为办公园区或者商业，私自加层或者增加建筑面积，自用或者对外出租，给周边居民带来严重的交通堵塞、噪声等负面影响；第三小类是社会违章自主更新，给周边带来外部负效应，如住宅屋顶违章搭建影响周边居民采光、通风，老旧住区底层破墙开店带来噪声及油烟污染，引起社会矛盾等。

第二类是两方分享权利，可分为三小类。第一小类是政府和企业分享权利，在城市更新的全过程中社会方缺席；第二小类型是政府和社会分享权利，在城市更新的全过程中企业缺席；第三小类是企业和社会分享权利，在城市更新的全过程中政府缺席。

第三类是三方共享权利，也可以分为三小类。第一小类是政府不决策，三方共享收益，即政府不参与城市更新决策，企业及市民充分享有决策权，三方共同分享城市更新带来的增值收益；第二小类是三方共同决策、共享收益，即城市更新过程中三方共同决策，共同分享城市更新带来的增值收益；第三小类是政府掌握城市更新决策权，企业及市民在此过程中充分参与并发声，并共同分享城市更新带来的增值收益。

4.3.2 企业权利视角的更新分类
Update Classification from the Perspective of Enterprise Rights

在城市更新过程中，因参与更新的企业主体存在国企、民企，大型企业、中小型企业等类型差异，故不同企业所掌握的权力及更新后获得的利益存在差异，因此研究企业权利视角的公平性具有现实意义。

若同一阶段、同类项目中，不同企业拥有的权力和分配的利益存在差异，即可视为不公平。

综合考虑企业在城市更新中过程权力与结果利益特征，可分为企业少权力、少利益，掌权力、合理利益，过度权力、过度利益三种类型。

4.3.3 社会权利视角的更新分类
Update Classification from the Perspective of Social Rights

（1）更新中的社会权利分级

把社会作为一个整体研究对象，如果从社会（此处指包含所有更新主体）掌握权利的视角对更新公平性进行评价。按照社会在更新过程中拥有的权力和更新结果分配的利益可以分为三级，第一级为掌权力、享利益，第二级为少权力、分利益，第三级为无权力、少利益。

这三个级别反映了社会在城市更新中所处的地位，而这种地位与城市发展阶段、城市运行的体制机制密切相关，随着国家和城市治理水平的提升，城市更新中的社会权利必然逐步升级。

（2）多主体权利视角的更新公平性评价

社会多主体权利视角的公平性受到项目特征、推进主体情况影响。

考虑到城市更新的复杂性与多主体，选取与城市更新利益相关方，主要包括城市更新直接利益相关者，即原业主、新业主、新租客、外迁业主、外迁租客，以及间接利益相关者，即周边居民、周边就业者、社会公众等。基于多主体各方掌握的权力和分配的利益，可以对城市更新项目进行公平性评价。

参与主体的数量可作为更新评价的公平性重要标准，而参与主体在过程中所提供建议意见的采纳情况同样是需要被考量的，而且是同样重要的公平性衡量依据。参与其中是发挥影响的第一步，而影响决策是更关键的一步。

综上所述，权力和利益视角下城市更新的公平性分级和分类如图4-11所示。

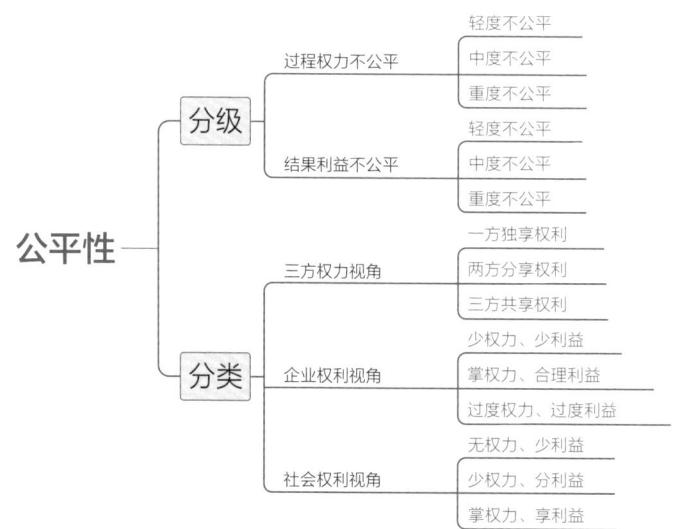

图4-11　城市更新的公平性分级、分类汇总

Figure 4-11　Classification and Summary of Fairness in Urban Regeneration

4.4

更新案例的公平性评价方法应用

Application of Fairness Evaluation Methods for Updated Cases

基于前面的更新过程公平与结果公平的评价方法和框架，研究针对三种类型（产业类、公共类、居住类）的6个项目开展了公平性评价实证研究，评价结果如下（图4–12）。

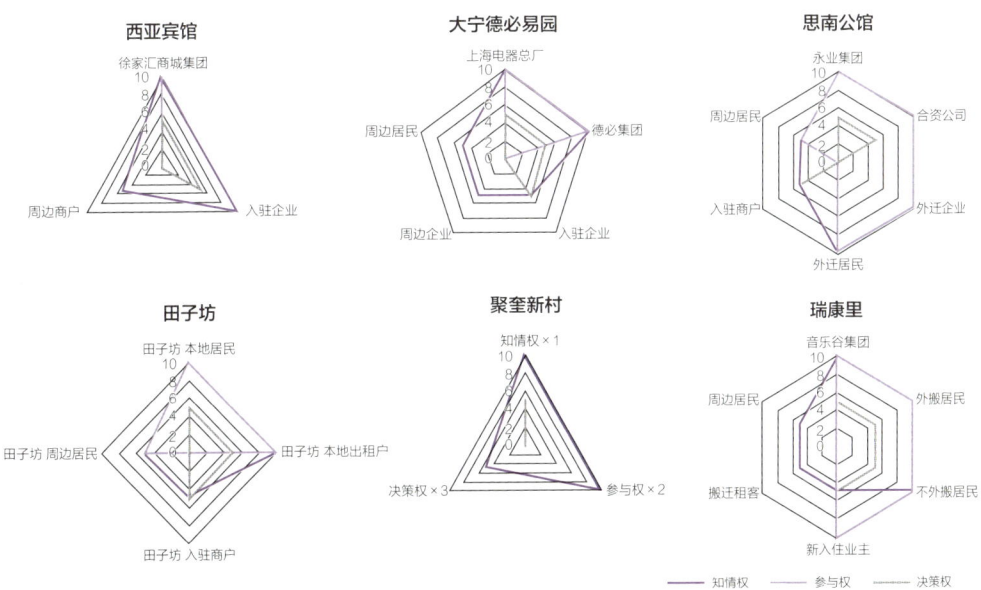

图4-12 案例项目更新过程权力指标汇总图

Figure 4-12 Summary Diagram of Process Power Indicators for Case Projects

　　基于案例比较的结论主要包括：政府主导推进的项目比市场推进的项目公平性高；更新后的入驻企业及商户，作为城市更新空间的主要使用者，大多主体过程权力缺失；更新中搬迁的租客，过程权力缺失的同时，利益受损而没有获得任何赔偿；过程公平与结果公平的关系，即过程公平是结果公平的重要前提，但是过程公平不一定带来结果公平。

4.4.1　产业类更新案例
Industrial Update Cases

（1）西亚宾馆（国企推动，调规划、补地价）

　　西亚宾馆是改革开放后徐家汇地区最早建设的建筑之一，宾馆附楼建于1979年，主楼建于1995年，由于时间久远，西亚宾馆建筑愈发老旧，还出现了不均匀沉降，存在安全隐患。此外，其所在的徐家汇地区还存在交通混乱、缺少公共空间、整体业态偏低端且商业设施较多、缺乏办公物业等问题。西亚宾馆的产权主体为徐家汇商城集团，从建设到运营全部由该公司完成，属于自主权利人的主动更新，业主徐家汇商城集团认为在现行经济环境下，如果拆除重建一座新的宾馆，预期营收并不会有显著增长，更倾向于转性为商办用地，也愿意提供公共停车位和公共空间，符合徐家汇地区的综合改造需求。

　　西亚宾馆更新规划编制工作于2012年启动，在规划编制之初同步开展徐家汇商圈的整体城市设计研究和项目建设方案，将规划设计理念与更新项目进行良好衔接，有效推进了项目的实施和落地。主体建筑目前已经建成，具体的空间改造方案由上海世博会法国馆的设计者雅克·费尔叶负责设计。更新后的T20大厦设置了3000m²的二层架空平台作为城市公共空间，为释放现状地块内地面停车空间还设置了1000m²的公共设施层（供停车等）。因此，西亚宾馆在整体上增加了公共空间和公共停车位，完善慢行系统，缓解了区域交通问题，提升了地区服务水平。为了奖励这种公益行为，规划审批通过将原规划建筑高度适当进行提高，在保证经营性面积不增加的前提下，建筑高度由现状35m提升至70m。而属于业主的建筑面积，除了地下空间，只有6～13层，产证面积和原来一样。

　　笔者从徐家汇商城集团项目负责人的访谈中得知，西亚宾馆更新项目历时较长，控制性详细规划调整及审批时间长，其成功建成有赖于国企背景的徐家汇商城集团对整体区域的把控和提升徐家汇中心品质的明确前提，这是一般民企和更新个体难以承担的。徐家汇商城集团如约向政府提供了建筑一、二层公共空间产权，但是该空间移交给谁管理成为一个问题。

另外，作为一座需要24小时监控的超5A级办公建筑，底层高品质的公共空间由街道管理不太现实，因此最终还是由业主代为管理。西亚宾馆更新过程中也遇到了一些资金方面的问题，如国有资产监督管理委员会下属企业全面试行预算考核管理，但是由于项目工程时间较长，每年的预算和实际使用难以平衡。虽然存在各种问题，但总体来说，西亚宾馆更新是上海商业办公原主体更新的一次有益尝试，也催生了政府的政策创新。

（2）大宁德必易园（民企推动，政府政策扶持，未调整规划）

大宁德必易园位于彭江路602号，其原址前身为上海电器总厂。当时闸北区政府与德必集团合作，助力彭江路602号从香料厂转型为文化创意产业园。土地性质为工业，实际使用性质为办公，同时配套了餐厅、咖啡馆、球场、交流中心、秀场、智慧云储存中心、设计展示中心、会议中心等公共设施。大宁德必易园园区总建筑面积为2.5万m^2，办公单元面积为100~4300m^2，可自由分割。租金和物业费相比于周边办公价格较低，因此园区企业入驻状况良好。

由德必集团向上海电器总厂以20年的期限长租下工业园区开展文创园区建设和运营，按照相关政策，在市（区）文化创意产业推进领导小组办公室（简称文创办）认定其为创意产业园区后，将老旧工业厂房或者旧商业办公楼重新改造装修，不涉及结构更改的话可以只走上海市城乡建设和交通工作委员会装修程序。经过前期投入和精细设计，打造成品质较高的文创产业园，再租给中小企业办公经营（一般租约期限为2年）。园区建筑形态和结构基本不变，高度不增加，但是实际调研过程中可以看到大的厂房内部局部会有隔层。

更新中闸北区政府的支持和推动是核心，为文创园区的建设提供了相应的支持。目前上海市虹口区政府也转变土地财政思维，大力扶持和吸引企业入驻以获得税收收入，甚至给予落税企业以0.5元/m^2的租金补贴，并且在实施过程中在各项手续上给予指导和扶持。与此同时，大宁德必易园园区还享受张江企业优惠政策、市区政府政策支持，园区企业根据产业类型享受高返税。这样的优惠条件是一般楼宇型商业办公所难以获得的。

4.4.2 公共类更新案例
Public Class Update Cases

（1）思南公馆（政府、企业共同推动）

思南公馆项目是由政府指导，国企投资持有，市场化融资和运营管理的典型案例。项目开发商上海城投永业置业发展有限公司在完成项目的修缮改造后转型为项目长期的运营管理方，负责思南公馆的招商租赁、酒店经营、物业管理，房屋清洗、保养和维修，以及客服接待和项目品牌推广、文化传播等工作。思南公馆更新后在硬件设施上获得了社会各界好评。项目推进实施过程中的协调机制不完善。项目历时较长，实施过程中需要政府牵头，在项目实施前，由政府给予引导资金；项目实施过程中，由政府设立一个协调部门，建立协调机制，出面指导整个项目的实施。相应机制需要在后续项目中尝试与探索。同时，复杂的产权问题严重阻碍了实施进程。对于代经租产等复杂的历史遗留房屋性质问题，尚未有特事特办的相关政策法规。例如，二期48街坊（077-5地块）在实施推进过程中，由于地块内含有3幢代经租产和1幢私产，产生了土地分割和土地核验方面的问题。另外，项目征收成本高、资金投入大，但缺乏相应的税收优惠政策。项目前期缺乏启动资金支持，运营后主要采用依靠租金支撑贷款的经营模式，项目报表显示长期处于亏损状态。对于后期运营中产生的租赁、经营收入，缺乏营业税、土地增值税、房产税减免征收等方式给予各保护保留项目以扶植和补贴。

思南公馆更新主体的投资组合采取了市政府的投资公司、区政府的投资公司和外商投资企业共同投资开发，多元化主体参与的投资格局[1]。而且为了投资决策的多元化，在股权比例的设置上也避免了一股独大的情况发生。1999年8月卢湾区人民政府提出申请时便已提出具体的保护性改造工作由区属上海永业企业（集团）有限公司（简称永业）负责组织实施。2000年2月，上海市房屋土地管理局与上海永业企业（集团）有限公司签署了上海市国有土地使用权出让合同。2002年12月，上海永业企业（集团）有限公司与上海市城市建设投资开发总公司（简称建投）鉴定了思南路历史文化风貌区合作开发协议，决定由双方成立上海城投永业置业发展有限公司，注册资本双方各占50%股份。2003年6月，上海市房屋土地管理局与上海永业企业（集团）有限公司签署了补充合同，同意将项目开发建设的主体由上海永业企业（集团）有限公司调整为上海永业企业（集团）有限公司（出资占37.5%）、上海市城市建设投资开发总公司（出资占37.5%）和崇邦房地产发展有限公司（简称崇邦出资占25%）。2003年7月，上海市外国投资工作委员会以正式批准设立上海城投永业置业发展有限公司（简称城投永业），专门从事思南路47、48街坊的城市更新项目。由此，上海城投永业置业发展有限公司成为后续保护改造的具体实施主体（表4-7）。

---

① 上海社会科学院. 上海城市更新案例研究——思南公馆[R]. 上海社会科学院，2018.

表4-7 思南公馆土地使用权转让历程
Table 4-7 History of Land Use Right Transfer for Sinan Mansion

时间	主体	用地性质	使用年限	用地面积（m²）	建筑面积（m²）
2000年2月	永业	住宅用地（仅47街坊）	70年	23299	18231
2003年6月	永业、城投、崇邦	综合用地	50年	41634	52835
2003年12月	城投永业	综合用地	50年	41634	52835
2004年9月	城投永业	住宅用地	70年	41634	56592
2011年10月	城投永业	住宅用地	70年	41507.5	52500
2013年6月	城投永业	住宅、商业用地	住宅70年、商业40年	41507.5	74786.83

　　在产权变更方面，早在1999年8月卢湾区政府申请将思南路花园住宅进行保护性改造试点时，便已提出针对原住居民原则上用本区内住宅进行置换，针对原有单位可用同类房屋置换，也可以资金结算。随后，上海市《关于本市历史建筑与街区保护改造试点的实施意见》中明确了在保护改造范围内的住户，原则上实行现房易地安置或货币安置，非居住用房和个体户用房的安置参照《上海市个体工商户营业用房拆迁安置补偿办法》的有关规定执行。按照保留保护性改造试点的要求，2002年7月，上海永业企业（集团）有限公司启动了项目区域内的居民置换搬迁工作。思南路地块的社会安置涉及上千户家庭和学校、医院等单位，人数众多、房屋产权性质复杂，是一个长期、艰难的工作过程。随着政策的变化，思南路的产权置换过程具有明显的阶段性特征，可分为拆迁许可、房屋置换以及区域保护三个阶段。政策变化带来的不同时期补偿标准的差异，产生了搬迁者之间的公平性问题（表4-8）。

表4-8 思南公馆不同阶段产权置换方式变迁
Table 4-8 Changes in Property Right Replacement Methods at Different Stages of Sinan Mansion

时间	阶段	产权置换方式
2000～2003年	拆迁许可	拆迁许可证的执行与保留保护的目标之间存在一定矛盾，除参照同类动迁政策外，凡是列入保留保护建筑的可以增加10%，个体工商户可以增加到15%。也就是说，历史保护建筑的补偿可以提高一些，但并未对产权置换的实际执行问题提出明确要求和标准

续表

时间	阶段	产权置换方式
2003～2005年	房屋置换	对于保护建筑，公房通过解除租赁关系操作，私房由拆迁的方式变为置换的方式，所使用的协议也由拆迁协议变为搬迁协议
2005年之后	区域保护	依据思南路保护的整体规划，项目重点由单体建筑走向整个街区保护

（2）田子坊（社会推动）

田子坊的更新模式是一种创新，没有房地产开发商和金融资本的介入，而是在政府的支持下，原业主、民间人士、策划公司一起，利用"文化资本"来推动田子坊的改造，使得改造的利益大头归居民所有，获利逐渐稳定，并向长期化方向发展。

早期的田子坊中空置的旧工业厂房结构符合艺术家工作需求且租金低廉。1998年陈逸飞率先入驻田子坊并创办工作室，随后诸多艺术人士相继入驻，厂房被改造成具有不同风格和氛围的艺术家工作室，逐渐彰显并提升了区域的艺术气息与价值。21世纪后，创意工厂一铺难求，规模效应外溢至住宅，同时配套的生活服务业态（如咖啡店、餐厅）在里弄住宅出现。黄浦区政府欲将田子坊所在片区整体拆除重建，日月光集团获得土地开发权。居民出于对出租收益的预期提出更高的动迁补偿，同时基于自身利益不断扩大"居改非"的渐进式改造，导致拆迁陷入停滞，这种自发改造最终得到政府的认可。2008年，区政府成立了"田子坊管理委员会"，并集全区职能部门之力建立联席会议制度，特别针对"居改非"问题作出统一的规范和管理，政府对社区内的下水道、化粪池、绿化和建筑风貌等公用、共建配套设施进行改造和维护保养，对石库门房屋进行修缮并加装喷淋等消防设施。田子坊里弄住宅为公租房，所有权归政府，居民享有使用权和租赁权，政府适时放宽制度，施行产权不变、功能改变，上海市房屋土地管理局批复同意该地区改变居住用途转为商业经营，且采用"一年一审批"的灵活方式。"居改非"的合法化使得从事商业经营的租客可以办理营业执照。同时，政府开始给上海创意产业园区授牌，田子坊拿到第一块牌子。授牌园区的营业执照可以不受限制，促进园区业态多元化。多元化商业业主的入驻强化了地区的财富效应，扩大了当地税源，进而使政府部门为社区提供优质服务创造了财力条件。

至今田子坊依然居住着一些原有居民，他们弄堂里的生活形态展现了原汁原味的旧上海生活方式，为田子坊增添了许多生活情趣。随着田子坊商业氛围的日益浓厚，游客过量涌入迫使部分艺术家无奈搬离，商业性设施与继续留住居民之间的矛盾也日益加剧。因此，成立了一个非营利的机构——"田子坊商会"，旨在协调好商家和原居民之间的关系，采用底层商家分红给楼上居民的方法，在维护商家利益的同时也不损害原居民的利益，让田子坊的活力能一直保持下去。虽然田子坊是特殊时期的特殊案例，但其成功的实践对今后上海大量里弄建筑的保护与利用来说具有积极的创新意义。

4.4.3　居住类更新案例
Residential Regeneration Cases

（1）聚奎新村（政府推动，拆落地重建）

黄浦区聚奎新村小区是一个拆落地改造项目，小区位于黄浦区老城厢东北象限四牌楼路东侧、成片风貌街区的中心位置，周边建筑环境极其复杂，但是为数不多的传统邻里相对完整的历史地段。小区内是始建于20世纪60年代的小梁薄板砖混结构老公房，总用地面积约1hm²，总建筑面积7320m²。区房屋管理局牵头组织改造，委托代建主体实施，经改造后建筑整体结构基本不变，但内部基本满足成套标准，小区环境得到改善，配套设施也得到显著完善。

聚奎新村违法搭建多、历史沿革长，在老城厢地区内非常具有代表性。居住条件较差，居民通过违法搭建等来解决自身的居住困难。小区内公房租户达285户，且灶间合用，无卫生设施，生活十分不便。建筑质量落后且违建严重，存在各类违法建筑的住户共有243户，违法建筑覆盖率为85.2%。更新前，房屋已在全市范围的综合调查中被列为"疑似危险房屋"，而且存在多处吊脚楼现象，影响到房屋承重结构，排险必须先拆违。区房屋管理局会同相关职能部门，在老城厢整治指挥部的牵头下开展改造工作，在不涉及规划和土地调整的情况下相对系统地改善居民生活环境。最后实施方案上采用"回搬+过渡安置"的方法。房屋整体排险解危以居民100%同意搬迁为前提。过渡安置费用的执行确保合法、合情、合理，并做到前后一致。鼓励市场自由解决过渡安置，同时引导并帮助寻找过渡房源。对于搬空确有困难的居民，从实际出发，给予必要的帮助。

改造方案的制定也是困难重重。一方面，要按照房屋的原有结构实施恢复，拆除居民的违法搭建，确保房屋安全隐患的消除；另一方面，也要从居民的角度出发，考虑居住条件的改善，特别是厨卫设施的设置。而改造方案的制定中，受限于规划审批规定等客观因素，房屋的原始结构、面积、容积率都不得改变。在多重比选后房屋解危方案最终确定，除了按原有房屋结构进行重建、加固外，改变了原有"单打独斗"的操作手法，将可以进行的民生改造项目打包统筹。根据房屋实际情况，不断优化布局、挤出空间，在拆违的同时开展房屋修缮、厨卫工程、水电管线改造、小区绿化补种等。每家每户都获得了独立的厨房和卫生间，通过一次性实施改造，尽可能高效地实现居民生活质量的改善，也提升了群众的获得感与满足感。

更新后的聚奎新村排除了安全隐患，大大改善了居民的居住环境，原住居民回搬，延续了本地浓郁的社会文脉，拆落地重建的方式降低了政府收储的巨大成本，为周边大量类似地区的更新提供了可以复制的范本。当然，更新涉及一定建筑面积的增加，而实施中不涉及规划和土地调整，程序操作上存在一定瑕疵，而回搬后居民的上访率很高，存在分配不公平的问题，需要在后续类似项目中继续探索合理的路径。

（2）瑞康里（政府推动，重建、回租、转租）

瑞康里案例开创了由平台统一租赁居民住宅进行运营与管理的改造新模式。瑞康里共包含20幢历史建筑，共有居民675户，改造前现状出租率约60%，老龄化率约为60%。其中，一期样板房包含北侧3幢建筑，已改造完成，由摩登天空有限公司运营。项目北侧临海伦路3幢建筑为一期样板间，国企二级公司租赁居民住宅，统一改造并进行后期商业运营，公司与居民签订了8年租赁合同，依据谈判情况增加年限。里弄室内空间依据使用性质全面改造为商业、公寓等类型，未来的功能业态为全球音乐人驻地，搭建智能化的音乐产业链和音乐人居住与交流平台。更新的资金来源为补贴，市级补贴标准为2000元/m²，公司补贴标准为约8000元/m²。项目若以整栋或整排建筑为单位迁出居民，在经营上形成规模效应，约5年可以收回一定成本。

项目针对居民的租金补偿以户为单位，在托底价格基础上按面积核算租赁价格，保障居民能够租赁到房屋；企业准备部分可供租赁的房屋，包括春阳里，有限考虑租赁给瑞康里居民；不愿搬迁的居民在瑞康里内部调配，就地置换。项目也存在一些问题及瓶颈，如"居改非"在实际操作层面依然存在政策瓶颈，容积率难以提升对商业运营较为不利，居民的观望态度和分散搬迁对项目运营不利，租赁期满后的居民回搬问题目前尚无解决方案。

建议在后续的改造中针对原住户与转租户的差异化需求分类施策。目前里弄公房转租率约50%，无论旧改征收还是留人留房模式，均未对原住户与转租户分类施策，形成"转租户有余而原住户不足"的局面。从提升公平性的角度，应针对二者差异化需求分类施策，将政府有限的资源优先向满足原住户基本生活条件改善的需求倾斜。

同时，建议结合权益调整去除空间指向性，支撑权属结构调整。结合转租户权益转换，将承租权转变为新形成的产权主体的股权，去除空间指向性，按照比例分享经营收益。建议可对相应房屋进行组合，形成成套里弄建筑，变分别出租为共同出租，提高功能适应性，提升租金收益（图4-13、图4-14）。

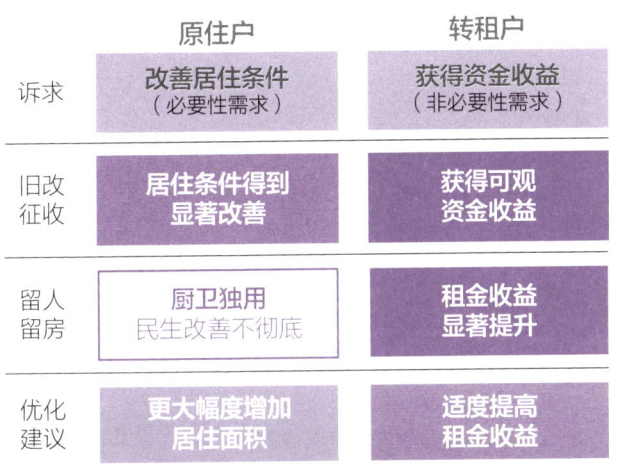

图4-13　更新模式优化建议

Figure 4-13　Suggestions for Regeneration Model Optimization

（来源：原上海市规划和国土资源管理局科研课题"里弄保护与更新策略研究"）

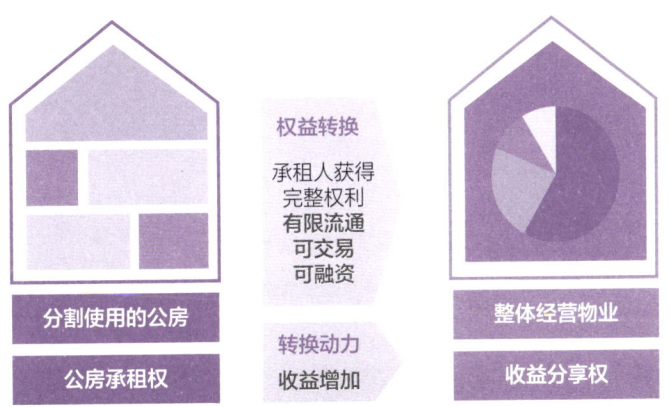

图4-14　公房权利变换示意图

Figure 4-14　Schematic Diagram of Public Housing Right Transformation

（来源：上海市规划和国土资源管理局科研课题"里弄保护与更新策略研究"）

小结

城市更新中各主体的权利分为过程权力和结果利益，过程权力包括更新过程中的知情权、参与权和决策权，结果利益包括空间利益（土地及物业的所有权和使用权）以及货币利益。本书研究遵循的公平原则为：过程权力应各方平等，结果利益依据各方投入进行分配。本章主要有如下结论。

一是提出了城市更新公平性分级建议。

从过程权力视角，将过程权力分为三个等级，分别为无权力、象征性权力与实质性权力，构建了过程权力的评价模型及测算标准，并提出了过程公平的评价分级建议，即轻度不公平、中度不公平及重度不公平。

从结果利益视角，城市更新的结果利益分配应按照各方持有的物业价值及投入的资本进行公平测算，按照比例进行利益分配。参照过程不公平的评价分级，城市更新结果的不公平程度可以分为严重、中度及轻度三个等级。轻度不公平是指更新结果各方投入产出比存在微差，中度不公平是指更新结果各方投入产出比存在一定差距，重度不公平是指更新结果少数主体极少投入、极多回报。

二是提出了城市更新公平性分类建议。

从多方权利视角，公平性评价主要看更新过程中政府、企业及公众三方所掌握的结果利益与过程权力的公平性，即三方的结果利益分配是否公平公正，三方是否都掌握权利。按照掌握权利的差异，可大致分为三个级别，即一方独享权利、两方分享权利、三方共享权利。

从企业权利视角，综合考虑企业在城市更新中过程权力与结果利益特征，城市更新公平性可分为企业少权力、少利益，掌权力、合理利益，过度权力、过度利益三种类型。

从社会权利视角，如果从社会群体（笼统的社会，包含所有更新主体）掌握权利的视角对更新公平性进行评价，按照社会在更新过程中拥有的权力和更新结果分配的利益分类，可以分为掌权力、享利益，少权力、分利益，无权力、少利益。

多方权利视角、企业权利视角和社会权利视角的公平性与城市发展阶段、政策制度环境密切相关，社会多主体视角的公平性受到项目特征、推进主体情况影响。

三是针对不同类型的项目进行了实证研究。

对产业类、公共类及居住类三种类型案例项目的更新公平性比较研究得出，不公平存在于更新项目间，也存在于同一个项目内的不同主体间，且不公平性具有分层的特征。结论为：政府主导推进的项目比市场推进的项目公平性高；更新后的入驻企业及商户作为城市更新空间的主要使用者，大多过程权力缺失；更新中搬迁的租客很可能在过程权力缺失的同时利益受损而没有获得任何赔偿；过程公平与结果公平的关系为，过程公平是结果公平的重要前提，但是过程公平不一定带来结果公平。

四是基于不同更新模式开展了公平性研究。

从牵头主体视角来看，更新类型可以分为政府主导、市场主导及社会自发三种类型。早期的城市更新往往是政府大包大揽，随着城市的不断发展，政府的职能发生转变，政府逐渐作为城市更新组织实施主体，通过政策法规、技术规范等管理机制协调、督促公共要素配置完善和实施落地，逐渐放权给市场和社会，使得城市更新的公平性逐步提升。

从产权主体变更视角来看，城市更新可以分为产权主体更替、产权主体微变和产权主体不变三种类型，产权主体不变又可以分为原主体实施更新及代建主体实施更新两种情况。城市更新往往产权复杂，涉及的主体数量越多，谈判和协调的难度越大，周期越长，要实现多主体利益公平分配，往往要经过反复多轮的博弈。

从供地方式视角来看，上海市城市更新主要采取了"毛地出让""土地储备""三个不变"以及存量盘活几种更新政策。每种供地方式都具有阶段性特征，解决了一定的问题，却又带来新的问题，但是整体上呈现出向利益分配公平公正趋近的趋势。

Chapter 5

Political Equality: Social Empowerment in the Urban Regeneration Process

政治平等：城市更新过程的社会赋权

第5章

本章从城市更新的权利视角探讨了政治维度的平等。城市空间的更新应该是在政府、市场和社会三者相互制约的综合作用下形成的，从这个意义上说，所谓空间正义，应该是不同价值取向之间的选择平衡和不同利益主体之间的博弈平衡。平衡市民、政府和市场的博弈关系，实现三者的话语权对等，是城市更新的关键所在。具体而言，就是市民权利表达、采纳和反馈机制的建立与有效运行。

This chapter discusses equality in the political dimension from the perspective of rights in Urban regeneration. Urban spatial regeneration should be shaped by the combined and mutually constraining forces of government, market, and society. In this sense, spatial justice should represent a balance between choices with different value orientations and a balance of games among different stakeholders with differing interests. Balancing the game among citizens, government, and the market, and achieving equal voice among the three, is crucial to Urban regeneration. Specifically, this involves establishing and effectively operating mechanisms for citizens' right expression, adoption, and feedback.

5.1

更新政策机制与程序公平

Updating Policy Mechanisms and Procedural Fairness

构建一套完善的更新政策体系是保障更新实施的重要基础。上海在制定更新政策初期，通过研究新加坡牛车水、美国高线公园、德国汉堡港口新城、德国柏林波茨坦广场等国外城市更新成功案例，以及广州、深圳等国内同类城市经验，剖析发展历程和更新思路，总结规划策略、行动方法、实施机制、配套政策、管理要求等各方面经验，为上海城市更新的总体框架设计提供参考。为保证政策、标准的科学性和可操作性，面向专家、市区相关部门、街道、园区管委会、企业、社区组织、居民等各方开展现场踏勘、访谈、问卷调查等形式多样的意见征询和公众参与工作。一方面充分了解各方诉求；另一方面通过众议众筹，不断修正、完善制定的政策内容。

在案例借鉴、专题研究以及广泛征询的基础上，上海市制定形成并发布了一系列政策文件，如《上海市城市更新实施办法》《关于本市盘活存量工业用地的实施办法》以及《上海市城市更新规划土地实施细则》《上海市城市更新规划管理操作规程》《上海市城市更新区域评估报告成果规范》等配套文件和技术标准，用于指导城市更新工作。逐渐构建了"法规—政策—操作指引—技术标准"的政策框架体系。

梳理和比较上海与深圳城市更新政策可以发现，由于缺乏像深圳城市更新局这样的城市更新统筹机构，上海的城市更新政策仍各自分兵作战，不同类型的城市更新适用不同的政策，政策松紧程度不一、口径复杂，同一类项目可能因为走了不同政策而产生了奖励及程序上的较大差异，产生了不公平。后续政策完善的方向应该是构建完善的政策体系，提升政策的立法层级，统一各类政策的操作及奖励标准。

5.1.1 政策中的更新规划程序设定
Update Planning Procedure Setting in Policies

要评价更新政策及方案制定程序的公平性，需要审视更新政策中对程序的设定以及更新规划实际操作中程序的公平性两个方面。

2015年，为了完善规划编制的公众参与制度设计，修订了《上海市制定控制性详细规划听取公众意见的规定》，按照"开门做规划"的总体思路，重点落实公众参与的全过程、全覆盖和多元化的要求，完善公众参与的制度设计，其主要内容如下。

一是完善全过程的公众参与制度。按照把公众参与贯穿控制性详细规划全过程的要求，从规划前期研究或者评估、规划编制、规划审批前三个阶段，完善公众参与制度。例如，规定控制性详细规划编制过程中，受委托承担任务的规划编制单位可以在开展规划研究或者评估、起草规划草案阶段听取公众意见。有关听取公众意见的材料作为相关材料，与规划草案一并提交组织编制机关。控制性详细规划编制过程中听取公众意见，可以采取发放公众意见调查表、电话访谈、网上收集意见、组织召开座谈会等多种方式。

二是规范公示的内容和程序要求。按照整单元和局部调整的实际情况，分别明确公示的具体内容、图纸要求。并明确了公示电子文件的精度，公示牌的规格、摆放位置，以及公示阶段的巡查、解读、宣传等工作要求。例如，规定控制性详细规划整单元草案公示的内容应当包括规划范围、规划编制依据、规划目标、功能布局、主要规划控制指标以及主要图纸等。控制性详细规划局部调整草案公示的内容应当包括规划范围、规划调整的必要性、调整的规划控制指标以及主要图纸等。应当公示的规划控制指标主要包括用地性质、用地面积、容积率、建筑高度，以及其他相关控制指标，包括绿地配置、公共服务设施配套规定和基础设施配套规定等，但依法不予公开的除外。同时，为了保证信息传递的有效性，对公示的文件分辨率、现场公示的牌面规格等提出了具体要求。

三是明确听取公众意见要求。在对听证制度专题研究的基础上，为了衔接上位法的要求，同时考虑目前我国尚未建立统一的城市规划听证会法律制度，且听证会制度具有严格和复杂的程序要求、较为激烈的参与方式等特征，在现阶段听证制度还不宜全面引入上海城市规划公众参与中等现状情况，借鉴《城市、镇控制性详细规划编制审批办法》和《北京市城乡规划管理条例》的有关表述方式，规定将听证会作为听取公众意见的多种方式之一，并明确控制性详细规划涉及重大公共利益、公共安全，或者组织编制机关认为需要听证的其他情形，可以组织召开听证会。例如，规定控制性详细规划报送审批前，组织编制机关应当将规划草案及相关材料在规划行政管理部门外部网站和规划所在地现场向社会公示，并告知公众意见的反馈方式、期限等有关事项。制定整单元控制性详细规划以及修改控制性详细规划必要情况下，可以采取论证会、座谈会、听证会等多种方式，征求专家和公众意见。并明确了公示的程序要求、规划公示的时间和具体场所应当在规划行政管理部门外部网站或者新闻媒体上予以公告。在网站和现场公示的时间不得少于30日。同时，规定为提高参加座谈代表的广泛性，座谈会的参与人员主要包括规划地区的居民和单位法人代表、人大代表和政协委员、相关专家学者代表三类人群，并规定参加座谈会的公众代表一般不少于10人。

四是提高意见反馈的实效。一是组织编制机关应当充分考虑专家和公众的意见，对收集的公众意见进行归纳整理及提出采纳、部分采纳或不采纳的处理建议和理由；二是根据公众意见对规划草案进行深化完善；三是将规划深化完善草案在本机关网站和现场再次进行公告，公告时间不少于5天，以接受社会监督。同时，规定制定控制性详细规划过程中未按规定听取公众意见的，审批机关不予审批。

以上程序的设定保障了公众的知情权和参与权，但是公众仍然对政策不具有决策权，规划的方案决策权仍然掌握在政府手中。而企业在规划编制过程中，由于涉及利益，基本全程参与其中，能够掌握知情权和参与权，并通过方案的博弈部分掌握方案的决策权。

5.1.2 政策制定的意见征询及决策
Consultation and Decision Making for Policy Formulation

由于资料获取的局限性，下面仅以上海市规划和自然土资源管理局制定的更新政策为例进行分析研究。作为以政府为主制定的城市更新政策，制定过程中基本以政府及为其服务的智库为主开展工作，市场参与度有限，仅在政策形成阶段性成果后，少量企业代表参与意见征询会，而市民及社会组织几乎没有参与到整个过程中，政策中的核心内容制定基本以市级政府为主，区级政府及街道仅以参与意见征询会的形式参与，所提意见是否采纳也无明确规定。政策制定过程中专家也未全程参与，与区级政府相似的是以专家咨询会议的形式参与成果讨论，所提意见也仅供决策者参考（表5-1）。

表5-1 更新政策制定过程中各方参与程度分析

Table 5-1 Analysis of Participation Degree of All Parties in the Formulation of Regeneration Policies

各方			更新政策制定过程中的角色	参与程度
直接利益相关方	政府	市级政府	主要制定者	●●●
		区级政府	参与意见征询	●
		街道办事处	部分代表参与意见征询	●
	市场	国企	少数代表参与意见征询	○
		民企	少数代表参与意见征询	○
	社会	市民	未参与	—
		社会团体	未参与	—
		社会公众	未参与	—
非直接利益相关方	智库	专家	参与意见征询	●
		规划师	技术支撑	●●

注：●表示高，○表示中，一表示低。

5.1.3 社区赋权与政策悖论
Community Empowerment and Policy Paradox

然而，给社区赋权需要警惕产生政策悖论。给社区赋权的初衷是希望提升居民的权利，改善城市更新中的不平等，然而政策设计并非都能实现这一目的，有时结果却恰恰相反。

以最早实践社区赋权推动城市更新项目的英国为例，上下结合的城市更新范式并没有实现原有设想，反而出现政策悖论现象。其主要体现在两个方面[①]：一是社区赋权的效果不显著，并不能更有效地改善社区贫困。例如，1998～2010年，英国推行了全国范围39个贫困社区的新政计划，但经过十余年的努力，这一最具典型性的社区赋权政策实践并没有取得明显成果[②]。二是城市更新政策的制定和实施过程中，社区赋权并不能解决潜在的公权与公民间

---

① 邓智团. 空间正义：社区赋权与城市更新范式的社会形塑[J]. 城市发展研究，2015（8）：61-66.

② LAWLESS P, BEATTY C. Exploring change in local regeneration areas: evidence from the new deal for communities programme in England[J]. Urban studies, 2013, 50(5): 942-958.

的权力不平等①。西班牙学者马克·帕雷等通过对西班牙加泰罗尼亚十余个社区更新项目的跟踪研究也发现，社区在城市政策体系中的地位和本身社区的地方社会资本特征对社区赋权作用的发挥有着至关重要的影响。而且，社区的赋权可能会被社区中的志愿者组织或专业人士所掌控，而社区中的弱势群体还是被排斥在外，仍然处于一种"失权"状态②。

　　政策悖论的出现，要求对现有社区赋权的城市更新范式进行修正。重点在提升社区居民自身能力与强化平台建设两个方面：一是知识普及，应提升社区赋权中公众参与城市更新政策制定的能力。社区赋权后，尽快组建"积极公民"和专业人士积极参与的社区组织，同时提高社区居民的直接参与能力。同时，社区居民的直接参与受认知水平、价值观以及对社区公正公平的认识等影响，因而需培养和提高社区居民的公众参与能力。在上海，社区居民虽然对社会规划事务十分热心，但是对专业知识了解甚少，有必要开展多种形式的价值观及专业知识普及，以提升公众参与的能力。二是平台建设，应增加和强化社区赋权后公众参与影响城市更新的组织平台。从社区赋权实践较多的英国城市更新来看，政府与社区的互动大多是通过政府主管项目的单一部门进行接触，社区所提供的方案需要专门政府部门作为中介再转达到其他相关部门，政府与社区缺乏足够的互动平台。可以通过在不同政府部门均建立与社区间的互动平台的方式，让社区民意得到更充分表达。在上海，社区互动平台的搭建有利于及时传递信息、有效沟通，对提升公众参与质量有很大帮助。

---

① DICKS B. Participatory community regeneration: a discussion of risks, accountability and crisis in devolved wales[J]. Urban studies, 2014, 51(5): 959-977.

② MAYO M. Partnerships for regeneration and community development some opportunities, challenges and constraints[J]. Critical social policy, 1997, 17(52): 3-26.

5.2

协商规划与现行规划体系
Negotiation Planning and Current Planning System

5.2.1 协商规划的理论演进
Theoretical Evolution of Negotiation Planning

传统的城市更新是以政府为主导"自上而下"的终极蓝图式运作和管理模式，有利于在大区域范围内提升城市功能、激发城市活力，但对市场和公众的需求考虑不足。而单一由市场和公众诉求发起的"自下而上"的城市更新更多的是"就事论事"，存在其天然的局限性，缺乏从宏观、中观尺度的系统思考，难以解决部分实质性问题。面对城市更新规划，传统规划必须转型，即由原来的蓝图式规划走向协商式规划。

协商规划的理论源于哈贝马斯的交往理性理论。哈贝马斯在1979年的《交往与社会进化》和后来的《交往行动理论》等几部著作中，发展出一套他称为"交往行动"（communicative action）的理论，对现代理性进行反思，对工具理性进行批判[①]。协商规划超越了逻辑和科学构建的经验知识原理，把合理性观念建立在主体之间的共同努力之上，通过交流来寻求目标。协商规划理论认为，规划师是不同利益群体的仲裁人，规划是一种多方沟通及协商的过程。规划师的身份不再仅仅是自主的、系统的思考者，更多的是沟通者。这种全新的角色定位，体现了与以往那种被专家、客户、公众和社会所认定的规划师含义的彻底决裂。具有代表性的是英国学者希利的协作规划与美国规划师约翰·福里斯特的协商规划。希利认为，协作规划是参与者对可代表他们共同利益的行动取得一致意见的过程。这些利益相关者及他们各自所代表利益的多样性，是协作规划考虑和处理的重点，这是它富于实践性

---

① 曹康，王晖. 从工具理性到交往理性——现代城市规划思想内核与理论的变迁[J]. 城市规划，2009
（9）：44-51.

的一种体现。协作规划强调分析方法与批判性评估和创新发明的结合，使规范法则根植于特定时间与场所的特质之中。福里斯特于1989年将交往理性概念引入规划界，并于10年之后正式提出了协商规划。他认为规划师并非权威的问题解决者而是公众关注程度的组织者，这种关注经过精挑细选并被加以讨论，以此为行动提供各种选择、特定的效益与成本或者是支持或反对方案的特定辩论（表5-2）。

表5-2　协商规划的理论演进
Table 5-2　Theoretical Evolution of Negotiated Planning

名称	提出者	来源
谈判规划 （transactive planning）	弗里德曼	《再循美国：谈判规划理论》（*Retracking America: a Theory of Transactive Planning*）（1973年）
通过辩论而规划 （planning through debate）	希利	《通过辩论做规划：规划理论的交往转向》（*Planning Through Debate: The Communicative Turn in Planning Theory*）（1992年）
辩论规划 （argumentative planning）	弗希尔、福里斯特	《政策分析与规划中的辩论转向》（*The Argumentative Turn in Policy Analysis and Planning*）（1993年）
建立共识 （consensus building）	英尼斯	《通过建立共识做规划：综合规划理念的新观念》（*Planning Through Consensus Building: A New View of the Comprehensive Planning Ideal*）（1996年）
协作规划 （collaborative planning）	希利	《协作规划：在碎片化社会中塑造空间》（*Collaborative Planning: Shaping Places in Fragmented Societies*）（1997年）
谈话模式的规划 （the discourse model of planning）	泰勒	《1945年以来的城市规划理论》（*Urban Planning Theory Since 1945*）（1998年）
协商规划 （deliberative planning）	福里斯特	《协商实践者：促进规划参与过程》（*The Deliberative Practitioner: Encouraging Participatory Planning Processes*）（1999年）

（来源：曹康，王晖. 从工具理性到交往理性——现代城市规划思想内核与理论的变迁[J]. 城市规划，2009（9）：44-51.）

5.2.2　与现行规划体系的内容对接
Integration with the Current Planning System

当前规划行业正经历大变革，从城市规划到城乡规划，再到现在的国土空间规划。2019年，《中共中央 国务院关于建立国土空间规划体系并监督实施的若干意见》发布，同年《自然资源部关于全面开展国土空间规划工作的通知》发布，之后各部委牵头制定的涵盖编制审批、实施监督、法规政策和技术标准等的文件相继出台，一系列政策文件构成了国土空间规划体系建立的基石。国土空间规划是国家空间发展的指南、可持续发展的空间蓝图，是各类开发、保护、建设活动的基本依据。市级国土空间总体规划是市域国土空间保护、开发、利用、修复和指导各类建设的行动纲领，在"五级三类"规划体系中起到承上启下的关键作用。

规划的每一次转型和变革，都意味着蜕变和升级。上海的转型始于2008年规划和国土部门的机构合并，一项标志性的工作就是"两规"的技术合一。从城市总体规划编制启动的2014年开始，上海的"两规"从最初的技术合一走向政策合一。2017年城市总体规划批复之后，开始编制一系列落地的规划。

行业发展离不开城市的发展。在增量时代，城市的发展逻辑主要是依靠土地财政，以土地出让为主要的财政收入来源，政府在这一阶段的收益和投入都是一次性的。在存量时代，地方政府依靠土地财政获得的效益占比越来越小，城市的发展主要依靠引入更高附加值的企业，通过高质量的运营管理带来持续的税收，因此可以说原来发展主要靠土地，而未来发展主要靠企业和人。存量时代，城市政府需要盘活更多的现有土地资源，需要提升城市的空间价值以实现更高的经济收益。

对应国家"五级三类"国土空间规划体系，结合超大城市管理实践，上海提出以城市总体规划、土地利用总体规划为主体，衔接主体功能区规划，实现总体、单元、详细三个空间层次上的"两规融合、多规合一"。主要实现了如下三个方面的创新深化。

一是规划层次创新，增加单元规划，细化专项规划。增加了单元规划层次，包括主城区单元规划、新市镇国土空间总体规划和特定政策区单元规划，这是结合上海超大城市规划管理实际创新提出的一个规划层次。同时，将涉及空间安排的专项规划细分为总体规划和详细规划两个规划层次进行管理。

二是规划类型创新，补充了国土空间规划的落实要求。延续了上海已有实践经验，加入时间维度的国土空间近期规划和年度实施计划。

三是规划制度创新，增加全生命周期管理的制度要求。探索建立了规划实施监测、评估、维护机制，实现对规划的全过程、常态化、制度化管理。

规划是层次落实、上下衔接的系统，全市层面的总体规划重点是划定结构线，确定系统、布局规模。各区总体规划衔接全市总体规划，把总体规划的指标向区里落实与分解。下一层次编制单元规划，对上位规划的要求特别是公益设施进行精准落地。单元规划既是从体系衔接的角度而设置的介于总体规划层次与详细规划层次之间承上启下的一个层次，也是对规划内容和深度的要求，即单元规划层次的各类规划必须达到单元深度，从而发挥对下层次详细规划编制的指导作用。在定位上，单元规划层次更加突出对公共利益和公共资源的保障（图5-1）。

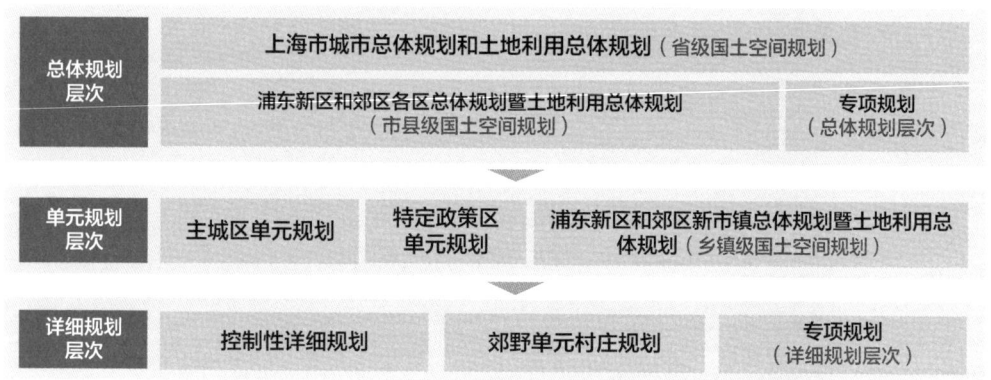

图5-1 上海市国土空间规划的层次类型

Figure 5-1 Types of Territorial Spatial Planning in Shanghai

（来源：上海市规划和自然资源局）

上海的法定控制性详细规划实践启动较早，1984年编制的《虹桥新区详细规划》是我国控制性详细规划开历史先河的第一个项目。经过多年的实践探索，当前已经形成了覆盖城市化地区和郊野地区的完整规划编制体系。

总体而言，上海的详细规划可以分为两个层次：一是没有实施主体阶段编制的框架性详细规划，二是有主体参与和介入即将落地的实施性详细规划。框架性详细规划更多的是政府间博弈，发生在规划与交通、绿化、文物保护、市政等部门之间。实施性详细规划更多的是政府与市场间的博弈。对于当前上海的详细规划，框架性详细规划基本已经全覆盖，后续开展的大多是实施性详细规划。按照编制对象类型划分，上海法定的详细规划可以分为三类，分别是城市化地区的控制性详细规划、郊野地区的郊野单元村庄规划，还有覆盖两类地区的专项规划。

由于现行的法定规划尚缺乏利益博弈的动态变化和市场运作的弹性空间，而政府主导的城市更新行动往往是短期阶段行为，因此也很难与法定规划捆绑。上海的情况是更新规划直接嫁接在现行的控制性详细规划体系之中，并没有形成独立的从上到下的专项体系。

上海最新一轮总体规划中，并无城市更新专门的篇章和具体内容，配合总体规划开展的城市更新专题研究也并未促成落地的城市更新专项规划，总体规划的宏观要求通过单元规划层层向下传导。上海的框架性和实施性更新规划的是是否有市场主体介入，实施性更新规划往往作为市场与政府博弈的手段，特别是针对容积率、建筑高度、公共配套设施等方面，往往经历漫长的审批周期。

台湾都市更新规划

我国台湾针对城市更新项目主要编制都市更新事业概要及都市更新事业计划。都市更新事业概要由土地及合法建筑的所有权人和预定实施者举办公开听证会议，编制并报地方主管机关核准。事业概要同意比例高于30%（都市更新会申请）或50%（都市更新事业机构申请）——超过30%（或50%）私有土地及私有合法建筑所有权人的同意，而且他们的私有土地总面积及私有合法建筑物总的楼地板面积也超过30%（或50%）则可以不编制都市更新事业概要，而直接按规定编制都市更新事业计划。

都市更新事业计划由实施者拟定、变更，送各级审议会审议通过后，由各级主管机关核定发布实施。由于其涉及土地所有权人及相关权利人的权益，因此在更新事业实施过程中需要进行充分的住户公众参与程序，都市更新审议会的公开审议程序，政府负有监督与管理的责任。其办理步骤可分为拟定或变更事业计划、核定更新事业及实施更新事业3个阶段。都市更新事业计划是改造更新单元的具体方案，具体内容除了常规的规划、建筑、景观设计方案外，还包括实施层面的内容，如实施者、实施方式与费用分担、进度安排、效益评估等方面。

城市更新在规划体系中的定位，并非要游离于现行规划体系以外，设立一套新的独立的体系，而是应在现行的规划体系基础上，对应相关的规划层次，采用补充、调整和"镶嵌"的方法纳入城市更新对规划的管理要求，使城市更新规划与法定规划（特别是控制性详细规划）能够积极主动地相互对接。

在总体规划层面，应加强对全市城市更新的区域及其更新方向、总体规模作出初步规定，编制全市范围内的城市更新专项规划，其中应明确规划期内实施城市更新的规模和范围，城市更新工作的目标与策略，城市更新各范围区的功能定位及发展目标。在近期建设规划层面，应对规划期内实施城市更新的区域及其更新后的功能定位、实施更新的时序，以及城市更新配套的城市基础设施和公共服务设施作出必要的规定。

控制性详细规划应划定城市更新的实施范围，确定其中涉及的城市更新项目的功能定位、基本公共服务设施和市政配套设施安排、容积率的控制范围、景观生态和文物保护要求、保障性住房的供应量、城市设计控制要素、拆迁居民安置策略，以及捆绑改造计划等。除了尚未编制控制性详细规划的地区在控制性详细规划编制中应加入城市更新地区的规划控制内容外，对那些已经完成控制性详细规划编制的地区也应采取必要的控制性详细规划修订程序，对城市更新规划的内容进行补充完善。在城市更新实施计划层面，在控制性详细规划保障公共利益因素的基础上，充分纳入相关利益群体的诉求，保留市场运作的弹性空间。重点增加土地市场的经济核算，以及拆迁安置的具体安排等应对更新的特殊内容。同时，还需要增加相关利益方谈判和博弈的程序，更多地需要采取"协作式规划"的方法。

未来，"渐进式""小尺度"的环境综合整治将会与大尺度的更新项目长期并存，此类项目要求对建设条件、现状权属以及各方目标的充分尊重和全面把握，要求根据居民的经济承受能力和实际需要，精准确定更新改造的方法和内容，需要更加倾向于人的视角的空间思考，采用更加精细化的微观空间技术。如我国香港《尖沙咀地区改善计划》面对的是亚洲最繁华的街区之一，在其环境改善规划中应对如人车争路、交通黑点等问题，提出涉及汽车减速装置、行人过街安全设施（包括残障人士的过街设施），乃至地砖等深入生活细节的改造技术方法，更多的是提升街道空间中弱势群体的路权，保障安全、舒适的步行出行环境。

5.3

更新规划设计的各方权利维护

Rights Protection of All Parties in Updating Planning and Design

5.3.1 更新方案的前期策划及意见征询
Preliminary Planning and Opinion Solicitation for Updating the Plan

新时期的上海城市更新强调不同阶段、不同主体共同参与的"沟通式规划"。在规划的不同阶段让公众参与其中，在城市更新项目认定评估阶段，需征询社区公众对地区发展的需求和民生诉求，切实保障城市更新能有效完善地区公共要素配置；而在城市更新实施计划阶段，鼓励社区公众与开发主体共同参与方案制定，提升公共要素实施的合理性和可操作性。此外，社区规划师为社区居民提供城市更新专业咨询服务，协助社区公众参与更新决策，全面推动利益主体、社区公众、多领域专业人士共同参与城市更新，实现多方共赢。

（1）更新方案的前期策划

城市更新项目开展之前需要进行前期策划，重点针对更新前期评估研究、方案编制及方案审批过程中的公众参与和意见征询，制定明确的时间计划，明确各阶段的实施主体。

以沪西工人文化宫更新项目为例，上海沪西工人文化宫项目位于上海市中心城区内环以内、苏州河以北地区，用地面积17.58hm²。项目以弘扬上海历史工人运动精神，展现当代工人新面貌、新形象为出发点，将沪西工人文化宫建设成为集文化、体育、休闲功能于一体的市级重大文化设施。规划调整综合考虑历史传承、开放空间、文化特色、交通组织等内容，积极探索地区历史传承与建筑保留之间的关系，对文化宫既有建筑进行梳理和分析，通过市区联动、专家论证、公众参与等多种方式，广泛征求社会各方意见，论证规划调整地块内建筑是否具有历史文化保护价值，保证本次规划调整的科学性和合理性。

（2）更新方案的意见征询

更新方案因为涉及周边居民的切身利益，因此要进行多轮的意见征询。征询过程中收集的意见规划部门会进行回复和采纳情况说明。

（3）更新方案征集的多样形式

除了直接委托设计单位开展方案设计，还可以多种形式广泛征集更新设计方案，让市民通过直接参与设计的方式参与到城市更新的过程中来。如"上海城市设计挑战赛""城市微更新"等全新形式，开拓了公众参与的新方式方法。

开始于2016年的"上海城市设计挑战赛"，探索搭建基于互联网、大数据和公众参与的规划众筹平台。挑战赛针对上海市城市更新的热点、难点问题，进行全球范围内的方案征集，参赛者不限国界，没有专业门槛，鼓励跨界合作、万众创新，全面提升了城市研究与治理的能力，促进了规划理念、管理方法、编制技术、服务民生的进一步转变。

挑战赛实现了全过程的公众参与。在前期"找短板、定任务"阶段，通过专家座谈及访谈，各方共同查找问题，明确更新改造的方向和任务；在后期推行动阶段，开展城市设计挑战赛和国际方案征集，广泛征集项目设计方案和精彩创意，有力推动了规划众筹平台的搭建，通过大数据与城市设计的结合为上海市城市治理献计献策。

5.3.2　保障社会公众的知情权与参与权
Ensuring the Right to Information and Participation of the Public

城市更新往往要改变一个地区的规划和权利分配，是一项涉及权利人、实施主体、周边区域居民等社会公众的工作，其可能侵害的群体或受益的群体非常广泛。因此，全球各地实施城市更新时都非常注重公众参与，城市更新往往成为当地重要的公共事件和社会话题。因此，各地政府往往有非常严谨的流程来保障公众的知情权和参与权。

为了提升更新中市民的参与权，上海市近些年做了一些积极的探索。以街道的更新设计为例，以往的街道设计方案大多由设计师主导，领导及专家决策。城市设计师、景观设计师由于缺乏道路交通技术的专业技能，在空间设计时往往对红线内的交通组织、系统性交通问

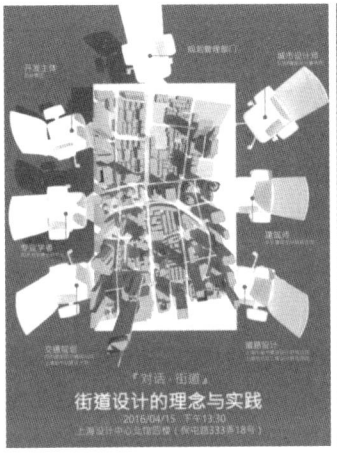

图5-2 上海街道设计沙龙

Figure 5-2 Shanghai Street Design Salon

（来源：上海市城市规划设计研究院，《上海市街道设计导则公众参与研究报告》）

题缺乏有效解决手段。交通工程师受制于长期研究机动车交通特性为重点的传统思维，往往更关注设施的规模增长、交通拥堵改善等，忽视了道路空间和两侧建筑界面。因此，多专业的合作势在必行。在街道设计中，市民的设计过程及决策参与对提升街道设计的公平性、合理性至关重要，基于需求的设计才是好方案的根本（图5-2）。

上海外滩滨水区的道路改造工程是一个很好的案例，工程将地面6条机动车道移入地下，将地面空间还给了慢行交通。方案历经了3个月的公众意见征询，获得了95%的市民支持，并根据市民建议，增加设置了绿化、休憩等空间。在《上海市街道设计导则》编制过程中同样开展了广泛的社会讨论，邀请了各领域专家、设计单位、开发主体、管理部门，共同探讨上海街道设计的技术方法、实施路径与机制创新。同时，工作过程中做了大量社区调研及1万多份网络问卷调研，观察街道中的市民活动，开展了市民需求访谈，了解上海街道中最突出的问题。上海浦东塘桥微更新也是一个充分公众参与及决策的典型案例。首先，更新选点由市民网络投票决定；在多方案比选阶段，管理者、专家、市民均参与了投票；在方案实施过程中，社区居民充分参与，不断监督并提出修改意见，保障了项目实施效果满足居民需求。

在开展公众参与的过程中，应结合传统技术与新兴网络调查技术。目前被广泛使用的微信网络问卷往往会将大多数老人和儿童排除在外，而设置红包的问卷经常会吸引寻利的刷票者而带来虚假信息，调查结果混杂了大量"泥沙"，需要后期清理。社区级的街道改造，沿线居民的意见或需要应当被当作最重要的考量。如果没有社会调查作为支撑，这些街道或将像许多改造项目那样，以牺牲沿线居民的生计和社区认同感为代价，取缔所有的沿街摆卖，虽然变得更加美观、有序，却仅仅提高了外来者对街道景观的视觉体验。

5.3.3 更新方案的决策机制完善
Improvement of Decision Mechanism for Updating Plans

（1）更新规划审议的制度建设

更新规划的审议制度是更新规划的关键环节，即最终的决策权分配，当前的规划委员会审议及决策咨询被大多数城市所采用，上海的相关制度建设也在不断完善。相比之下，广州的规划委员会制度实现从政府部门的行政管理向法定公共机构的民主决策的转变，在信息公开、民主决策等方面都有很多积极的探索，值得学习和借鉴。

广州市规划委员会制度简介①

广州市规划委员会成立于2006年（成立时称城市规划委员会），委员会审议项目的类型包括正向转变和负向转变两类。委员会内部分设几个专业委员会，专业委员会的权力比较复杂，通常具有干事机构与决策机构双重特征。委员由选任制产生，政府委员是席位制，非政府委员是实名制，市长任主任委员，副市长和规划主管部门的局长担任副主任委员。委员会会议采用票决制，一般要求三分之二及以上人数通过同意方可。

尽管市政府对规划议题仍持有最终审批权，但规划委员会作为政府的决策咨询机构，其审议结果成为规划审批和许可的前置条件，政府若对规划委员会审议意见有异议还需要给出明确的理由。通过委员结构优化，规划委员会中专家领域和公众代表占比不断增加，已构建起多层次、多专业、多领域的专家委员库。近些年，规划委员会的委员界别和席位设置越来越丰富，媒体及公众代表参与规划委员会的审议，有效扩大了公众

---

① 周剑云. 广州市城市规划委员会的建立、运行、作用及其影响[R]. 中国城市规划学会详细规划分会. 2019制性详细规划专业委员会学术交流报告，2019.

的知情权，部分起到缓解社会矛盾的作用。利益相关者虽无表决权，却能够列席发言，体现了规划委员会审查环节对"磋商"的重视。

（2）更新方案审批的弹性尺度

笔者通过访谈了解到，一般不同经办人负责不同区的更新项目审批，而每个人对项目把关的松紧度是有较大差异的，同类更新调整项目可能在这个区走得通，换到另外一个区就走不通。由于信息不对称，企业不了解内情，往往会导致一些更新项目的搁置或者延期。

从不同企业维度来看，大型国企的更新项目往往会得到特别的关注，获得较多的政策支持。

更新项目在操作程序上也会有差异，同类项目可能会走不同的程序，而操作程序的差异意味着项目周期的时间成本的差异，有些项目明明是十分复杂、较多指标的调整，仍然可以走简易的快速程序；而有些项目明明是小调整，却仍然走了完整的复杂程序。

针对上述审批流程及尺度的弹性，建议制定细化、规范的操作流程，所有项目按照统一的标准推进审批工作，并适时开展评估，对以往批复的项目进行回顾总结，进而提升后续项目之间的公平性。

5.3.4 保障直接利益相关主体的决策权
Ensuring the Decision-making Power of Direct Stakeholders

城市更新的利益直接相关主体在城市更新中应扮演重要角色，其对城市更新重要决定应拥有一定比例的决策权。听证会具有公开、公正的特点，并且可以有效地影响行政主管部门，其作为公众参与方式具有其独特的优势。

例如，美国已建立起较为完善的组织机构和组织方式，并通过法律形式明确下来，公众参与的层次也由象征性参与向代表性参与转变。在城市政府层面，有小区的现场办公室（field offices）、多元服务中心（multiservice center）、小市政厅（little city hall）等政府对市民的组织，市民对政府的组织有市民咨询委员会（citizen advisory committee）、市民规划委员会（citizen planning committee）、市民住房与规划理事会（community-wide housing and planning council）、特别目的规划组（special purpose planning group），以及地区性、全国性或国际性的非营利民间团体等。这些组织有权干预城市规划领域的各种活动，并通过投票、游行或举行集会等实现公众对城市规划的干预。美国规划的公众参与在规划制定阶段有设立公众咨询委员会、开展民意调查等方式；在设计和方案选择时有公众投票、公众讨论会、游戏模拟等方式；在规划实施阶段有公众到社区官方机构中工作、公众培训等方式；在规划反馈阶段有设置咨询中心、开通电话热线等方式。

我国台湾城市更新采用"多数决"方式。"多数决"主要体现在三个环节，分别是申报主体确认环节、实施主体确认环节和最终裁决环节。如果超过了法定的同意比例，城市更新的实施便势在必行，政府机构、法院等主体均有义务帮助实施主体推动项目。这种方式同时考虑到了各种特殊情况，如单一权利人比例偏高时不计入，仅仅对其他权利人进行比例测算，这样避免了权利人真实意愿被掩盖；古迹等特殊物业也不计入，包括宗祠、寺庙、教堂等。

深圳城市更新在确立申报主体、实施主体两个环节也是采用"多数决"方式（比例分别为三分之二和80%），对于项目最终实施只规定"市场主体与所有业主签订搬迁补偿安置协议后，形成单一主体"。也就是说，只有所有业主同意之后方能实施城市更新。对于不愿意签订协议的"钉子户"状况如何处理，政策中未提及，因而形成了法规的一个空白地带。在实际工作中，这一问题一直困扰着城市更新的实施主体，同时也影响项目的推进。

曹杨新村更新规划的公众参与

上海曹杨新村更新规划是公众参与的典型案例。曹杨新村居住情况复杂，由于历史原因，大部分住宅建筑面积定额过小，无法独立成户。老式旧公房较多，房屋间距小，改造成套困难。此外，由于停车位不足等原因，小区内部存在违章搭建、违规停车等现象。目前通过购置、租借等方式，各居委会解决了基本活动用房，但存在空间不足现象，尤其是街坊级户外活动场地不足。而由于住房无法成套交易，原住居民纷纷搬出，房屋租借使外来人口数量上升，加大了居委会的管理难度。曹杨新村内居住的居民对改善自身居住质量、提高居住品质的愿望强烈，尤其体现在对实施旧住房成套改造工程、公房和售后公房二次修缮及小区环境整治方面。

开展更新规划时，编制团队通过街道发放1000份问卷至曹杨新村的20个居委会，最后实际回收991份。问卷内容分为基本情况、居住环境及公共服务、环浜整治、个人住房、交通出行和曹杨印象六个部分。抽样居民中，87%在曹杨居住超过两年，84%为上海本地人，68%在曹杨及周边地区就业。居民总体满意度较高，尤其是便民设施，但外围地区居民满意度低于中心地区居民。曹杨新村范围内，中西部居民对福利设施需求高，东部、南部居民对健身设施需求较高。中心地区设施可达性较好，但大多年代久远，较为老旧，影响居民使用，须加强更新和维护。对于公共空间，居民建议适度增加休憩设施。例如，环浜地带是居民最常使用的健身场所，建议增加座椅、凉亭等休憩、停留设施，更新老旧设施，拆除阻隔构筑物，增加通达性。对于居住环境，居民认为卫生条件有待改善。曹杨五村居民认为改建后住宅间距太小，影响日照，曹杨二村和七村居民希望整体改善居住环境。总体上，居民对地面绿化和照明条件需求急迫。另外，居民普遍反映居住面积过小，如曹杨新村套内面积大多为 $20 \sim 60 m^2$，对于家庭来说较为局促。曹杨新村尚有约20%的住户没有独立的煤卫设施，居住卫生条件差，成套化改造意愿强烈。对于出行条件，居民建议优化公交线路，增加停车设施。居民反映总体出行条件较好，公交站点多，但发车间隔和公交线路需要进一步优化，并增加接驳地铁的线路。曹杨停车场地少，建议利用现有公共资源，复合利用土地，增加停车位。曹杨二村、三村、七村等（外围地区）居民改善步行环境需求强烈。

小结

以政府为主制定的城市更新政策性文件，在制定过程中基本以政府及为其服务的智库为主开展工作，市场参与度非常有限，仅在政策形成阶段性成果后，少量企业代表参与意见征询会，而市民及社会组织几乎没有参与到整个过程中，政策中的核心内容制定基本以市政府为主进行决策，专家、区级政府及街道仅以参与意见征询会的形式参与，所提意见仅供决策者参考，是否采纳也无明确规定。

传统的城市更新是以政府为主导"自上而下"的蓝图式运作和管理模式，面对城市更新，传统规划必须转型，即由原来的蓝图式规划走向协商式规划。但规划体系调整的目的并非要游离于现行规划体系之外设立一套新的独立的规划体系，而是应在现行规划体系的基础上，对应相关的规划层次，采用补充、调整和"镶嵌"的方法纳入城市更新对规划的管理要求，使城市更新规划与法定规划（特别是控制性详细规划）能够相互对接。

城市更新规划作为一种城市更新的重要政策，在更新的过程中起到分配空间、分配利益的核心作用。城市更新政策作为政府制定的管控性文件，在更新中起到规范更新程序、划分私有部门利益与公共利益等重要作用。要走向公平公正的城市更新，必须做到更新规划向协商式规划转型，更新政策拓展更为多元的实施路径以及更新中的各方角色向理性回归。

上海城市更新方案制定的程序设定，保障了公众的知情权和参与权，但是公众仍然对政策不具有决策权，规划的方案决策权仍然掌握在政府手中。而企业在规划编制过程中，由于涉及利益，基本全程参与其中，能够在一定程度上掌握知情权与参与权，并通过方案的博弈部分掌握方案的决策权。

更新方案的前期策划及意见征询基本严格按照政策规定执行，而上海也有很多公众参与的新方式方法。对于更新方案的审批，不同经办人对项目把关的松紧度是有较大差异的，更新项目在操作程序上也会有差异。

Chapter **6**

Economic Equity: Benefits
Adaptation of Urban Regeneration Results

经济公平：城市更新结果的利益适配

第6章

　　城市更新的经济公平包括空间利益与货币利益的分配公平。空间利益涉及更新后空间的产权和使用权，货币利益包括短期利益与长期利益。城市更新本质上是政府、开发商、原产权人和社区公众围绕土地使用权和物业所有权的转移与让渡进行博弈而达到多方平衡的过程。城市更新政策是为这个博弈过程提供操作规则的核心，政策体系的构建、土地及物业权利的变换、发展权奖励与转移以及其他财税等金融政策的支持都是政策的核心内容。

　　Economic fairness in Urban regeneration encompasses the equitable distribution of spatial and monetary benefits. Spatial benefits involve the property rights and use rights of renewed spaces, while monetary benefits include short-term and long-term interests. Essentially, Urban regeneration is a process of reaching a multi-party balance through games among governments, developers, original property owners, and community members regarding the transfer and relinquishment of land use rights and property ownership. Urban regeneration policies serve as the core for providing operational rules in this gaming process, with the core content of these policies encompassing the construction of policy systems, the transformation of land and property rights, incentives and transfers of development rights, and other financial policy support such as fiscal and taxation measures.

6.1

公平的产权变换
Fair Property Rights Transformation

6.1.1　当前产权主体变更类型
Current Types of Property Rights Subject Change

在当下的城市更新中，有如下几种产权主体变换的类型。

原主体完全不参与更新的过程，新主体通过谈判租赁获得土地使用权或者通过公开投标的形式获取土地实施城市更新。出让土地的原主体一般获得一次性资金补偿后不再参与更新后续收益的利益分配，出租土地的原主体可以长期获得租金收益，参与更新后续收益的利益分配。新主体一般也有单一或者联合两种形式，一般由一家房地产公司或者两家或两家以上联合参与土地招标投标，中标后签订土地出让合同并实施城市更新。

产权主体在城市更新过程中会发生微小变化，如大多数保留而个别原主体外迁或者有新主体迁入。针对住区的城市更新有时会采用抽户后更新改造的方式，根据意愿调查而形成两种模式，少部分原住居民接受补偿外迁，大部分原住居民原地回搬，而公共类城市更新项目也有部分主体外迁的情况。

产权主体不变的城市更新根据实施方不同一般可划分为两种类型：第一种类型是单一或联合的原主体实施更新；第二种类型是原主体委托代建主体实施更新，原主体在更新过程中因拥有土地产权而直接获益。

单一主体实施的城市更新在上海有两种情况：一种情况是更新基地原来就是一家主体，由其实施更新；另一种情况是更新基地原来有多家主体，由一家开展产权收购，合并成为一个主体后实施更新。

联合主体的城市更新一般更新基地的产权分散，同时有多家主体，更新时通过谈判明确利益分配，形成多家联合体进行开发。例如，黄浦区南浦地块就是联合主体，包括若干家民企和一家国企，更新时联合成立一家项目公司。这类项目在实施时有一定的风险，如果有一家谈判不成功，更新项目就会被搁置。相对于单一主体的更新，联合主体由于涉及多方利益，谈判难度大，项目周期会大大延长。

还有一种情况是原主体委托代建主体实施更新。即更新基地产权不属于代建公司，原主体通过招标投标委托一家代建公司实施更新，更新完成后产权交还原主体。由于代建公司在报批、建设施工、规范标准方面都比较专业，故由其代替原主体实施城市更新比较合适。

6.1.2 不同供地模式及公平性
Different Land Supply Models and Fairness

从20世纪80年代计划经济时期的零星改造，到90年代的"365危棚简屋"改造，再到2000年之后的成片二级旧里以下改造，上海市旧改主要采用毛地出让和土地储备两种模式。2005年后为了鼓励创意产业又阶段性地推出了"三个不变"的更新政策，2014年推出了存量盘活的更新政策。每种更新类型都具有阶段性特征，解决了一定的问题，也会带来新的问题，但是整体上呈现出向利益分配公平公正趋近。更新过程中，原土地权利人及新土地权利人的利益分配公平性值得关注。

（1）毛地出让

毛地出让旧改模式是指20世纪90年代以后，政府直接与开发商达成出让协议，开发商自筹资金或向银行贷款，通过政府划拨或出让等方式获得建设项目的土地使用权，楼盘部分用于动迁安置房、部分用于市场销售。拆迁工作由开发商委托本区政府确定的动迁单位具体实施，开发商为拆迁人承担相关费用。

对于政府而言，毛地出让模式减轻了政府的财政负担，加快了城市房地产业的发展和旧区改造的速度。但是也因引发房价快速上涨而导致的旧改地块拆迁陷入僵局，政府只能采取行政裁决及行政强迁手段，进而产生因拆迁引起的社会矛盾。

对于开发商而言，毛地出让模式使得开发商背负拆迁及投资压力。该模式下通常是由开发商支付拆迁资金，委托项目公司负责拆迁。由于缺乏系统和规范的动（拆）迁法律法规，加上为赶进度，动（拆）迁过程中难免出现动（拆）迁补偿标准不一、补偿不到位、程序不规范，甚至强迁等事件发生，动（拆）迁矛盾一度成为社会矛盾的焦点之一。

对于被拆迁者而言，毛地出让模式使得拆迁户无法得到公平公正的对待。在拆迁不断推进的过程中，由于房价的快速上涨，被拆迁者的心理预期不断提高，往往会存在动（拆）迁补偿标准不一，即后搬迁者获得更高的拆迁补偿，是对被拆迁者权利的不公平。

（2）土地储备

土地储备旧改模式是在国家土地使用制度要求下产生的。2004年国家发文规定所有经营性土地一律都要公开竞价出让。2005年上海市政府在"十一五"旧改计划中，对400万 m² 成片二级旧里以下的房屋明确了"政府主导、土地储备"的原则。

对于政府而言，土地储备模式为政府带来土地资金收益，改善民生，产生了积极的政治和社会效益，产业升级带来税源经济效益，但后续资金压力在不断加大。土地储备模式使得旧改土地的级差收益收归政府。另外，旧改之后产业升级带来较高的税源经济效益。以静安区南京西路旧改项目为例，通过拆除危旧房新建了十几栋高端商业和办公楼，发展高效"楼宇经济"，仅嘉里中心一栋楼每年带来的税收就有1.1亿元。而从市、区政府的分工上来看，上海旧城改造主要由区政府和区地产集团通过市场融资进行拆迁储备，生地变为熟地后招拍挂通过回笼资金。

近年来，上海努力拓宽资金来源，2009年便出台了政策鼓励社会资金参与旧区改造，并积极探索有品牌、有实力、有经验的大企业参与旧改的途径。然而，受到我国国土管理政策的限制，以及近些年来地方政府融资平台贷款的清理和整顿的政策影响，社会资金参与旧改的渠道受到制约，缺乏有效机制[①]。

对于开发商而言，土地储备模式使得开发商取得完成拆迁、配套成熟的净地并实施开发，开发难度大大降低，但是同时该模式抑制了原土地使用权人二次开发的意愿。土地储备模式改变了毛地出让模式下由开发商具体实施地上动（拆）迁安置的方式，避免开发商基于短期市场变化和商业利益最大化的驱动因素而可能在动（拆）迁安置过程中补偿不到位、不均衡甚至出现违法行为的现象，规范了征地、动（拆）迁安置行为。而从另外一个角度来看，土地收储重新开发已成为土地资源配置的主要模式，城市土地储备制度实施来源于政府公权力的强制干预。

根据国家的土地储备制度，政府收回了盘活土地的处置权和土地增值的收益权。非经营性用地变更为经营性用地也须纳入招拍挂市场。严格的管控制度虽然提升了土地一级市场的

---

① 黄静，王诤诤. 上海市旧区改造的模式创新研究：来自美国城市更新三方合作伙伴关系的经验[J]. 城市发展研究，2015，22（1）：86-93.

公开度和透明度，但也赋予了国家政府垄断土地供应的权利和路径，确保土地增值收益收归国有。从土地收益的视角来看，土地收储制度下土地增值收益归属于政府，原土地使用权人只能收到现状条件的房地产补偿。这种方式忽略了原土地使用权人本应享有的土地发展权，导致公平和效率的缺失，在实践中难以获得原土地使用权人的合作，面对政府收储十分消极和被动，不愿配合收储工作的开展，阻碍城市更新。

对于被拆迁者而言，拆迁补偿方式的多种选择及拆迁程序的充分参与保障了大多数被拆迁者的权益。土地储备旧改模式即由储备机构预先以征收、收购、回收等方式取得旧改土地，对旧改地块上的房屋权利人实施房屋征收动迁安置补偿后，对土地进行前期整理开发，而后再将相关配套成熟的净地通过市场出让，以土地出让收入来弥补居民的安置补偿，避免了拆迁补偿不到位、不均衡甚至违法强拆情况的发生，在一定程度上被拆迁者的利益可以得到保障。

拆迁户可以选择货币补偿、本区就近安置和异地永迁三种拆迁补偿方式，补偿标准以市场评估价为基数，加上面积补贴和搬迁奖励补贴，综合补偿标准与同地段一手商品房价格基本相当。同时，在旧改区域就近划地建设小户型安置房，满足动（拆）迁居民就近安置需求；在城市远郊区建设安置房基地，同时考虑到动（拆）迁居民永迁远郊的顾虑和不便，将公交通至基地，通过导入区和导出区合作方式将医疗、教育和商业网点资源同步引进基地，直接服务永迁居民。

在拆迁程序上，实行两轮征询制，过程中不仅体现在充分尊重民意和协商互动基础上制定拆迁补偿安置方案，还有全面、及时、动态地公开拆迁补偿安置方案、每户拆迁面积确认和安置结果、安置房源情况等各类信息，使被拆迁户的知情权得到保障。

（3）"三个不变"

为了推动创意产业发展，《上海十一五创意产业发展规划》中提出，针对老厂房改造为创意产业园区的情况，提出了"三个不变"政策，即房屋产权关系不变、房屋建筑结构不变、土地性质不变。政府有关文件也提出鼓励支持原土地权利人利用存量国有用地兴办各类创意产业，鼓励"腾笼换鸟"。在政策的鼓励之下，上海涌现出一大批原业主在自有土地上自行更新的创意园区案例。但由于此种类型的更新使得原业主独享更新收益，在实行了一段时间后即被叫停。

"上海十七棉"转型升级

上海第十七棉纺织厂（简称上海十七棉）转型升级为上海国际时尚中心就是这一时期的一个典型案例。项目位于杨浦区东外滩板块的杨树浦路与黄浦江之间，由杨树浦路划分为南、北两个片区。规划用地面积12.08hm²，规划建筑面积14.3万m²。改造分为四期进行，杨树浦路以南地块为一、二期工程，以北地块为三、四期工程。上海国际时尚中心的一至三期依据"三个不变"政策，对老厂房进行保护及再利用，在工业用地性质未变的前提下，赋予老厂房新功能。四期工程作为产权转让项目进入土地招拍挂流程，将原划拨工业用地转性，通过部分拆、改、留，建设成公寓式办公楼。

上海纺织集团作为建设主体，本着"修旧如旧"的理念，开展了相关工作。2007年前后，上海十七棉投资发展有限公司对改造项目进行评估，确保更新项目的总体效益。随后进入项目的方案设计、工程设计及施工阶段。法国夏邦杰建筑设计咨询有限公司根据该项目的主题及功能定位要求，充分听取了商业策划、施工设计和有关专家和领导的意见，反复研究论证，提出了上海国际时尚中心规划和建筑设计的概念方案。现代集团对概念方案进行深化，担任工程设计的工作。施工阶段则由上海纺织集团专门成立的房地产开发公司负责。该改造工程的设计流程与一般新建项目基本相同，但是对于历史保护建筑须增加保护建筑保护性修缮方案设计的阶段，并且该方案设计须通过政府相关部门的审批。在多方通力合作下，上海国际时尚中心南区已建成并投入使用。其中，一期工程于2010年底竣工，二期工程于2011年竣工，与此同时，运营管理公司于2011年进场，上海国际时尚中心正式投入运营，由上海纺织集团及其委托的物业管理公司进行统一管理，并有专业策划公司统一策划园区的各种活动。现状盈利模式有两种：一种是收取租金；另一种是若营业额超过一定数额可领取分红。

（4）存量盘活

2014年3月，上海市政府发布了《关于进一步提高本市土地节约集约利用水平的若干意见》《关于本市盘活存量工业用地的实施办法（试行）》，两年后该办法修订后正式实施。相比于"三个不变"政策，新政策通过存量补地价的形式保障政府分享更新的收益，同时项目所提供的公共空间和公共设施也保障了社会大众从更新项目中受益。

由由工业园存量盘活

由由工业园（六里社区08街坊）是一个存量盘活政策的案例，该工业园建于20世纪90年代，目前园区内生产功能逐渐弱化，现代服务业功能开始显现。现状的闲置加之区位优势的提升，业主主动更新意愿强烈，将工业用地转型为"医、康、养"一体化养老社区，以养老服务、养老医疗配套为主要功能，探索大众养老的模式。依照上海市2016年发布的《关于本市盘活存量工业用地的实施办法》，由由工业园作为零星工业用地可以通过存量补地价的形式自行开发，在整体规划范围内提供了不低于10%的建设用地用于公益性设施、公共绿地等建设。基地规划新增两条城市支路、一条公共通道，改善地区交通；规划新增一处社区服务中心，建筑面积3000m²；规划新增一处文化活动中心，建筑面积1100m²（含老年活动室200m²）；规划新增一定的地块内部公共空间，24小时对外开放，总用地面积0.81hm²；规划新增一定的公共绿地。

漕河泾创客空间将整个漕河泾的创业、创新文化氛围打通串联。更新基地各种地块的土地所有权不一，更新需求与实力也不同。在实际操作中，有自身产业提升需求与土地运作能力的业主如仪电集团，即通过自有土地的转型再利用发挥企业技术内核作用，而有意退出的工业业主则可选择转租或出让给创意地产运营商（如越界地块的广电集团），由新业主主导更新。

在创客空间的更新中不可避免地涉及原有土地性质和开发规模的变化，其中规模增量可经研究认定，或通过同一业主在工业区中其他土地上开发量的移出保持平衡，但容量的调整必须和土地权属、地价等因素结合起来，统一调整或操作。仪电集团虽用存量补地价的方法解决了转型后的容量变化问题，但所涉及的规划工业用地如何在法定身份上向研发办公用地转型，目前还未有进展，不得不暂时接受工业用地上承载研发办公建筑的现状。这种反映城市第二产业升级必然趋势的代谢过程，是否能包容更大的实施弹性，尚需走出一条规范路径。

项目访谈过程中，上海华鑫股份有限公司负责人员表示，城市更新必须以需求为导向，听从市场诉求。创客空间的设计委托专业市场咨询单位，开展扎实的市场调研，基于真实的市场信息，做出更新方案。在产品定位中也强调做"加法"，以高品质、高成本的庞大专业研究乃至大师设计来保障方案水准和工程可实施性，精品化的楼宇和环境成为世界五百强企业争相入驻的主要因素。而特色化的环境也得到了政府各部门的多方支持，如一、二级防汛墙的退线处理等灵活应对规划规范的方式，才有了今日隐形防汛墙上的观景草坡。

当前城市更新实施的土地路径仍然比较单一，仅有存量盘活和土地储备（招拍挂或协议出让）两种，即土地使用权延续，产权人实施更新，或者土地使用权重构，受让人实施更新，而以往特殊时期的毛地出让、"三个不变"的路径通道均被叫停。对于多元主体类型的城市更新，现在的模式不能够满足需求，导致许多更新项目无推进路径（图6-1、表6-1）。

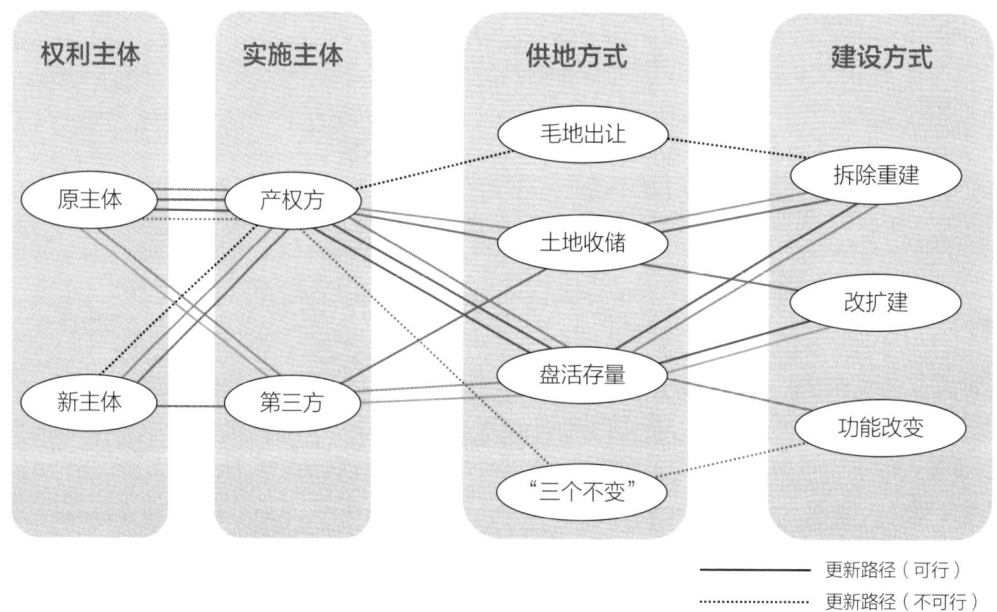

图6-1 上海城市更新路径示意图

Figure 6-1 Schematic Diagram of Shanghai's Urban Regeneration Path

表6-1 不同供地方式视角的更新类型公平性分析

Table 6-1 Fairness Analysis of Regeneration Types from the Perspective of Different Land Supply Methods

土地供应方式	政府	企业	社会
毛地出让	省钱、省力	资金压力、拆迁压力	不公平对待
土地收储	获得土地收益、税收	开发难度降低	有强拆情况发生
"三个不变"	获得税收	独享大部分经济收益	不参与利益分享
存量盘活	利益分享，获得税收	利益分享	利益分享

（5）土地权利变换建议

城市中大量有更新需求的地区，应拓展土地权利变换的机制。我国台湾城市更新中多元权利变换经验值得借鉴。台湾城市更新政策的核心就是权利变换，其中地方政府的执行手段主要包括市地重划、区段征收、一般征收、协议合建、权利变换（民间投资）及其他，民间的执行手段主要包括市地重划、协议合建、权利变换。针对旧城区土地权属复杂零碎、难以安排权利关系及进行整体规划更新的困难，权利变换极大地推动了台湾的城市更新进程，采取"等比例分配"而非"等价交换"原则，体现出政策设定上鼓励意图。市地重划是基于"受益者付费"的原则实施的。政府的主要作用是引导和组织，只负担少量经济支出。大部分费用由重划区域内的土地所有权人负担：重新规划后区域内的公共基础设施用地由土地所有权人按受益程度比例分摊，实施重划的各种费用也由重划后保留一部分土地出售获得的收益来抵充，称为抵费地。

具体而言，市地重划是根据都市计划（即城市规划）的内容，待改造区域的土地所有权人先交出土地，这些土地多呈形状不规整、用途分散、未经济利用的状态；由政府组织专业机构将其重新规划，并辅以基础设施和公共设施建设，使每宗土地大小适宜、形状方整、排列整齐；然后将重划区域内除公共设施用地和抵费地外的其余土地合理分配给原土地所有权人。

台湾的实践经验表明，市地重划可有效实现政府部门和私人部门的双赢。虽然因公共设施用地和抵费地，使重划后原土地所有权人分配的土地面积减小，但区域综合环境改善令土地单价大幅度提升，从而使土地总价值不减反增，私人部门自然乐意为之；政府部门也无须筹措巨款，可以较为轻松地实现了区域的改造和提升，完成其公共职能。

研究表明，在我国台湾地区大城市重划后获取的公共设施用地中，原公共设施用地约占三分之一，由土地所有权人负担提供的用地约占三分之二，加上抵费地，参加重划的土地所有权人所负担的用地大约占提供重划面积的35%；把这种重划成本转入地价计算，则重划后的地价应为重划前的1.54倍。据台北和高雄多年地价变动情况统计，重划后平均地价为重划前的1.81倍和2.65倍。此外，市地经过重划后，建设加快，交通方便，绿化面积增加，文化娱乐设施齐备，个人因此而获得的经济收益是难以用金钱计算的。故这种公私均可获利的市地重划办法得到当地大多数土地所有者的支持。

在德国，城市更新中的土地产权调整方式有征收、地界调整和市地重划三种。征收是强制交易，根据法律规定"保障用于公共目的的建设用地"可以实施征收，如交通设施建设等。征收需要通过正式的法律程序，对于征收造成的权利损失和其他财产损失需要以市场价格现金赔偿，也可以用抵费地方式赔偿。地界调整主要是为了提高土地使用效率而对地籍界线的一种调整，如两个相邻地块界线犬牙交错不利于使用，则对界线进行截弯取直等，相对涉及关系比较简单。市地重划主要是通过对现状土地产权的调整，使得土地面积规模、形状和位置能够满足城市建设要求和功能需求，一般需要先将土地征收，根据建设规划截取交通和绿地等建设用地，而后将余下土地按照合适比例分配给参加市地重划的原产权所有人。

市地重划这种方式，一方面充分保障了市民的私人权益，使其参与增长利益的再分配构成，另一方面节省了政府资金，政府仅需较少投入就能达到城市更新目的。但是市地重划也有其环境限制，如果在市地重划区域范围内非营利的公共设施建设用地比例较高，使得参与市地重划各方获得的地价上涨不能有效抵消截取的公共设施建设用地和抵费地带来的土地面积减小的损失，那么在这种情况下，市地重划这种方式并不适合。市地重划还面临的一个问题是重划后的建设问题，虽然控制了最小的土地划分面积，但是面对城市建筑的规模化、综合化趋势，重划土地后这些土地产权所有者面临如何组合建设以应对城市功能和建设的规模需求的问题。政府应配套相应的制度加以引导，否则容易造成领回土地后因为经济财力等限制而无法建设，造成土地闲置，或者有的土地因投机操作而造成闲置土地。这些情况的出现不利于城市更新目标的实现，需要相关的配套制度加以引导和限制。

市地重划方式在保障公共利益的前提下，使得原产权人能够参与城市更新后的利益分配，从而减少城市更新中利益分配冲突的思路值得借鉴。由于我国城市土地所有权归国家所有，本地业主产权中拥有的是土地使用权，因而地域内产权人的土地使用权年限可能各不相同，而市地重划方式以土地所有权私有为基础，因而市地重划方式的引入存在制度环境缺陷。

土地由于使用年限不同，合并及重划的难度会非常大，因此需要有一套科学的测算方式，对不同年限产权的业主权利进行合理测算，进而在更新后的项目中进行合理的利益分配。而对于产权到期后土地如何续期，当前我国政策仍未明确，目前土地使用权相关的制度安排还在研究完善之中。市地重划方式就是一种很好的产权调整思路，可以在我国进行推广试行。

6.1.3 建筑物的产权变换
Property Rights Transformation of Buildings

（1）公产变私产——市场盘活政府无力更新的建筑

针对目前政府无力保护更新的建筑，应探索公产变私产的路径，建议允许组织和个人购买或租用直管公房历史建筑，实现产权多元化、抢修保护社会化、运作市场化。

一种方式是使居民获得房屋产权，激发自主保护与更新。以里弄的保护更新为例，里弄历史沿革情况比较复杂，其产权性质也比较混杂，除大部分为直管公房外，还有部分为系统产、私产、宗教产。产权人、使用权人与实际使用人等大多数情况下是分离的。产权人仅对使用权人收取十分低廉的租金，利益双方都不愿意承担里弄的维护和更新责任。里弄的衰败与复杂的产权问题密切相关[①]。针对以上问题，应通过相应的政策与法规调整，使居民可以通过市场买卖的方式获得房屋产权，有助于激励居民自发性的保护与更新行为。另一种方式是允许市场资本进入持有产权。可借鉴一些地区的经验，允许组织和个人购买或租用直管公房历史建筑，并依据相应的配套政策来督促新产权人对建筑进行保护。

（2）公产不变——承租权延续，功能更新

这种类型主要针对公房的更新，在更新中延续公房的承租权，保障原居民的基本利益，并提供可选择的搬迁地。居民可自愿将自己的承租权房屋回租给政府、企业，并选择就近搬迁，企业对街区进行更新改造，实现适度获利，并形成多方共赢。

（3）私产变公产——托底有保护价值的历史建筑

针对一些有较高保护要求和级别的历史建筑，政府应适当进行征收回购，通过财政资金进行投入保护性更新。考虑到一些优秀历史建筑地段较好，房屋征收中要有一定数量就近安置房源用于房屋调换。老城区居民长期居住于此，出于维系故土情结与维系社会网络的需要，有一定的合理性。在征收完成后，政府可建立一套带保留建筑的土地出让制度。

实际操作中，由于缺少适用于房屋动迁的相关法律法规，相关法规政策也未对历史建筑搬迁的具体程序等作进一步明确的细化规定，对于不能达成搬迁协议的少数居民，缺乏有效

---

① 万勇. 里弄保护与更新的基本方式和关键环节——以上海里弄为例[J]. 城市发展研究，2014（1）：61-67.

的处理措施，成为优秀历史建筑居民置换中居民反映最多的问题之一。

政府授权公信机构重点跟踪优秀历史建筑，在有市场交易需求时即进行回购或回租。回购、回租后可先用于社会化出租，收取市场租金平衡成本，待项目成熟后，再整体出售或出租；也可用于住房保障，节约保障性住房建设和筹措资金。当然，回购、回租工作也存在一些困难，一是原公房承租人积极性不高，由于转租和差价换房等形式的存在，回购和回租没有优先权，也不具有优势，需要以优惠措施加以激励。二是随着市场购房、租房价格的攀升，居民解租、置换、回租等需要大量资金投入，而当前的政策使得资金回笼途径受限，需要充分调动市、区两级政府积极性，采取多种途径、多种方式积极筹措置换资金。

（4）私产交易——放开市场主导的自由产权变换

当前，关于城市更新中地上的物业产权，政府对自持有较为严格的管控要求。要求物业权利人自持物业的初衷一方面是为了避免投机以及过大的经营性产权出让冲击现有房地产市场，另一方面也是希望企业自持物业有利于物业建设及后续经营的品质。而实际经验也表明，与分割转让相比，自持对整体物业的品质保证具有积极意义。

上海现行更新政策规定，经营性物业产权以自持为主。城市更新项目规划用途为商务办公用地的，由现有物业权利人联合开发的应当持有50%以上的物业产权；由现有物业权利人独立开发的，应当持有60%以上的物业产权。规划用途为营利性教育、医疗、福利等社会事业的，应当持有全部物业产权。位于重点区域内的城市更新项目，也应当持有全部物业产权。

《关于中国（上海）自由贸易试验区综合用地规划和土地管理的试点意见》允许工业用途补地价转为综合用途，但只能自持，不可分割转让，甚至企业股权交易都必须经由政府同意。政策制定的初衷是阻止工业地产转成商业办公用途抄地卖钱。工业用地转变为住宅用途除政府收储方式之外，也可采取其他市场化方式，而研发总部用地与办公用地由于本身界限不清，目前是过渡性政策，当前规定全部自持或60%自持的规定不符合市场原则，不利于资源再优化配置。实际上，只要设计好土地转型增值收益分配机制（补缴出让金制度和税收制度），为了鼓励市场自行盘活土地，宜疏不宜堵，应探索允许多样市场化运作方式，通过市场的不断流转完成对资源的优化配置。

而从另外一个视角来看，对物业产权的政策规定实际上是限制了物业权利人对自身财产的处置权，限制了外部同样具有运营相关物业的主体进行物业交易的权利，不利于地区功能多样性、人群多样性以及社会的公平。

对于公益性设施，政府的运维水平仍存在较大的提升空间，需要研究一套可以转让第三方运维公益设施，政府提供财政补贴的政策路径。

6.1.4 发展权奖励及转移
Rewards and Transfers of Development Rights

发展权的观念最早产生于英国，随后发展出了发展权转移制度，这种管理制度在美国、日本及我国的香港、澳门、台湾等地实施都卓有成效。发展权转移（transfer of development rights，TDR）是将发展权出售以用来补偿土地所有权归属方因土地发展受限的成本。

20世纪70年代中期，我国台湾地区开始引入发展权转移观念。在台湾，由于没有发展权制度，于是将"发展权转移"改为"容积转移"，并经历了从最初适用于历史古迹，扩展到适用于提供公共开放空间使用的可建筑土地的历程。台湾地区实行的容积率移转，是指市民购买公共设施保留地发展权、历史保护建筑所有权以后，可把公共设施用地捐给政府，其获得的利益是把容积率放到接受基地里进行建设，也可用折缴代金方式移入容积率。而容积率奖励上限一般为法定容积率的50%，老旧中低层建筑小区上限为法定容积率的100%。

台北大稻埕历史风貌特定专用区的发展权转移是一个成功案例。2000年，台北市政府发布实施《大稻埕历史风貌特定专用区容积转移办法》，开始将容积转移制度全面应用于历史遗产保护工作中，具体包括以下三方面。第一，地区的计划案中明确了送出基地与接受基地。指定接受区的上限为法定容积的40%，非指定接受区为法定容积的30%。第二，计划案中制定了送出及接受基地容积转移量的计算方式。第三，计划案中订立了容积转移申请和审查程序及需要准备的文件，并且制定了相关土地权利等法律关系的处理程序。

比较而言，大陆地区城市的容积率转移仍在探索，上海有几个成功转移的案例目前仍处在完成规划调整的阶段，转移区域仍然局限在区内，未突破容积率的跨区转移，转移后的区域还未真正实施，像黄浦区这类老城区面临着无处可转的尴尬境地，未来应探索突破跨区转移的瓶颈。

在城市历史风貌保护区更新改造过程中，往往需要大量资金投入，以疏解高密度的居住人口，但是更新区域土地级差无法体现，成本与收益无法平衡。绿地规划实施过程中也会遇到同样问题。为此，可以采取容积率转移的方式。就地转移的相对好操作，区内转移的也相对容易处理，但如果需要跨区转移，则会出现诸多难以解决的问题。

目前的做法是，区内转移需要历史建筑所在的行政区具有足够大的行政地域和足够多的土地资源，特别是要有较多的地租级差（如上海的长宁、杨浦、普陀、徐汇等区）。假设优秀历史建筑在一级地段，可在区域范围内较边缘的三级地段、四级地段选址，并捆绑给开展历史建筑保护工作的发展商一定面积的经营性用地开发权。例如，徐汇区2008年以来建设了一批"就近安置配套商品房"。假如地区政府能够统一思想和操作口径，将优秀历史建筑保护工作与就近安置房源建设结合起来考虑，为保护基地制定配套历史建筑保护政策、房屋征收政策和住房保障政策，为安置基地制定配套商品房或经济适用房建设政策，区内转移、搭桥、对接是完全可能的。徐汇滨江地区B单元获得的额外容积率就是通过捆绑开发的历史风貌地块转移而来。为了解决减少容积率集中转移造成局部地块容量过高而难以实施的问题，可探索局部转移、多向转移的方法。

在不具备区内转移条件的地区，往往只能采取跨区转移方式。例如，静安别墅项目根据静安置业的估算，总投入约为15.2亿元，总收入约为6.6亿元，总资金缺口约为8.6亿元。如果仅由政府进行保护，负担巨大。如果实施开发权转移——以选址松江区为例，如按成交平均价格约20000元/m^2计算售价，其利润约为3000元/m^2，则需在外区获得28.6万m^2建筑面积、15hm^2左右用地面积的商品住宅小区的开发权方可实现。但开发权转移模式非一个行政区单方面即可推动实现，而是涉及全市的创新尝试。过程中涉及土地指标、转移支付或项目交换，均为重大利益问题，非一般常规做法所能达到；加上现行土地出让方式、土地出让金等制度约束，均较难取得重要突破，这也是全市面上容积率转移、开发权转让进展不大的主要原因。

上海应积极探索容积率转移和开发权转让机制。完善容积率奖励的实施办法，通过公益性贡献获得的容积率奖励，不仅限于城市更新单元，建议在更大范围内尤其是向城市集中开发建设区域进行平衡和转移。在不具备区内转移条件的地区，如位于上海市中心的黄浦、静安、虹口等区，可采取跨区转移的方式。

未来应研究容积率交易相应政策，即风貌区内历史建筑通过将开发权卖给其邻近的基地来建设一个更高的建筑，或者将可建设的建筑量转移到同一个产业的不同基地上。允许风貌保护街坊的开发主体根据其所在建设强度区将剩余开发容量进行公开转让，转向容积率尚未达到高限或已达高限但风貌与交通不敏感的地块，由已出让用地的开发商购得，转出方获得的资金首先用于历史建筑的整治与修缮。

6.1.5 各方利益的平衡分配
Balanced Distribution of Interests Among All Parties

利益的分配是城市更新政策的核心，政府与市场的获利分配、政府层面市区利益的分成、本地业主的利益分享、公共利益的底线约束等都是关键点。从政府的收益视角来看，政府在城市更新中的获利将逐渐走向长期化，除了现有的土地收入之外，即更新带来的就业、税收等的增长，企业的获利应维持一个合理的比例，避免不合理获利，侵占公共利益。本地业主应分享更新带来的增值收益，公众应在更新后享受地区品质提升后带来的服务外溢，利益受损方应获得相应的经济补偿。城市更新应走向多方共赢，实现城市更新中各方利益的平衡分配（图6-2）。

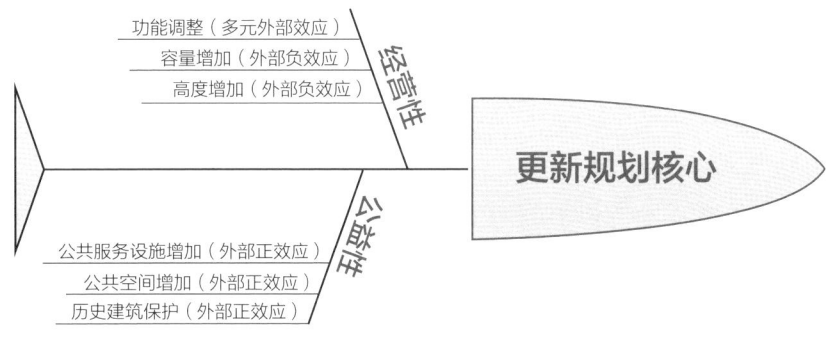

图6-2 城市更新规划核心内容

Figure 6-2 Core Content of Urban Regeneration Planning

（1）本地业主的利益分享

在本地业主的利益分享方面，首先应保证所有的原产权方参与城市更新的利益分成，形成多方分享更新收益的多方共赢格局。利益分享不仅局限于更新原物业价值，还包括通过城市更新而实现的物业升值部分。另外，还要有一套精准细化、公平公正的利益分配测算方法。

以我国台湾地区的权利变换利益测算为例[①]，参与估算的公司一般为三家以上，分别对基地各方原有产权价值和更新后价值进行测算和预测，扣除更新成本后，提出各方分配的具

① 郭湘闽，王冬雪. 台湾都市更新中权利变换制度运作之解析[J]. 城市建筑，2011（8）: 15-17.

体方案，分配对象为土地原有权利人，包括地上权人、合法建筑物所有权人等。在计算各宗土地权利人的权利价值时，因考虑到权利人在更新地区可能拥有两笔以上的权利价值，因此要再将各宗土地权利价值归户统计，后续工作依此进行分配。

（2）公众利益的底线约束

上海当前的政策体系对在更新中落实规划的公益性要素提出了明确要求、技术路线和奖励政策，但是这些政策在技术细节方面还需要更多的验证与推敲。同时，落实公益性要素的内容还很少，仍需深化、细化。

例如，深圳在推进更新单元规划过程中，通过更新获得的权益首先要满足公共利益，并有详细的标准要求，如对于项目再开发中的保障性住房配建，通过对全市国土与社会经济数据的统合分析，明确了各区的配建比例，并通过《深圳市城市更新办法》和《深圳市城市更新办法实施细则》给予保障。因此，深化研究公益性要素的标准规范能更好地实现规划的引领作用。

再如，台湾针对容积率奖励有一套详细的容积率奖励的测算方法，鼓励增加公共通道、骑楼、绿色建筑、公共停车等方面的更新尝试（表6-2）。

表6-2　台湾容积率奖励计算方法
Table 6-2　Calculation Method of FAR Incentives in Taiwan, China

奖励项目	奖励上限（%）	奖励额度计算
原容积率高于法定容积率	—	依原建筑容积率
居住面积不足水准	—	当地居住楼地板面积平均水平乘以原户数后，扣除法定容积率的差额
时程奖励	10	1年内为法定容积率的7%，2年内为法定容积率的6%，6～9年为法定容积率的5%
公益设施捐赠	15	奖励容积率=所需成本经费/奖励楼层单位面积不含建筑成本及营销费用的销售净利
协助开办公共设施	15	奖励容积率=所需成本经费/奖励楼层单位面积不含建筑成本及营销费用的销售净利
协助市有建筑整建维护	10	奖励容积率=所需成本经费/奖励楼层单位面积不含建筑成本及营销费用的销售净利

续表

奖励项目	奖励上限（%）	奖励额度计算
规划设计	10	法定容积率逾400%以6%为限，法定容积率为400%以下以10%为限
开放式空间广场	—	（住宅区不适用本项评定基准）
人行步道或骑楼	—	净宽度在6m以下部分给予100%的奖励，超过6m部分不予奖励
保护维护历史性、纪念性、艺术性建筑物	15	奖励容积率=所需经费×1.2倍/（二楼以上更新后平均单价-兴建成本-营销费用）
更新单元规模	15	依单元规模级距分别以3%、6%、12%为基准计算
绿色建筑	10	银级以6%为限，黄金级以8%为限，钻石级以10%为限
旧违章建筑户安置	25	—
公用停车奖励	20	—

6.2

受损方的经济补偿

Economic Compensation for the Damaged Party

6.2.1 租客等相关方的利益保护
Protection of Interests of Tenants and Other Related Parties

在本书研究的分析中发现，更新过程中租客是利益受损的一方，城市更新应保证租客权利维护的声张途径，适度支付租客搬迁补偿。政府应托底，保障在城市更新中搬迁的租户能够找到与原区位、租金水平相当的搬迁地。

以德国的租客利益保护为例。德国人自有住房率为42%，约60%的人选择租房。德国有一系列相关的法律法规，指导、规范德国房地产市场的均衡发展。例如，德国《民法典》中考虑得更多的是房屋租客的利益，《租房法》严格规定房租涨幅在3年内不得超过20%。此外，所有大中型城市都要制定每年更新的"租价表"，根据"租价表"制定合理房租价格，房租超出"租价表"的20%将被视为"房租超高"的违法行为，超出50%将直接被视作"房租暴利"的犯罪行为。所以，在德国租住同一间房子达数十年之久的租客数量相当可观。对于业主"驱逐租客"等行为，德国相关政策规定，即使租客有欠租、违约等行为，业主也要出示足够证据，然后由执法人员实施收屋。

荷兰的《住房法》是社会住宅制度的法律基础。为了保证住房资源的合理、有效分配，每个家庭除自住用途的第一套住房外，其拥有的第二套或更多住房如不用于出租则须缴纳高额的房地产税。租户租用住宅一年之后，其租赁合同自动转为无期限合同，除非租户自愿或违法（如转租等），房主（包括机构和私人）无权逐出租户，有效控制了想利用社会住宅进行投机的行为。

6.2.2　阳光权与交通权的损失补偿
Compensation for Losses of Sunlight Rights and Transportation Rights

在城市更新中，往往会因为新的开发项目带来原有居民的阳光权损失，因为在周边居民原来购入房产的过程中，阳光权曾经以差异化货币金额的方式进行过支付，如楼层高的住宅单价比楼层低的住宅高，而如果在其周边新增加的建筑物对其进行了遮挡，影响了其阳光与景观，本质上是损害了其经济利益，使其房产价值受损。在当前的城市更新中，存在因项目对周边居民日照影响巨大引起居民反对而导致项目搁置的事件。应该建立一套明晰的阳光权受损量化测算标准与补偿制度，通过经济手段保障所有人的阳光权。

在交通权方面，因为新增加的开发引入了新的人流，带来新的出行，使得更新片区周边交通状况恶化，出行时间增加，出行体验变差，而新增交通还会带来噪声、空气污染等问题，给原有周边业主带来负面影响。但是不同于阳光权，阳光的具体时间可以量化测算，影响交通出行的因素较复杂，同时受到区域交通设施建设改善的影响，应在补偿制度设计中一并考虑量化的方法。

6.3

公众的使用权保障

Protection of Public Use Rights

6.3.1 保障开放使用的公共要素
Ensuring Public Elements for Open Use

当前城市更新政策既鼓励和引导公共要素的增加，也抑制单纯的增容冲动。调整幅度的设置体现在以下四个方面：提供公共开放空间优于提供公共设施，提供产权优于不提供产权，按规划标准配置的优于超出规划要求配置的，中心城优于郊区。

上海的城市更新以控制性详细规划编制单元为尺度，针对区域发展需求和公共要素建设诉求开展系统性、整体性的区域评估，合理确定城市更新需求和需补充提升的公共服务设施及公共空间，划定城市更新单元，明确公共要素优化清单，形成区域评估报告，报政府审议通过后备案，启动城市更新的控制性详细规划调整工作。以更新单元为范围编制城市更新实施计划。在城市更新单元内，通过组织有意愿参与城市更新的现有物业权利人进行协商，明确城市更新项目和更新主体，优先保障落实公共要素的类型、规模和布局，协调跨地块的公共通道、连廊和绿化空间等公共要素的衔接关系，编制更新单元建设方案草案，签订更新项目协议，确定开发时序和进度安排，形成城市更新实施计划，和规划条件一并纳入土地出让合同进行全生命周期管理。

6.3.2 私有产权空间的公共使用
Public Use of Private Property Space

城市中的公共设施、公共空间本应由政府投资建设、拥有产权并后期管理运营，但是由于政府有限的资金与人力，现实情况存在大量私有产权空间的公共使用。

以公共空间为例，理想化的公共空间应该是由公共部门所拥有并管理，向公众开放并提供多元化的公共用途。但是现实中，"代建代管"的情况经常发生，即公有产权的空间时常由私企投资兴建并经营，就其产权而言属于公共空间，其经营权与管理权则属于私人机构[1]。与此相对，许多私人拥有的空间则提供广泛的公共用途，这类空间时常被称为"私人拥有的公共空间"（privately owned public spaces，POPS）[2]。

我国学者对纽约进行了深入研究，纽约市的经验表明，POPS的兴起是由于城市管理者希望以"面积换空间"，增加城市的开敞空间，同时让私人开发商获得相应回报，从而实现双赢。但是，任何政策都是一把双刃剑，20世纪60年代纽约POPS的泛滥表明，若没有在规划设计层面的细化要求以及行政审批制度上的精密设计，POPS极易沦为谋取"私人利益最大化、公共利益最小化"的工具[3]。研究者认为，20世纪60年代在纽约修建POPS可获得48倍于成本的收益，属于政府对此奖励机制的滥用。现今我国城市规划管理中也已广泛引入容积率奖励的手段，政府鼓励私人开发项目提供开敞空间、底层架空及增加公共配套设施等，从而给予相应的面积奖励。纽约的经验和教训对当代中国城市公共空间的更新建设具有深刻的借鉴意义。

以街道空间的产权边界为例，红线是街道空间的权利边界线，红线界定了产权。从规划层面来看，"密路网、小街区"实际上是一种"权利地图"的重新划分，街区尺度、红线宽度及退界距离的缩小，重新界定了在城市中不同权利主体之间的利益版图以及人们使用空间的方式。例如，《上海市控制性详细规划技术准则》中对路网密度给予了明确规定，不但提出了更高的机动车网络密度，还重点增加了步行网络密度规定，注重提升行人的步行体验[4]。该准则中对不同界面类型以及商业界面类型下的步行通行区和建筑前区宽度作出了规定，可以看作对主次支道路两侧建筑退界宽度的补充要求，为建筑退界的开放使用和与路侧带的整合设计要求提供了依据。

从街道的空间设计与使用角度来看，产权边界不应该成为空间使用边界。根据杨·盖尔的研究，20～25m是适宜的街道宽度[5]，行人可以看清街道对面店面的细节和行人表情，也相对

① PUNTER J. The privatization of public realm [J]. Planning practice and research, 1990, 5(3): 9-16.
② CARMONA M, MAGALHAES C D, HAMMOND L. Public space: the management dimension [M]. London: Routledge, 2008.
③ 杨震，徐苗. 私人拥有的公共空间的演变与批判：纽约经验[J]. 建筑学报，2013（6）：1-7.
④ 金山. 上海活力街道设计要求与建设刍议[J]. 上海城市规划，2017（1）：73-79.
⑤ 杨·盖尔. 人性化的城市[M]. 欧阳文，徐哲文，译. 北京：中国建筑工业出版社，2010.

容易穿越。因此，打造人性化的街道，一方面需要压缩红线宽度，同时还要对退界空间进行管控，避免过大退界，同时应与红线内空间统筹利用。在大多数城市街道空间中，退界往往可以成为街道宽度不足条件下的有力补充。例如，在上海大学路断面设计中，对红线内的4m人行道与退界的4m空间进行了整体的设计。当然，现实中还存在很多复杂的情况。在历史街区，规划红线与历史建筑经常相互重叠或者有矛盾，当历史建筑保护级别较高时，往往可以对红线进行调整。如上海历史风貌区就有很多条永不拓宽的街道；又如上海的金陵路骑楼街，建筑下部空间作为街道的人行空间使用，而产权边界红线如何调整仍需要探索及制度创新。

　　由于退界空间一般被低效利用，政府有必要在有些时候向私有空间要公共空间，街道空间与退界空间需要一体化设计。在各地的街道设计实践中，都有统筹设计的建议，实施层面需要和开发商进行谈判协商，以推进方案落地。针对未出让地块，可以在土地出让之前，要求出让条件并强制执行。在厦门某街道的改造方案中，由于沿街步行空间单调乏味，而步行需求较大，故尝试增加一些节点。街道两侧有学校等公共设施，由于学校属政府公共产权，因此可以很好地调配公共资源。在《上海市人行道设计手册》中也尝试通过不同方式对退界空间进行统筹，如通过沿街围墙后退补充人行空间、人行道设施设置于退界空间等（图6-3）。

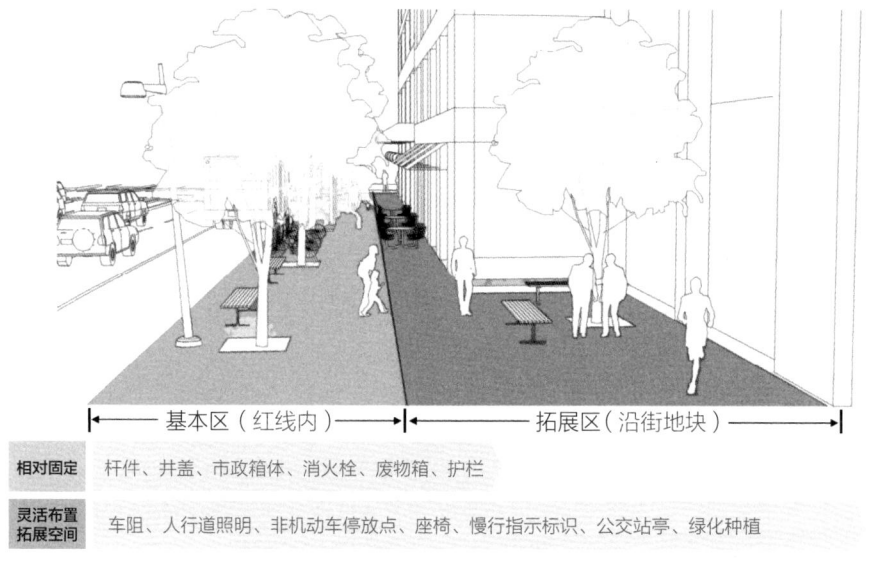

图6-3　街道退界空间一体化利用设计建议

Figure 6-3　Design Suggestions for Integrated Utilization of Street Setback Spaces

（来源：上海市城市规划设计研究院，《上海市人行道设计手册》）

6.3.3 空间使用权的重新分配
Redistribution of Space Use Rights

在城市更新中，基于现实及未来需求，空间使用权通过设计可以进行重新分配。以街道空间为例，对街道空间使用权的分配有两个设计思路：第一个思路是顺应现在的空间使用需求，即基于当前条件下机动车出行量、慢行交通出行量合理地分配断面空间；第二个思路是引导未来的需求转变，即通过断面的设计，促进和引导未来交通出行方式的转变，如将一条机动车通行的道路改成步行街。

街道的人性化设计及空间使用权分配，应从以机动车为中心转变为综合考虑行人、自行车、公共交通、机动车等多种交通方式，应根据道路类型、等级及服务对象优先权的不同，合理分配各种空间资源，体现路权分配的公平、公正。共享经济时代背景下，共享单车行业的迅猛发展使得非机动车迅速回归城市交通日常，在全国掀起了非机动车出行热潮，其出行比重得到较大提升，街道设计必须顺应这种发展趋势。在厦门的民族路，笔者基于摩拜数据及现场观察发现，有很多非机动车在街道上通行，和机动车路线交叉，非常危险。现状没有非机动车专用道，改造方案尝试减掉一条机动车道，划出非机动车专用道。另外一个案例为厦门的厦禾路街道改造，主干道两边都有公交车行驶，没有公交车专用道，设计方案尝试专门开辟公交车专用道（表6-3、图6-4、图6-5）。

表6-3 空间有限的前提下不同街道类型空间分配建议
Table 6-3 Suggestions for Spatial Allocation of Different Street Types with Limited Space

项目	步行	非机动车	绿化	公交车	机动车
商业型	充足	基本	基本	基本	压缩
休闲型	充足	充足	基本	基本	压缩
景观型	充足	充足	充足	基本	基本
连通型	基本	充足	基本	基本	充足
公交走廊	基本	基本	基本	充足	基本

街道空间尺度的问题其实背后也是权利问题。我国城市中的大量街道，特别是新城，普遍存在空间尺度过大问题。街道一旦建成，通过更新改造改变街道空间尺度难度巨大。在上海上虞区的设计实践中，一条两侧界面之间宽度68m的道路，最初的改造方案是在道路中间

改造前　　　　　　　　　　　　　　改造后

图6-4　厦门民族路改造方案示意图

Figure 6-4　Schematic Diagram of the Reconstruction Plan for Minzu Road in Xiamen

（来源：上海市城市规划设计研究院，《厦门市街道设计导则》）

改造前　　　　　　　　　　　　　　改造后

图6-5　厦门厦禾路改造方案示意图

Figure 6-5　Schematic Diagram of the Reconstruction Plan for Xiahe Road in Xiamen

（来源：上海市城市规划设计研究院，《厦门市街道设计导则》）

增加一组街坊以化解街道尺度，而当地政府无法接受该方案，一方面是担心增加交通压力，另一方面是由于增加土地如何操作没有相关经验可以借鉴。于是，方案调整为增加一组构筑物，同样可以起到有效缩小尺度感的作用。

　　街道的不同使用人群使街道产生了一定的社会属性，如老龄化地区的街道、年轻人的街道、儿童的街道、高端的精品街道、低收入者的街道等，因此需要营造与使用者身份特征、行为需求相适应的街道物质环境。例如，老年人往往行动较慢，而且经常需要坐下来休息，街边就需要相应地设置休憩的座椅；儿童最喜欢的是自由自在地奔跑，因此学校周边的人行区域需要充足的通行空间。上海有一些很好的实践探索，如同济大学围墙外、阜新路、鞍山路路口的人行道旁增加的户外儿童游乐装置吸引了放学的孩子们荡秋千、滑滑梯，为街道增添了活力；复旦大学门口的政通路，根据学生的特殊需求增加了行李箱专用通道，改造后备受好评。

从人群的空间维度看，一条街道服务周边居民或就业者，也会服务不住在周边的本地市民以及外地游客。因此，对街道的设计需要合理的定位，同一条街道上不可能完全满足所有人的各类需求，经常面临取舍。街道的设计应顺应人性的需求，如依照行人过街期望路线划设人行横道，根据人的安全感及观察的需求设置座椅等。同时，街道设计应考虑后续的低管理依赖并吸引沿线居民自觉维护，如设置必要的车阻设施以防止机动车非法停放，增强沿街空间的归属感等。

6.4

货币利益的公平变换

Fair Conversion of Monetary Benefits

6.4.1 市场资金的准入机制
Access Mechanism for Market Funds

在城市更新政策中，相比于规划土地政策，财税金融政策也是更新能否成功的关键。例如，我国台湾在城市更新及市政共享方面，除了采取容积率奖励、容积率转移等政策之外，还辅以税捐减免、投资抵减、城市更新信托基金、指定用途公司债等财税金融政策，其经验值得学习、借鉴。

日本东京城市更新的资金筹措手段也值得借鉴，通过不动产证券化，筹措大量民间资金以推动城市更新。在东京大手町案例中，由于土地位于都市精华区，购买合署厅舍的地权耗费庞大，民企顾虑财务风险，资金筹措不易。UR都市再生机构率先投入购买"种地"，继而吸引保险及不动产公司购买三分之二的土地。为了筹措资金，日本政府开放不动产金融商品，由民间企业成立SPC（special purpose company，指以发行不动产证券方式经营的特别目的公司），对外发行不动产证券，让一般民众来认购。对于投资的民间企业，将土地权利切割证券化，一方面可筹措大规模的开发资金，降低风险；另一方面开放大众共同持有资产，由民间企业担任管理租赁的角色，可长期保有土地，完整规划经营。

城市更新项目的资金需求呈现波浪形起伏，收益需在较长时间内逐步取得，目前市场上没有与之匹配的金融支持产品。笔者建议按照项目开发时序，在投资、建设和运营阶段分别匹配不同的金融工具。

在投资阶段，建议组建城市更新专项投资管理公司。借鉴英国城市开发公司的经验，由一家市级国有资产管理公司与基金公司共同牵头组建城市更新投资管理公司，通过市场化运作支持上海城市更新实施相关主体，全面高质量推动上海城市更新工作。在建设阶段，建议发挥开发性金融的市场建设功能。作为地方财政支持城市更新的配套支持培育资金，开发性金融可以优先对城市更新投资基金注资的项目予以中长期贷款。在运营阶段，可丰富金融服务手段。例如，吸引产业投资基金等进行后续投资，通过资产证券化盘活资产，引导保险公司等大规模、长期性资金参与。按照全生命周期的逻辑完善城市更新投（融）资机制，关键在于强化企业的投资主体地位，理顺政府和投（融）资主体间的关系，鼓励民间投资有序进入城市更新各领域，为资本有序退出提供通道（表6-4）。

表6-4　针对不同类型项目的解决方案
Table 6-4　Solutions for Different Types of Projects

项目类型	主要投（融）资问题	金融解决思路
历史风貌区改造	项目自身盈亏严重不平衡，依靠财政投入；前期依靠国资平台垫资投入，财政资金后续补偿路径不稳定、不透明	多元社会资金投入；风貌保护基金；争取棚户区改造类政策，自由现金流分期偿还
存量工业用地盘活	前期补地价投入大，投资回收期长；大量主体缺乏经验，需要引入外部战略投资	产业投资基金；专项长期开发贷；资产证券化工具
存量商办项目转型	改造投资大，投资回收期长	专项奖励账户；长期开发贷；资产证券化
老旧住区改造项目	改造投入大，没有市场化的收益回收渠道，依赖财政补贴，财政资金后续补偿路径不稳定、不透明	"准公益性项目+财政制度性安排"融资模式

建议优化全生命周期的监管机制。在"城市更新项目信息共享库"的帮助下，建立项目全生命周期管理的跨部门信息沟通机制，对城市更新项目的实施主体和权利人股权变更进行更高水平的分类细化管理。对涉及司法拍卖、工商变更登记、工程转让等调整主体开发利用的情形进行分类；对"一次股权变更"后短期内发生的"二次股权变更"行为进行必要监控，并区分处理。在土地出让合同中，细化资本退出的条款。以产业转型、公共设施、风貌保护等公益性目标的达成情况作为资本退出的前置条件。

建议调整地价支付方式。补地价仍在城市更新成本中占据较大份额，并且这部分成本不能采用债务融资手段覆盖，对转型主体构成较大资金压力。现行地价可分期支付，最多延宕两年，并且计征利息。建议在补地价环节引入一些更为灵活的机制和方式：可根据物业自持比例设定分期缴纳期限，自愿长期全自持的，可以将分期交付的期限在现有基础上进一步延长，使得权利人可以用初始租金收入支付补地价款，并引入地价与税收联动机制。对于存量工业转型战略新兴产业的更新项目，前期缴付一定比例补地价金额，待项目投入运营后，根据实际的投资强度、税收产出强度等指标，经区政府集体决策，按浮动比例缴纳剩余补地价金额。

6.4.2 征收货币的公平补偿
Fair Compensation for Currency Collection

在城市更新过程中，部分主体退出也是普遍现象，更新中企业主体、居民主体的退出与补偿标准往往是利益分配的核心议题。因涉及复杂的计算方法，本书研究对此并未深入涉及。本书研究认为，公平的补偿原则应该是保障所有主体在征收标准方面的统一性，并适度向弱势群体倾斜。而在当前房价快速上涨的背景之下，拆迁因时序和周期影响带来的不同时间段的补偿标准差异，是解决公平难题的最大瓶颈。

6.5

规划技术标准的优化提升

Optimization and Improvement of Planning Technical Standards

规划体系要应对城市更新的规划管理要求，不能单纯依靠调整各层次城市规划的编制内容，还必须对城市规划技术标准和规范进行调整与完善。我国现行的规划技术标准建立于城市快速发展时代，主要针对一般性的新增建设行为，无法匹配目前大城市城市功能的演变，对城市更新管理的不适应，突出地体现在无法支撑用地性质和建筑功能混合的管理要求，难以提供以轨道交通引导的城市高密度开发的规划控制依据，以及难以为城市更新的土地经济效益研究提供支撑等。因此，有必要针对城市更新的特点，对现行技术规范进行必要的修正，而且这也将有利于推动城市规划技术向目标更为广泛、内涵更为丰富、执行更为灵活和管理更为精细的方向转变。

6.5.1 宏观层面的更新区域识别
Identification of Update Areas at the Macro Level

在宏观层面，建议结合城市更新、城市规划、空间分析等相关理论，以居住、工业、商业三类功能区域进行空间识别体系的构建，并结合城市空间数据建立全方面、多角度的评估监测指标。

（1）更新功能区识别指标体系

在传统物质空间的评估上，加入社会价值、人群利益等指标，形成新的评价维度，构建有效的评价指标体系。居住功能区域识别指标涉及环境和社会两个维度，其中环境维度包括住宅品质和土地利用强度指标，社会维度包括公共空间和公共设施指标。工业功能区域识别涉及经济、环境和社会三个维度，其中经济维度包括土地投入和产出、土地利用结构等指标，环境维度包括土地利用强度和产业能耗指标，社会维度主要考虑人口就业情况。商业商办功能区域识别指标涉及经济、环境和社会三个维度。经济维度包括商务办公和商业服务指标，环境维度包括环境品质和土地利用强度指标，社会维度包括人口就业指标。融合传统数据和大数据，提升了更新区域识别和评估的精度与可靠性。

（2）更新功能区评估

从环境、社会和经济三个维度对不同功能区进行空间评估，有助于支撑城市更新区域的规划设计和规划研究。制定功能区单元选择的标准，提取居住、工业、商业三类功能区的地块。运用因子分析的方法构建不同维度的更新功能区评价体系，并结合热点分析、空间自相关、K-均值聚类等方法对三类功能区评估的空间特征进行深入分析。此外，对居住、工业和商业功能区中存在叠加的区域进行研究，探索功能叠加区域的更新方向。

（3）城市更新评估监测平台

搭建城市更新识别和评估监测平台，结合城市更新识别方法和对数据获取难易度的考虑，从环境、社会和经济三个维度分别对居住、工业和商业商办三类用地进行数据整合，由此构建城市更新地图数据平台的基础数据库。它应该是一个动态的数据库，随着与城市更新实际案例的空间叠加，不断更新数据、调整算法，可持续地提高数据平台的可信度。

6.5.2 中微观层面的更新技术创新
Technological Innovation at the Medium and Micro Levels

建议提升规划管理和设计标准的适用弹性，如探索"非改居"的政策创新，适度放宽相应的设计标准。对公共建筑或产业建筑密集的地区，如上海外滩风貌区，应探索适当放开"非改居"的审批通道，重点可改造为廉租房、人才公寓等功能。其一方面可为公共建筑和产业建筑的再利用探索新途径；另一方面可以为公共活动中心、原产业功能区引入居住人口，提升地区活力，例如商办转公共租赁住宅的政策就是对这方面的积极探索。针对保护、保留等级以上的保护状况危急的历史建筑，可以简化程序优先保障历史建筑的维护。

对于特殊地区，特别是历史风貌地区，应当允许适当突破现有控制性详细规划技术准则对日照、建筑间距、建筑面宽的限制要求，探索与消防、绿化等相关部门在消防标准、绿化率控制等方面寻求弹性控制。

以里弄的保护与更新为例，应针对里弄专门制定政策予以支撑，单独出台规范性文件、技术标准和专项规划。一是可制定关于加强里弄保护更新工作的实施意见（或细则），就指导原则、保护规模、更新方式、资金来源、角色定位、职能分工等进行明确。二是可出台里弄保护更新的管理办法和技术规定，打通解决里弄保护、更新、利用所涉及的土地、规划、立项、征收、税收、权籍等领域，形成较为明确、一致的技术标准。三是推动编制城市更新规划和里弄保护更新专项规划。四是在政策口径基本明确的基础上，通过研究课题或政府部门内部调研形式，开展一些深化研究和延伸研究，如保护改造模式研究、国内外经验适应性研究、规划实施可行性研究[①]等。

小结

城市更新本质上是政府、开发商、原产权人和社区公众围绕土地使用权与物业所有权的转移和让渡进行博弈而达到多方平衡的过程。城市更新政策是为这个博弈过程提供操作规则的核心，政策体系的构建、土地及物业权利的变换、发展权奖励及转移以及其他财税等金融政策的支持，都是政策的核心内容。当前，土地使用权变换分为延续或者重构两种情况，物业权利变换分为自持和转让两种情况，对于发展权基于公益贡献及实行奖励与转移政策，目前政府实施着比较严格的管控，未来应逐步探索松绑与激励的路径。

利益的分配是城市更新政策的核心，政府与市场的获利分配、政府层面市区利益的分成、本地业主的利益分享、公共利益的底线约束等都是关键点，从政府的收益视角来看，政府在城市更新中的获利将逐渐走向长期化，除了现有的土地收入之外，即更新

---

① 万勇. 里弄保护与更新的基本方式和关键环节——以上海里弄为例[J]. 城市发展研究，2014（1）：61-67.

带来的就业、税收等的增长，企业的获利应维持一个合理的比例，避免不合理获利以侵占公共利益，本地业主应分享更新带来的增值收益，公众应在更新后享受地区品质提升后带来的服务外溢，利益受损方应获得相应的经济补偿，城市更新应走向多方共赢，实现城市更新中各方利益的平衡分配。

20世纪80年代的上海城市更新，重点改善低收入家庭的居住困难，政府重点关注社会弱势群体居住条件的改善。90年代的城市更新，开发商在城市更新过程中成为主导者，而商业利益的驱使使得大多数情况下效益和效率优先，而社会公平在一定程度上被忽视。进入21世纪后，上海的城市更新进入寻求机制创新的新阶段，政府、企业、市民三方参与，强化现代服务业与创意产业的比重，更新中的遗产保护与改造利用越发成为关注重点，这一阶段城市更新对社会公平的关注度大大提升。

从上海市30余年的旧城改造政策重点内容来看，一方面政策从最初的粗放式开发，到兼顾社会公平、设施环境建设的综合开发；另一方面从更新模式上来看，无论是"毛地出让"还是"土地储备"模式，更新的动力均来自于土地的潜在价值，也就是追求开发容量的经济回报，是全部更新的关键动力，但是随着城市发展要求的提高与经济形势的变化，土地的价值可以利用的空间越来越小，以容量带动的更新模式也基本达到瓶颈，曾经的支持措施大多已没有继续适用的政策空间。但城市的发展需求还在不断涌现，如何在政策红利空间日渐缩减的背景下，在兼顾社会公平的前提下，有效进行更新实施是一切更新的症结。

城市更新的经济公平，需要空间产权、使用权的公平变换及货币利益的合理分配。土地由于年限不同，合并及重划的难度会非常大，需要有一套科学的测算方式对不同年限产权的业主权利进行合理测算，进而在更新后的项目中进行合理的利益分配。而在建筑产权的更新方面，应依靠市场盘活政府无力更新的建筑，以保障更新的机会公平，公产更新时可延续承租权，进行建筑的功能更新，政府应托底有保护价值的历史建筑，同时也应放开市场主导的自由产权交易。在历史风貌地区，应探索发展权奖励与转移。各方利益的平衡分配，应保障本地业主的利益分享、公众利益的底线约束以及其他相关方的利益补偿。更新后的城市空间应保障公众的使用权，包括开放使用的公共要素，部分基于需求的私有产权空间公共使用，并对空间使用权进行合理的重新分配。在货币利益的公平变换方面，建议放开市场资金的准入机制，并推动征收货币的公平补偿。

Chapter 7

Social Justice: Role Rationality in Urban Regeneration

社会公正：城市
更新中的角色理性

第 7 章

　　本章从更新实施的视角，探讨了城市更新的社会公正。城市更新地区需要开展社会影响评估与社会规划。更新实施需要拓展多元主体的更新模式，需要放宽民间自组团体的准入标准、灵活多变的更新策略、加强实施过程的公众参与。更新中政府、企业、社会及智库的理性角色回归同样是保证城市更新过程权力公平维护的关键。

From the perspective of regeneration implementation, this chapter discusses social justice in Urban regeneration. Areas undergoing Urban regeneration need to conduct social impact assessments and social planning. Regeneration implementation requires expanding regeneration models with multiple agents, broadening the admission criteria for private self-organized groups, adopting flexible regeneration strategies, and strengthening public participation in the implementation process. The rational role regression of government, enterprises, society, and think tanks in regeneration is also crucial for ensuring fair power maintenance in the Urban regeneration process.

7.1

更新社会影响评估与社会规划
Updating Social Impact Assessment and Social Planning

城市更新会给改造地域带来显著变化。对于大规模的城市更新而言，这种变化对于地域内的居民来说是一种根本性变化；即使是小规模的有机更新，也会给居民的工作和生活带来冲击。因而研究城市更新给地域内居民的生活造成的影响是一个重要内容，并且由于群体的不同，城市更新所造成的影响也会有所差别，从社会公平角度，对这种差异性影响应该审慎研究。

从目前规划编制成果分析，可以说大多数城市更新规划设计重点关注的是高效率的物质环境的建设和维护，如历史建筑的修缮和保护、街巷道路的建设和整治、开放空间的布局、土地利用的方式等，以经济效率、可达性和美学效果为理论基础展开规划设计的编制工作。这是因为规划偏重以物质空间的改造来改造社会，以工程技术的进步解决城市问题。从城市建设实践来看，在这种物质性规划的指导下，一些更新后的城市地区还不如更新前有活力和吸引力，一些城市更新没有解决原来的问题，反而造成新的问题。因此，人们认识到，物质空间的建设应该和相应的社会、经济目标和政策相联系。因而在城市更新中，应该将"社会性"纳入规划之中。

社会规划始于20世纪60年代，西方国家大规模的城市更新和新城建设运动产生了大量复杂的社会问题，使城市规划工作者对物质性规划进行反思，认识到城市规划必须同公共政策、社会学、社会福利等学科领域结合，促进了社会规划的发展。考虑城市更新对改造地域居民的工作和生活造成的影响，德国在《建设法典》中规定了社会规划框架，要求研究城市更新对居民造成的影响，并提出相应的措施。其中列出了可能的措施：协助公民重新安排住房并找到新的工作，对于商业网点而言则是重新定位；为受到负面影响的公民提供使之受益的建议；当受到负面影响的当事人无法接受城市政府提出的负面影响的补救措施时，或者无法利用城市政府提供的帮助时，为其提供额外合适的措施。这些措施可以对城市更新中产生的受惠不公进行适当补偿。

由于城市更新地域的差异性，社会规划的内容可能各有侧重，如德国的《建设法典》并没有规定社会规划的具体细节，只是提供了社会规划研究框架，要求在城市更新中针对地域和具体情况因地制宜地做出处理。有学者曾将社会规划分为三种模式[①]。一是以福利政策为核心的社会规划，主要应用于西方发达国家，通过社会政策手段影响社会福利领域中优先权的决策，直接指导资源、地位和权力在不同社会群体之间的分配，如社会服务规划、地方福利活动规划、社区组织规划等。二是以综合式社会发展为核心的社会规划，普遍应用于发展中国家，强调通过空间、经济和社会等综合的规划引导手段，关注社会的全面发展，并推动社会公正和公众参与，社会福利服务仅占其中较小比重，如社会发展规划等此类规划通常需要强大的政治意志推动力和民主政治机制（最好来自国家层级）以及地方（自治）组织的发展等为背景条件。三是以社区邻里为核心的社会规划，以北美和澳大利亚洲等地的社区规划为代表，重心多集中在地方城市和社区层面，强调通过地方政府、社会团体和公众的协商谈判，实现社区生活品质的提升。这类规划因在利益协调的负责程度、对弱势群体的关注以及资源的调配整合等方面的诸多问题而受到质疑。如一些城市的社会规划主要关注儿童看护、可支付住房、政府拨款计划、多元文化、安全和犯罪预防等问题，提供有关土地利用、发展、交通、经济和环境规划的社会影响建议。还有一些城市的社会规划则关注老龄化问题对社区住房、交通、健康的影响，种族联系，青年人活动中心的规划，制定成年人监护协议，建立地方社区法律管理办公室等，或者主要关注公园和休闲活动以及社区发展事务，关注多元文化计划、居民服务、就业服务、社区法律服务、家庭和儿童服务等。

笔者建议我国城市更新中的社会规划，主要考虑城市更新对地域内居民工作和生活的负面影响，并从社会发展和社会公平角度予以适当补偿。在城市更新规划中，社会研究规划的引入并不是作为一个新的规划，而是对目前规划内容的补充和完善，将"人"和"社会性"纳入规划，提升城市更新的受惠公平。

社会规划大致可以分为四部分内容，即社会价值观和社会目标体系、社会分析、社会影响评价、社会规划策略，其中需要着重关注的特征群体包括女性、残障人士、老年人、儿童、少数民族、宗教团体、低收入人群等。

（1）价值观与目标体系

价值观和目标体系是社会规划的核心，它决定更新方案中资源分配的优先权如何界定和选择，也就是面对多元化社会的不同需求和公共资源的有限性，在城市更新中如何分配资源和应该优先考虑哪些群体的需求。在规划中应该有明确的可操作的社会目标体系，避免社会规划的空泛。

（2）社会分析

社会分析包括对目前存在的社会问题、社会预测和社会需求的研究，关键是构建不同社会群体的不同的社会需求，建构社会特征—需求—服务的关联体系，分析现在和未来的满足程度。这部分内容需要明确说明城市更新中哪些空间和环境是为哪些群体服务的，并细化现有规划设计的需求及服务对象。

（3）社会影响评价

社会影响评价关注改造方案对当地社会的影响和当地社会条件对项目的适应性及可接受程度的分析，内容包括社会影响分析、所在地的互适性分析和社会风险分析等，这是对方案的社会性评估的关键。

社会影响分析包括对所在地居民就业、收入、生活水平的影响，对所在地区不同利益群体特别是弱势群体利益的影响，对所在地区文化教育、卫生的影响，对当地基础设施、社会服务容量的影响等。所在地的互适性分析包括相关的不同利益群体对开发的态度及参与程度，选择有利于更新成功的各利益群体的参与方式，对可能阻碍项目进展的因素提出防范措施等。社会风险分析是对可能产生影响的各种社会因素进行识别和排序，选择影响面大、持续时间长并容易导致较大矛盾的社会因素进行预测，分析可能出现这种风险的社会环境和条件。

（4）社会规划策略

社会规划策略主要从经济、社会等方面，基于社会价值观和社会目标体系，通过项目的社会影响评价，对改造方案的利益分配进行调整，特别是对社会不同群体在社会福利领域或者说公共财政支付优先权的调整提出针对性措施。

以上社会规划的内容建议在现有规划体系中的控制性详细规划、城市更新规划区域评估、城市更新实施计划中予以补充。

音乐谷更新社会评估①

上海音乐谷地区通过多样性的文化体验和可识别的形象标志来增强地区吸引力，达到了与周边城市功能互补的目的，但在小尺度范围内来看，音乐谷地区与本地社区的融合还有待加强。音乐谷地区的居民整体社会阶层偏低，社区事务参与意识不强。对音乐谷地区的兰葳里、瑞庆里、常乐里、瑞源里等里弄居民的问卷调查分析结果显示，片区以本地人口居住为主，样本区域内本地常住人口占84%左右，外来常住人口占12.3%。从年龄结构来看，人口老龄化特征明显，60岁以上老年人口占总人口的16.5%，14岁以下儿童与青少年占总人口的4%。居民受教育程度普遍较低，只有11%的人接受过大专及以上教育。

从几个里弄的居委会处了解得知，居民整体收入水平偏低，大部分居民的月收入水平在3001~4500元，低于同期上海市的人均月收入。社区居民参与社区事务的主要途径是通过报栏、宣传栏等文化设施，参与社区事务的方式较单一，且频度较低。即便地区整体环境品质有所提升，居民的居住品质仍然处于较低水平。有52.2%的受访者认为，所在里弄的社区品质属于全市中下层或下层水平，超过半数的受访者想要搬离现有房屋，主要原因包括居住拥挤、房屋老化和卫浴设施不好等。由于音乐谷地区吸引了大量音乐文化产业和创意产业，更多地面向创意工作者和高知人群，并未给当地群众提供较多的工作机会，当地居民的日常工作并未与周边产业产生较强的联系。

总体而言，音乐谷地区居民的社会层次偏低，人口结构趋于老龄化；社区内部较为和谐，居民具有一定的社区归属感，但改善居住环境的想法依然强烈；居民在社区中参与社区事务的机会较少，且与本地经济发展联系较弱。音乐谷地区与本地社区的融合还存在着诸多问题。一方面，本地居民与音乐谷地区无论是经济联系还是活动参与，紧密度都比较低；另一方面，环境的提升和创意产业的引入带来大量在此消费、工作的中产阶级，音乐谷地区的租金开始上升，导致部分居民不得不搬离。可见，音乐谷与本地居民形成了两极分化和新的社会孤立，从一定意义上可以说在社区层面脱离鲜活的社会而成为城市功能的孤岛。

① 丁甲宇，孙昕宇，周俭. 文化资源在历史街区更新中的作用研究——以上海市音乐谷为例[J]. 住宅科技，2020，40（9）：12-18.

7.2

更新多元实施路径与公众参与
Updating Diversified Implementation Pathways and Public Participation

7.2.1 多元主体视角的更新模式
Updating Models from Multiple Subject Perspectives

城市更新模式的分类有多个维度，包括牵头主体、主体数量、主体属性、供地方式、更新方式、更新尺度、更新功能、投资方式等，如果每个维度分为3~4种类型，彼此交叉，理论上存在成百上千种更新模式类型。

上海的土地主要可分成保留/待建和规划开发两种类型。按照土地动态，保留/待建土地分为毛地地块、有更新需求的保留地块和一般保留地块，而规划开发用地则分为待开发和已收储待开发两种类型。实施根据土地动态和实施条件，更新地块主要通过储备出让、有机城市更新和综合整治三类实施路径予以落实。其中，有机城市更新路径根据土地所有权情况，进一步划分为单一产权人路径和多产权人路径。按照现行更新类型划分，则分为整片区更新、零星工业用地更新、经营性商业商办更新、老旧社区更新、文创园区更新及公共空间微更新等。

城市更新实施过程有多种操作模式：按照牵头主体的差异，可以分为政府主导、市场主导、社会自发三种类型；按照产权主体是否变更，可以分为产权主体更替、产权主体微变以及产权主体不变三种类型。按照供地的方式可以分为早期的毛地出让、后期的土地储备、短期的"三个不变"以及最近的存量补地价四种情况。按照对物质空间改造的程度，可以分为拆除重建、改扩建、功能改变及环境整治四种类型。

每个更新项目的公平性千差万别，会受到发展阶段、推进主体、基地条件、更新政策等诸多因素影响。而不同更新模式是否会对公平性带来影响，是本章研究的主要内容，即同种模式下是否存在相似的公平性问题，如果存在则进而分析其背后的逻辑及产生的原因，分析影响公平性的主要因素。

本书研究从社会公平的视角入手，重点关注更新中主体的角色、更新中的土地及空间变化等方面，故选取了三种分类方式对其模式进行分析。

城市更新需求大致可以分为两种类型，一类是政府关注的民生类更新项目，另一类是市场利益驱动的更新项目。第一类中，有一种情况是由政府主导推动，城市更新主要是根据地区发展需求，选取较集中连片、相对完整的街坊尺度，甚至是按控制性详细规划编制单元范围进行区域整体转型，通过资金入股、土地收储等方式引导市场参与的城市更新。还有一种情况就是政府给予适度的政策支持与鼓励引导，由民间自发实施更新，主要是社区内的一些小微空间更新。第二类是以市场需求为导向，以实施条件相对成熟、更新规模相对较小、更新诉求相对明确的零星城市更新项目为主。政府主要在宏观、中观层面对地区发展需求和社会公众利益适度引导，保障城市更新秩序；更新主体以增加公共要素为前提，结合自身发展诉求，开展地块改扩建，实施城市更新。

不同的操作方式由于牵头主体不同，过程中各方角色会有较大差异，一般占据主动的一方往往掌握更多的话语权和决策权，配合方参与其中，视不同情况发挥不同作用。政府主导的城市更新项目中，政府往往全程掌握控制权，一些大型项目往往规模大、受众广。市场主导的项目一般为利益驱动，社会话语权弱。社会自发的城市更新往往基于市民需求自下而上发起，在维护社会公平方面具有积极意义。

（1）政府主导

政府主导的城市更新是指城市更新项目由政府直接组织，政府掌握控制权。政府通常负责规划、提供政策指引，由政府建设部门与承担更新任务的国企签订土地开发合同。在政府主导类的城市更新中，可以分为市政府主导、区政府主导及街道主导三种类型，其影响及受益面也依次降低。政府主导的城市更新中的不公平主要有以下两种情况：第一种情况是政府财政投资私人物业，带来不公平；第二种情况是政府财政投资政府物业时，仅部分群体受益，或者受益群体的受益程度不均，带来不公平。

市政府推动的大型城市更新项目往往面积大，甚至跨行政区。例如，在2010年上海世博会开幕迎来倒计时600天之际，中共上海市委、市政府举行动员大会，全面实施"迎世博

600天行动计划"。在市容市貌方面，全市计划清理4.7万块户外广告，重设或改造修复约5.9万块店招店牌；还用一年多时间完成中心城区共计303km各类架空线入地和100km架空通信线整治任务；推进公交节能减排，基本消除车辆冒黑烟情况。在建筑整治方面，整治工程中的居住建筑整治资金总体按"业主出一点、市里补一点、区里筹一点"的原则筹措，分摊比例原则上为4∶3∶3①。

从相关资料及数据可以看出，巨大的财政投入中，部分私人产权的居住类建筑整治的投资中有六成为政府的财政投入，任务重、财力困难的区可以获得更多的市政府财政补贴。笔者在调研访谈中了解到，整治只针对沿重要城市交通走廊、重点地区周边等门面地区，同一小区范围也并不一定都涉及，因此带来财政投资私人物业以及受益群体不均的不公平问题。

另一个政府主导的大规模城市更新案例是黄浦江滨江贯通工程。该项目是由上海市政府牵头推进，举全市之力实施的城市更新项目，取得了非常好的效果和示范意义。针对黄浦江两岸公共空间形式单一、断点较多、公交不便、配套不足，两岸中心区段实际贯通（建成）率不足50%等问题，2014年上海市黄浦江两岸开发工作领导小组办公室组织制定并发布了《黄浦江两岸地区公共空间建设三年行动计划（2015—2017年）》，在贯通过程中，涉及的不少利益主体积极配合，腾出公共空间。例如，陆家嘴集团拆除了沿江第一层面的8家餐厅，拆除面积超过3000m²。地产集团拆除浦明路1888号高桩平台上近2000m²建筑。徐汇区通过市区合作，实现了云峰油库和上粮六库1000亩土地的腾让。黄浦区南外滩区域海事、轮渡、环卫等码头设施实现了全面腾让，而这些协调工作都是由市、区政府牵头才可能完成的。贯通过程中，市政府通过正式印发的《黄浦江两岸地区公共空间建设设计导则》和《黄浦江滨江公共空间标识系统设计导则》，在总体设计、生态景观、活动场所、交通设施等多个方面都提出了明确、统一的建设设计要求。《关于加强黄浦江两岸滨江公共空间综合管理工作的指导意见》中也界定了滨江公共空间的管理范围，明确了以属地化管理为主的职责分工原则，确保公共空间运行安全有序。

黄浦江两岸从杨浦大桥至徐浦大桥45km岸线公共空间于2017年年底宣告贯通，2018年1月1日正式向市民开放。贯通后，上海市民可在两岸绵延45km色彩、材质统一的"三道"——漫步道、跑步道、骑行道上或漫步，或休闲，或观光。贯通工程的实现为体育、文化、旅游等功能进一步集聚创造了条件，如滨江五区健身大联动、上海马拉松、上海杯帆船

---

① 潘翔，饶斌. 浅析城市建筑整治后的长效管理——以上海市迎世博600天行动建筑整治为例[J]. 住宅科技，2010（1）：9-12.

赛等重大体育活动在滨江举行，篮球场、小型足球场等一系列体育设施实现布局；浦东老白渡艺仓美术馆、民生城市空间艺术季等文化展览积聚人气，西岸艺术与设计博览会、西岸音乐节等一系列活动顺利举行。贯通工程把上海滨江公共空间还给了市民，是市政府给全体市民献上的新年大礼。

相对于前面的案例，贯通工程作为政府财政投资的重大民生工程，其获益者是城市中的每一位市民，增加的城市滨江公共空间对所有市民及游客开放，并且兼顾了骑行、步行、跑步等不同使用者的需求，是一个城市更新公平性的典范型项目。

由政府下属的企业代表政府实施推动的城市更新，是政府主导的城市更新的另一种类型。以上海世博城市最佳实践区（简称"实践区"）为例，实践区南面滨江、北面近城，属于老上海的城南地区，位于世博会围栏区的浦西E片区，占地面积约为15hm^2。这里曾是黄浦区的传统工业集聚区，建设范围内绝大部分是原先的工业、仓储和堆场用地，还有"危棚简屋"，迫切需要更新。借上海世博会的契机，实践区进行了两次更新。实践区中保留的工业建筑占总建筑面积的60%以上，在世博会期间进行功能化、时尚化、生态化、节能化改造，成为世博会各种展馆和工业遗产再生的创新实践。上海世博会后的二次更新以文化创意产业为主题，多种元素嵌入，形成效应协同的综合体。上海世博城市最佳实践区商务有限公司（简称"实践区商务公司"）为上海世博发展集团全资子公司，于2012年2月1日正式成立。该公司受集团委托，负责实施实践区的整体规划、开发、运营和管理。

二次更新后，园区作为开放式街区管理，实践区商务公司委托专业公司进行后续物业管理并支付相应的费用，园区内的入驻企业向实践区商务公司缴纳租金。一方面，周边居民虽没有任何投入，却成为最大受益者；另一方面，周边居民对公共空间的使用支撑了园区的配套商业设施，如咖啡厅、餐馆等，同时提升了园区入驻企业的配套水平，实现了多方共赢，是一个政府主导类城市更新的成功案例，同时也是多方同时获益、相对公平的案例。

当前的政府主导类城市更新主要针对较大规模的整片区更新，即按照城市更新单元规划，成片区拆除符合改造条件的建成区，包括旧工业区、旧商业区、旧住宅区、城中村及旧屋村等，并根据规划进行建设。上海现有的整片区更新实施主要是政府行为。政府运用旧改、征收、动迁等方法收储土地，再进行规划调整，综合原始拆迁成本和改造规划类成本，重新分割产出，并进行新的土地招拍挂，按照新的规划指标要求新的土地拥有者进行开发，并相应地将配套公共设施进行"有机更新"以适配重建后的标准。

这种更新主要适用于旧改地块和一般开发地块等。在更新实施过程中，政府主导性较强，能够有效把握实施进度，确保公共要素尽快落实。例如，桃浦、三林、真如等整体转型地区便是以此种实施路径操作的，部分零星地块其实也是以政府主导、传统的收储再出让方式为主。

政府收储土地使用权后，按照规划确定的土地用途和使用条件，经营性用地采取公开招拍挂方式，通过市场配置土地资源，或按照规划确定的绿地、学校、医院、道路等公益性用途进行建设。对于企业，按照原土地用途、建筑物价值评估得到补偿后，还可以在收储补偿的基础上，按照土地储备收益的一定比例再获得补偿。

（2）市场主导

市场主导的城市更新是指在城市更新项目开发过程中政府通过出让土地，由开发商按规划要求负责项目的拆迁、安置、建设的一种商业行为，是一种完全的市场化的运作方式。更新过程中政府少量参与，开发商可根据自身利益进行房地产开发。

上海新天地的更新改造就是一个非常典型的市场主导的更新项目。新天地项目开创了市场条件下政府和企业合作进行旧城更新的新模式，黄浦区政府和瑞安集团都参与重建，双方按照"总体规划、分期开发、一家牵头、多家参与"的改造原则，由瑞安集团牵头项目操作（瑞安占整个项目97%的权益，拥有"优先开发权"，上海复兴建设发展有限公司作为区政府企业代表占企业权益的3%）。这一更新模式在开发方式上探索了一条政府公共干预行为和市场行为合作的新路，形成双方优势互补、发挥各自领域所长的联动机制。区政府出台了减免、缓交土地使用费等优惠政策，开发商投入14亿元对新天地建筑进行修整，同时为了实现资本增值，采用容积率外推的方法将新天地的容积率损失转移到周边地块，实现总体赢利。

新天地项目既不同于以往"危棚简屋"改造实施中政府投资和金融机构融资，也不同于旧住房成套改造的政府、单位、居民共建，而是借助外资缓解城市更新中的资金短缺矛盾，通过土地使用权有偿转让、协议方式获取开发权。新天地项目的建筑容积率只有1.8，加上当时恰逢东南亚金融危机，许多海外投资者纷纷抽资自保。最终，香港瑞安集团获得开发权，同政府签署了《沪港合作改造上海市卢湾区太平桥地区意向书》。与高昂的投资相比，新天地租金与管理收入对于成本的回收相差甚远，投资方更看重的是与新天地配套的52hm²住宅的开发销售。由于"新天地"的品牌效应，带动了周边房产和地价的提升。新天地也给周边地区带来很多商机，如新天地周边的瑞安广场总建筑面积34800m²，1997年3月商户正式入驻，出租率达到了80%以上。

从市、区政府角度出发，早日改变旧区面貌，改善居民居住条件并实现中心城区土地效益最大化是其主要目标。从开发商瑞安集团角度出发，其根本目的是获得投资利润和回报。

政府与开发商合作的自上而下的房地产再开发，使原有旧里弄及周边地价提高，更新后的绅士化现象使原居民被迫迁离，无权分享更新后的高额利润，大部分原居民不能从中真正获益，得到的补偿只是"残值价"与搬迁费，存在一定的公众利益弱化现象。

（3）社会自发

社会自发的自下而上的城市更新是指城市更新由社会发起并主导、政府配合，起初为非正式的更新，后期被政府认可转化为正式的城市更新。这种类型的城市更新在上海虽然数量不多，但却具有非常积极的意义。社会自发类更新中，社会权利被充分尊重，原主体利益在更新中得到保护与延续，街区历史文化得到传承，城市的整体利益与居民权益实现了很好的动态平衡。

田子坊的更新模式是一种创新，没有开发商和"金融资本"的介入，而是在政府的支持下，原业主、创意人士、民间人士、策划公司一起，利用"文化资本"来推动田子坊的改造，使得改造的利益大头归居民所有，而利益的获取逐渐稳定，并长期化发展。

7.2.2 产权主体变更视角的更新类型
Update Types from the Perspective of Property Rights Subject Change

从产权主体是否变更的视角来分类，城市更新可以分为产权主体变更、产权主体微变及产权主体不变三种模式。不参与更新的原主体是出于自愿还是被迫，参与更新的产权主体之间是否有公平的权利变换和利益分配机制，更新过程中社会公众是否具有知情权、参与权及决策权，都是研究需要关注的重点。

一是产权主体变更，即原主体完全不参加更新的过程，新主体通过谈判或租赁获得土地使用权，或者通过公开投标的形式获取土地实施城市更新。出让土地的原主体一般获得一次性资金补偿后不再参与更新后续收益的利益分配，出租土地的原主体可以长期获得租金收益，参与更新后续收益的利益分配。新主体一般有单一或者联合两种形式，可由两家或两家以上联合参与土地招标投标，中标后签订土地出让合同并实施城市更新。

二是产权主体微变，即产权主体在城市更新过程中发生微小变化，如大多数留下而个别原主体外迁或者有新主体迁入。针对住区的城市更新有时会有抽户后更新改造的方式，即根据意愿调查而形成两种模式，少部分原居民接受补偿外迁，大部分原居民原地回搬，而公共类城市更新项目也有部分主体外迁的情况。

三是产权主体不变，产权主体不变的城市更新根据实施方不同可分为两种类型：第一种类型是单一或联合的原主体实施更新；第二种类型是原主体委托代建主体实施更新，原主体在更新过程中因拥有土地产权而直接获益。

单一主体实施的城市更新在上海有两种情况：一种情况是更新基地原来就是一家主体，由其实施更新；另一种情况是更新基地原来有多家主体，由一家开展了产权收购，合并成为一个主体后实施更新。

联合主体的城市更新一般更新基地的产权分散，同时有多家主体，更新时通过谈判明确利益分配，以联合体的形式进行开发。这类项目实施时有一定的风险，如果有一家谈判不成功，这个更新项目就会被搁置。相对于单一主体的更新，联合主体由于涉及多方利益，谈判难度大，项目周期会大大延长。

还有一种情况是原主体委托代建主体实施更新。相较于原主体，代建公司在报批、建设施工、规范标准方面都比较专业（表7-1）。

表7-1 产权变更视角的更新类型公平性分析
Table 7-1 Fairness Analysis of Regeneration Types from the Perspective of Property Right Changes

产权变更类型		保留原主体	外迁原主体	新主体	代建主体
产权主体变更		—	获得一次性资金补偿后不再参与更新后续收益的利益分配	投入资金成本与人力成本，获得长期回报及土地增值收益	—
产权主体微变		推动更新，分享更新获利	获得一次性资金补偿后不再参与更新后续收益的利益分配	分享土地及投资增值	—
产权主体不变	原主体实施更新	推动更新，分享更新获利	—	—	—
	代建主体实施更新	拥有土地资本，直接获利	—	—	投入资金成本与人力成本，获得长期微薄回报

单一主体城市更新项目逐步实施后，会有众多难度大、产权主体复杂的城市更新项目留存，等待更为宽松的政策及实施路径。更新路径应由单一方式向多元方式转变，以适应不同的更新需求。小规模、多主体、渐进式更新必将成为未来城市更新转型的方向。

7.2.3　民间团体的更新准入
Regeneration Access of Civil Organizations

　　城市更新中民间团体往往可以发挥巨大作用。一些国家和地区已有相当数量的非政府机构积极地参与到城市更新过程之中，当然这些都首先有赖于一个完备和规范的城市更新政策。下面以美国、德国和我国台湾为例进行介绍。

　　美国的地方倡议支持公司（Local Initiatives Support Corporation），作为全国900多个住区合作社和基金会的协调人，积极组织技术资金以协助各地的社区开发合作社（Community Development Corporations，CDCs）推动低收入社区开发和持续更新计划。旧金山都市规划研究协会（SFPURA）是一个非营利性的民间组织，在城市更新的过程中凝聚了民间力量，由下而上地协助政府。

　　德国市场化开发及PPP模式也值得借鉴。1997年，汉堡市为了开发港口新城专门成立了港口和经济中心发展公司。该公司由汉堡市政府百分之百控股，任务是经营和管理"汉堡城市和港口的特殊财富"，即汉堡州属的港口新城地区的土地资源，将公共资源和私人投资有效结合。截至2015年3月，港口新城项目总投资额约为109亿欧元。其中，政府投资为24亿欧元（其中15亿欧元来源于土地出售），私人投资为85亿欧元。

　　我国台湾的城市更新实施主体可以分为两种类型：一种是政府公办类，又可分为主管机关自行实施、主管机关委托实施及主管机关同意其他机关（构）以股份有限公司方式实施；第二种类型是民间自办类，可由地主委托城市更新事业机构（建设公司）或地主自组更新团体（更新会）实施。

　　目前大陆地区城市更新尚无自组更新团体的路径，而必须委托一家公司，即代建主体开展城市更新。对于具备城市更新能力的主体来说，这样增加了更新的资金投入，缩小了主体更新过程中的获利空间，未来可探索自主更新的操作路径。

　　针对比较特殊的历史风貌区更新，建议进一步构建、完善多方参与的更新利用模式。首先，对于政府主导的开发模式，为便于历史风貌区的土地、房屋管理等一系列工作，可考虑借鉴徐房集团、衡复发展有限公司的经验，建设以历史风貌区为单位、有政府背景的一级土地开发企业，直接负责土地征收、居民动迁与安置等工作。这样一方面有利于政府直接参与风貌保护利用，另一方面可由固定的专业团队参与管理，有利于项目的长期跟踪与推进。其次，对于市场运作类更新，建议政府引导、提供平台，制定鼓励市场参与更新利用的资金政策，如为在历史建筑周边提供开放空间的开发商提供容积率或者税收的奖励等措施，从而鼓励市场保护行为，提高市场参与保护的积极性。再次，应鼓励现有物业权利人或联合体参与更新，适度允许优秀历史建筑产权和使用权参与市场交易，或通过产权入股的方式参与更新利用，获得收益分红。借鉴田子坊模式，可由原居民通过产权入股的方式参与街区的更新利用，建议通过相应税收减免、土地出让金的补偿等多种方式，从制度上保证民间投资和产权入股的合法性。针对提供公共空间或绿地等公共资源的涉及风貌保护的更新，可以采取社区众筹的方式。由社区公众进行线上投资，对历史建筑和开放空间一并修建后，以开放空间或局部建筑对外出租的形式逐步收回投资或利润，既保障收益又促进更新后空间的使用。

7.2.4 多变灵活的更新策略
Variable and Flexible Update Strategies

由于城市更新往往涉及多宗土地、多元主体，故更新策略必须灵活应对以适应复杂的更新需求。日本东京的大手町种地交换城市更新案例的成功经验值得学习和借鉴。

日本东京的大手町种地交换城市更新案例

东京车站周边的大手町开发项目以一块种子土地为筹码，进行如接力赛般的联动城市更新，成为日本第一个以这种模式获得成功的案例。中央与地方政府松绑过时法令，并提出愿景。独立行政法人UR都市再生机构负责协调民间共同合作。中央政府将基地内的政府单位迁出，释放出一块国有土地，作为联动式城市更新的筹码，正是其成功的关键[①]。

大手町区域内有七成以上的大楼屋龄都超过40年，不仅外观显得陈旧，建筑的防灾耐震、资讯网络和节能减碳等功能也不符合现今的标准。三菱地所是该地区的最大地主，拥有超过三分之一的土地。1988年，大丸有地区再开发计划推进协议会成立，整合地主意见，并与行政部门沟通，讨论开发愿景及相关法令修订事宜。1994年创街商谈会成立，号召其他土地所有权人讨论更新意愿。东京的城市更新项目虽然大多

---

① 上海市规划和国土资源管理局，上海市城市规划设计研究院. 城市有机更新，上海在行动2015[R]. 2015.

数由财团地主或地产开发商主导，结合土地所有权人共同参与，但是有良好的参与机制，较能顾及小地主的权益。参与更新的大地主、小地主或财团共同成立社区再生商谈会，组成更新会，拥有平等的投票权，通过密集的开会沟通，达成地区再生的定位与共识。独立行政法人UR都市再生机构具有公信力且经验丰富，建立起开放、公正与互信的沟通平台，整合了多方的推动力量。

2003年1月，日本都市再生本部提出了活化国有土地、推动城市开发的政策，明确指定大手町中央合署办公厅原有公务单位迁移，腾出了面积1.3hm²的土地公开标售，以配合民间企业进行大手町地区更新。推进中由UR都市再生机构出面买下该1.3hm²国有土地，其中三分之二地权转售给出资者，设立"大手町开发公司"。该公司为公开招募的大手町地区土地所有权人参与，与UR都市再生机构共同持有种地，并负责实施。大手町更新项目因有UR都市再生机构的居中协调，才能得到灵活利用的释出国有土地。这种创新的种地交换模式让大手町地区有意参与更新的土地所有者能在确保业务不中断的状况下顺利完成更新。

整个地区的城市更新历程如下。2006年大手町开始第一次过渡性换地，由三家公司提出申请，集中换地到合署厅旧址（即种地）。针对土地双重使用，土地所有权人支付负担金作为停止种地使用的补偿费。第一次更新实施于2006~2010年，可在交换土地上由大手町开发公司实施更新。更新前建筑物由土地所有权人自行拆除。2009年开始第二次假换地，由参与第二次更新的土地所有权人提出申请，再进行换地到新种地的程序。基于土地双重使用，土地所有权人支付负担金作为停止种地使用的补偿费。第二次更新实施于2009~2013年，在三家公司的换地上实施更新。更新于2013年全部完成。

根据建筑形态与产权性质变动情况，当前上海城市更新可分为四种模式，即拆除重建、改扩建、功能改变和环境整治。不同的空间更新模式对公平性有何影响，新增的空间如何分配，新增的功能为谁服务以及拆除的空间搬去何处都是需要关注的议题。

拆除重建类城市更新指原有地块建筑物全部拆除，按照规划指标，重新建造新建筑，根据重建方式不同可再细分为疏解式（含拆改留）、原样复建式和完全重建式。此类更新主要是在政府的引导下，以市场需求为导向，自上而下在重点区域内大规模地开展土地收储和公开出让，并通过土地使用性质和开发强度的调整，促进功能复合，激发城市活力，是注重空间形态更新和城市功能改善的改造模式。

改扩建类城市更新主要是指以建筑的改建、扩建方式实施的城市更新类型。实施城市更新后一般土地权属不变，土地用途改变。主要是在政府的引导下，由原产权人自下而上发起，在增加公共要素的前提下、在政策条件允许的情况下调整用地性质，适度增加容量，完善服务配置，是以功能升级为主的改造模式。

功能改变类城市更新，主要是指在土地权属不变、土地证载用途不变、建筑不改变的情况下，建筑结构不变但使用功能发生变化的城市更新类型。常见的情况包括工业改办公、工业改商业、居住改商业等，但是大多是非正式的城市更新。

环境整治类城市更新，即实施城市更新后土地权属和土地用途均未发生改变。主要是在政府的引导下，由原产权人或社区公众对地块内部的空间进行整治、修葺和维护，重点关注改善人居环境、完善设施配套。当前政府推动的微更新就是典型的环境整治类城市更新。

以上四种更新的策略在实际操作层面可以适度地结合，根据实际的更新项目需求，灵活地运用多种更新手段。

7.2.5 非营利团体的全过程参与
Full Process Participation of Non-profit Organizations

城市更新中非营利团体的参与对提升更新的社会公正具有积极意义。以美国时代广场联盟（TSA）为例，它的目标是促进时代广场的多样性与经济活力，使其保持纽约文化娱乐与城市生活中心的作用。作为一个非营利性团体，它的角色就像时代广场管理委员会，负责发起和管理自下而上的空间活动，进行相关的市场和空间研究，在需要时充当政府、本地商业、居民之间的中间人，协助并影响公共政策的制定。与政府的规划部分相比，以时代广场联盟为代表的商业促进地区团体具有更多本地经验、更大的自由度和创造力，对场所的需求和变化能快速、准确地感知，填补了城市空间规划和管理力所不能及的空白，是城市空间精细化管理很好的模式。时代广场联盟的主要决策由其委员会投票决定。委员会成员包括纽约市政府代表，以及志愿加入的企业、小商业、百老汇剧院、其他团体代表等。决策实施和日常运行由理事长带领的常驻员工负责。

日本的城市更新也得益于非营利团体的参与。长期观察东京都市发展动态的城市更新专家何芳子指出：“日本一个更新案通常需要耗时10～30年，若不是地主、民间企业、学者专家、地方政府与中央政府同心协力，讨论出整体方向，提出愿景，不断整合协调，凝聚共识，绝不可能成功。"日本政府提出整体都市的战略目标、拟定框架性的计划，通过容积奖励与松绑过时法令限制，引导民间企业与地主参与城市更新，共同完成更新改造。

7.2.6 公开公平竞争的更新基金
Update Fund for Open and Fair Competition

自20世纪90年代以来，城市更新管治试图改变市场主导机制下对社区问题的忽视，倾向于加强社区在更新中的作用，使社区成为公、私两大角色之外的第三极，将原来的公私双向合作拓展为三向伙伴关系。这样，城市更新的决策模式不再仅仅是原来的自上而下，更包含了自下而上的新机制，令城市更新过程更加透明、民主，各方权力更加平衡，从而更加保证了多维更新目标的可实现性。

城市更新的新趋势体现在以下几个方面：更新过程的包容性，多个角色的广泛参与；政府在更新组织中的协调及促进能力；吸引私有部门投入更新的创新机制；社区动员、参与及赋权；各方协调、合作的质量及实效[①]。三向伙伴关系合作机制已经成为西方发达国家渐进式城市更新的主要运作机制。以英国为例，从1991年起英国政府先后推行了"城市挑战计划"（City Challenge）、"综合更新预算"（Single Regeneration Budget）等更新政策，这些更新政策的核心内容有两个方面，分别是鼓励地方伙伴关系的基本理念，由各地方伙伴团体竞投中央基金的运行模式。此外，欧盟也在1994年成立了"结构基金"（Structural Funds），该基金对包括英国在内的欧盟各成员国城市更新产生日益重要的影响力。其运作方式与"综合更新预算"相似，也是采取竞争性的基金分配方式，并把地方性的三向伙伴关系作为一个强制性的技术要求，即一座城市要赢得基金，就必须要展现出公、私和社区三方凝聚共识、紧密合作的能力。

基金公开竞投与地方伙伴关系是20世纪90年代英国城市更新政策的两块重要基石，使得长期被忽视的弱势社区居民被纳入城市政策的主流，使他们有机会在更新决策过程中行使自己的权力、表达自己的观点，参与方案的制定和实施。同时，其也为各方利益集团提供了交换观点、建立共识的平台，使得决策方案具有更广泛的代表性，使得社会、经济及环境等各方面的考虑更加全面。截至2000年，英国全国至少有700个这样的更新伙伴活跃在次区域、

---

① 管娟. 上海中心城区城市更新运作机制演进研究——以新天地、8号桥和田子坊为例[D]. 上海：同济大学，2008.

市、邻里社区等不同层次和领域。三向伙伴关系、社区公众参与以及社区能力培育成为英国城市更新政策的新趋势。

7.2.7　更新实施中的公众参与案例
Public Participation in Implementation

（1）曹杨新村

曹杨新村"15分钟社区生活圈行动"采用了多种公众参与方式，以实现公众与规划编制的良性互动。规划利用各类社区平台资源收集民意、了解居民的更新意愿与诉求，搭建居民与专业人员互动机制，汇聚民智，征询居民对规划的意见和建议，组织面向社会的设计方案公开征集活动，凝聚对社区未来的共同愿景。多途径的公众参与使规划得以在不同层面掌握了社区的短板与优势，支撑并提高了更新规划方案的适应性。

更新项目利用街道办事处平台收集居民需求。例如，在调研阶段，通过多种渠道收集居民对社区更新改造的诉求。曹杨街道发布"曹杨15分钟社区生活圈征集令"，向新村居民征集各类提升意见和建议，征集内容涉及服务设施、社区环境、居住品质、交通出行等社区生活的方方面面。数据平台动态评估以"一网统管"数据平台推动社区运行，自动收集街道内各项服务设施使用数据，包括使用频次、使用状况、是否存在故障等。数据滚动更新、实时上报，作为完善辖区便民设施的参考依据。

搭建专业人员与居民的互动机制，如举办互动讲座，通过定期举办"美丽曹杨、美好生活——双美曹杨设计讲堂"构建了规划专家、学者与居民的互动交流平台，讲座内容包括新村历史研究、社区更新规划、曹杨新村"15分钟社区生活圈"建设等内容。上海城市空间艺术季期间，双美曹杨设计讲堂举行了"行走曹杨"公众参与活动，由专家、学者带领公众漫步环浜、村史馆、百禧公园等重要节点，讲解设计理念，观察社区变迁，共同探讨社区未来。依托曹杨一村居委会举办社区营造工作坊，以现场交流沟通的形式听取居民代表和居委对更新规划的需求和建议，优化规划设计方案。团队走进小学，组织了"童行曹杨·手绘一村"工作坊。上海城市空间艺术季期间，以社区空间为对象，围绕居民生活场景，由社会组织开展"寻找曹杨"拼图活动，邀请居民参与共同完成拼图，引导居民进一步感知曹杨新村的日常生活空间。

面向社会征集意见方案。各设计团队与街道合作，举办"15分钟社区生活圈微巡展"，在百禧公园举办"曹杨15分钟社区生活圈行动"规划展、"曹杨看世界，世界看曹杨"主题展、普陀区"五色行动"规划展，通过公开展览的形式，持续听取居民和社会的意见与建议。结合百禧公园、曹杨环浜等社区重要公共空间实施项目，组织了一系列创意设计竞赛，向全社会公开征集设计方案。设计竞赛充分调动了社会多元主体对社区更新的关注和积极性，对社区生活圈建设过程中的居民意见协调、设计品质提升、项目实施统筹、开发运营都起到了积极的促进作用。

（2）塘桥社区

上海市"社区空间微更新计划"启动于2016年2月，经历了头脑风暴、前期动员和宣传、试点征集和选取、设计师征集和方案设计、方案实施和优胜评选等环节，从众多提名中筛选出第一批11个试点项目，分布在6个区、8个街道。"社区空间微更新计划"所选择的多为零星地块、闲置地块、小微空间的品质提升和功能塑造等小型项目，以小中见大的方式改善社区空间环境。通过公共空间设计促进中心平台的组织，原先不在公开的竞标市场上流通、对设计师相对封闭的街道类、社区类项目获得了很多新锐设计师团队和高校力量的参与。

塘桥社区微更新是2016年微更新项目中影响力最大、最成功的。塘桥社区处于浦东新区内城西南部，是浦东最早的居民集聚地之一，也是现今浦东最为成熟的居住社区之一。截至2015年年底，社区实有人口达8.4万，人口密度达2.2万人/km²，其中老旧小区的人口密度更大。在城市快速生长、更替过程中，社区中不少公共空间出现了功能混乱、品质不佳、效率低下的问题；另外，社区室外文化活动和交流空间极度缺乏。结合问题和诉求，社区聚焦民生、聚焦改造动作小而见效快的小微空间，先期启动了南泉休闲广场和东方路—浦建路街角更新工作，主要更新目标为提升老社区街道公共空间品质，并融入文化和活动元素，满足社区民众对交往空间的需求。

最想改造哪里，居民说了算。项目前期通过社区网站、微信等平台，进行塘桥社区街角设计公益项目投票活动，基于1万人次的投票结果选出了社区居民心目中最希望改造的社区街角空间。"行走上海2016——社区空间微更新计划"启动仪式在南泉休闲广场举行。东方路—浦建路街角更新项目举办了"'我眼中的美丽街角'——东方路—浦建路街角更新改造"主题沙龙活动，专家及院校、设计单位、政府管理单位、社区居民代表等共计30余人应邀出席，多方面对面交流，提出诉求，分享经验，给出建议。随后，中国美术学院、同济大学、荷兰MVRDV公司三家单位参与了设计众筹，给出了初步成果。南泉休闲广场项目中，设计方案同样采用了众筹的形式，广泛发动个人、高校、设计师团队的力量进行项目设计。

在设计过程中，设计团队深入调研，通过居民访谈、问卷调查，广泛收集居民的意见，并融入设计方案，最终有8个团队或个人提交了设计方案。在方案评审阶段，居民与专家共当评委。后期的广场征名、设施维护都采用公众参与的形式，并定期举办社区活动。公众参与活动贯穿项目策划、项目调研、方案编制、实施建设、使用维护全过程，大大提升了社区居民的主人翁意识和社会责任感，从而使社区空间微更新更具人情味、认同感和凝聚力（表7-2、表7-3）。

表7-2　塘桥社区南泉广场微更新公众综合实施措施表
Table 7-2　Comprehensive Implementation Measures for Public Participation in the Micro-Regeneration of Nanquan Square in Tangqiao Community

序号	问题	对策	具体措施
1	入口处空间封闭，雕塑老旧，社区文化传承淡化	更新入口雕塑，强化文化记忆	入口处雕塑题材采用最能代表塘桥文化特色的码头号子，突出对非物质文化遗产的尊敬和传承
2	旗台前空间无序，旗台朝向有问题，尺寸小	加强空间序列，扩展旗台功能	在旗台前增设树池，增加空间序列感和仪式感；翻转旗台朝向，并加大旗台面积，使舞台部分更开阔
3	广场空间单调，缺乏绿化	增加空间限定，通过疗愈花廊增绿	设置花廊构架，形成立体绿化，增加空间感，提供遮阳功能
4	报刊栏设施简陋，缺少照明和座椅	增加设施，报刊栏使用体验提升	保留阅报功能，提供遮阳、照明、座椅设施，并增加休闲娱乐功能
5	六角凉亭位置隐蔽，太荫翳	优化环境，打开六角凉亭	设置绿墙、绿廊，形成连续绿色活动区域，优化环境，提供更多活动空间和休憩设施
6	机动车、自行车乱停乱放，影响环境和交通	加强管理，协调停车需求	加强停车管理，杜绝乱停乱放现象；在旗台和树池之间设置3个临时停车位，供菜场卸货使用，并减少对广场的景观影响

表7-3　塘桥社区微更新公众参与活动一览表
Table 7-3　List of Public Participation Activities for Micro-Regeneration in Tangqiao Community

各阶段	开展的活动
项目定点前	通过塘桥热线网站和政务微信开展"快来选出你心目中塘桥最盼望改造的街角"投票活动

续表

各阶段	开展的活动
项目启动阶段	针对东方路—浦建路路口街角空间，邀请用地的管理方、社区居民代表、街角周边商家代表、塘桥街道、设计团队、专家团队等共同参与"我眼中的美丽街角"主题沙龙活动
	社区空间微更新——南泉休闲广场空间更新活动启动仪式举办时，在仪式现场和网上发布信息，获得了高校、设计师团队以及个人的关注，招募了一批优秀的社区规划师
项目方案设计阶段	南泉休闲广场微更新项目开展了全面的民意收集工作
	走访塘桥码头号子队，了解非物质遗产文化
	与塘桥街道筹划讨论，与广场周边住区居委会交流
	具体参与式技术：塑料板作画，文化衫涂鸦、售卖，现场模型+图板居民交互，方案投票，居民会议，居民意见栏……
项目更新完成后	"文化会客厅"——南泉休闲广场空间更新改造实施体验活动
	广场维护管理自治活动

街道和居委会作为主要推动主体，其主观能动性很重要。微更新这一组织方式使得设计师与基层主体有了较好的沟通。微更新项目不再是一项内化的空间环境设计，而是一种设计与居民参与相结合的方案过程。微更新作为一种新的尝试，在具体实施阶段还有许多需要优化完善的工作。例如，在基层政府财政预算中如何落实资金，还需要设计方与基层政府工作的进一步融合，设计方帮助基层政府完善工作计划。

（3）浦东缤纷社区建设

浦东新区在2016年下半年提出缤纷社区行动倡议，2017年率先在建成度最高的内城5个街道（陆家嘴、潍坊、塘桥、洋泾、花木）进行试点，2018年全面覆盖到浦东新区36个街镇。街镇在区规土局的指导下编制社区规划，摸清公共空间和公共服务缺失较集中、较严重、亟待完善的区域，形成公共要素清单和分期行动计划，并选取与居民密切相关的9类公共要素更新试点项目开展实施，获得了显著成效。9类公共要素分别为：3个点，即口袋公园、街角空间、运动场所；3个线，即活力街巷、慢行网络、林荫步道；3个面，即公共设施、艺术空间、透绿行动。项目还引入了108位专业人士，每个街镇配1名导师和2名社区规划师，强调多元主体的协同治理，重视自下而上的力量激活。

缤纷社区项目推进的机制也是一个社会治理的过程，可以归纳为9+3+3，即9个主体、3个平台和3种模式。

9个主体由内、中、外三个圈层组成，包括政府和社会的方方面面。居民、居委、社区代表在内层，社会组织、专业人士、企业在中层，街镇、政府部门、媒体在外层。在外层主体中，政府部门资源整合和协同起到重要作用；街镇是缤纷社区建设推进主体，通过社区微更新践行社会治理创新；媒体在引导社会价值取向方面起到关键作用。在内层主体中，居民逐渐从旁观者转变为主人翁，居委、社区代表等也积极发挥作用。在中层主体中，作为专业人士的导师和社区规划师提供技术服务；区妇联、各街镇的社区基金会等社会组织积极连接社区多方资源；企业不断开展政企合作、区域共建的积极尝试。

3个平台包括政策平台、运行平台和沟通平台。在政策平台方面，区委、区政府明确大方向，区规划和自然资源局牵头明确具体要求。在运行平台方面，更强调设计介入社区工作的具体过程，建立"一图三会"制度。在沟通平台方面，缤纷社区建设横向涉及规划、土地、建设、民政等多个部门，在纵向上涉及市、区、街道、居委会多个层面，需要沟通平台来实现快速、有效的沟通，具体形式包括工作例会、微信工作群、工作简报、微信公众号等。

3种推进模式即社会组织为媒、专业人士为媒、企业为媒。例如，陆家嘴跑步道以社会组织为媒，陆家嘴社区公益基金会搭建平台，促进其他多个主体充分互动。塘桥休闲广场以专业人士为媒，专业人士在过程中开展形式多样的设计参与工作，既是设计师，也是协调者。公益艺术墙绘以企业为媒，企业通过"涂料"和墙绘之间的天然联系，将墙绘纳入其企业社会责任工作中，实现经济效益和社会效益的双赢。

浦东新区缤纷社区建设是对社区微更新的全新探索，强调多元主体的协同治理，重视自下而上的力量激活，从零星的社区微更新走向制度化的社区微更新。缤纷社区建设没有在政府已有管理制度之上另起炉灶，而是充分挖掘原有管理制度的潜力，并且大力调动社会资本，在政府职能转变、社会赋权增能的过程中，探索可持续的发展路径[①]。

---

① 赵波. 多元共治的社区微更新——基于浦东新区缤纷社区建设的实证研究[J]. 上海城市规划，2018（4）：37-42.

7.3

更新中各方角色的理性回归

Rational Regression of Roles in Updates

　　城市更新走向公平公正，有赖于更新中各方角色的理性回归。政府需要放权，企业需要承担社会责任，社会需要规划知识，需要开放的公共参与机制，最终需要参与更新规划决策。规划师脱离服务者的角色，方可回归中立。

　　梁鹤年认为，由于受到信息、制度、时限等方面的种种约束和限制，人们很难准确知道自存与共存的平衡点之所在，需要有更高的"整体利益"原则去处理个体利益之间的失衡，也就是在"整体利益最大化下，每个个别利益都有起码的满足"。在实践中，就是从整体利益出发去设定个体利益之间的"权重"。最佳匹配是个理想，而且是一个在现实中永远不能完全实现的理想。但理想给我们方向，指导我们怎么去走。最高的自存与共存平衡永远不可能，但比现状更高的自存与共存平衡永远有可能[①]。

7.3.1 政府放权：走向"城市治理"
Government Decentralization: towards "Urban Governance"

　　管理是指通过计划、组织、领导、控制及创新等手段，结合人力、物力、财力、信息、环境、时间这六个要素，以期高效地达到组织目标的过程。广义的管理是指应用科学的手段安排组织社会活动，使其有序进行。其对应的英文是"administration"或"regulation"。狭义的管理是指为保证一个单位全部业务活动而实施的一系列计划、组织、协调、控制和决策的活动，对应的英文是"manage"或"run"。

---

① 梁鹤年. 一个以人为本的规划范式[J]. 城市规划，2019，43（9）：13-14，94.

治理的概念兴起于20世纪90年代，治理理论的主要创始人之一詹姆斯·罗西瑙认为，"治理是通行于规制空隙之间的那些制度安排，或许更重要的是当两个或更多规制出现重叠、冲突时，或者在相互竞争的利益之间需要调解时才发挥作用的原则、规范、规则和决策程序"。格里·斯托克指出："治理的本质在于它所偏重的统治机制并不依靠政府的权威和制裁，治理的概念是它所要创造的结构和秩序不能从外部强加，它发挥作用要依靠多种进行统治的以及互相发生影响的行为者的互动"。

在治理的各种定义中，全球治理委员会的表述具有很大的代表性和权威性。该委员会于1995年对治理作出如下界定：治理是或公或私的个人和机构经营管理相同事务的诸多方式的总和。它是使相互冲突或不同的利益得以调和并且采取联合行动的持续的过程。治理的四个特征为：治理不是一套规则条例，也不是一种活动，而是一个"过程"，反映了治理的过程性、周期性特征；治理的建立不以"支配"为基础，而以"调和"为基础；治理同时涉及公私部门，阐述了治理的对象属性；治理并不意味着一种正式制度，而确实有赖于持续的相互作用（表7-4）。

表7-4 英语学术界关于治理的定义
Table 7-4　Definitions of Governance in English Academic Circles

组织机构及学者		定义
社会中心 （society-centric）	詹姆斯·罗西瑙（1992年）	治理就是在没有强权力的情况下，各相关行动者克服分歧、达成共识，以实现某一共同目标。统治是依靠正式权力，而治理则依赖基于共同目标的协商与共识
	全球治理委员会（1995年）	治理是或公或私的个人和机构经营管理相同事务的诸多方式的总和
	菲利普·施米特（2002年）	治理是一种解决问题与冲突的方法或机制，在这一方法或机制中，各行动者借助相互协商与合作来达成政策的制定与执行
	贝尔维·马克（2012年）	治理是包括各种治理主体，无论是政府、市场还是网络，通过何种形式，包括有组织的社会法律、规范、权力或语言，对家庭、部落、正式或非正式的组织或领土进行统治、管理、调控的全过程
国家中心 （state-centric）	丹尼尔·考夫曼等（2011年）	一个国家权力运行的传统与制度，包括政府是如何产生的、政府执行政策的能力等
	弗朗西斯·福山（2013年）	治理是政府制定并实施规则的能力以及提供公共服务的能力

以公私部门的治理能力的强弱配置为依据，治理可分为四种类型：妨碍型的规制，干预型的规制，私人部门的自我规制，规制型的自我规制。在伙伴关系中存在管理式话语、协商式话语和参与式话语三种类型①。

从管理与治理的概念区别上来看，一方面，管理行政的权威主要来自于政府，而治理虽然需要权威，但这个权威并不为政府所垄断。另一方面，管理行政的权力运行是"自上而下"的，治理行政则是一个"上下互动"的过程，其权力向度是多元的，社会力量在治理中的作用日益增强。以上海为例，20世纪90年代的城市更新聚焦于旧城改造和城中村改造、产业用地升级，更多的是由政府直接介入，有条件、有计划、有重点地成片推进城市更新改造，形成政府直接组织、国有企业负责实施的"一元主导"模式，表现为单一依靠行政力量的独立决策过程，城市更新中政府的角色是"城市管理"者。新时期的上海城市更新逐渐摆脱粗放的更新方式，转向渐进式和精细化，政府作为城市更新组织实施主体，统筹城市发展和公众意愿，立足城市更新需求，调动市场参与积极性，保障城市更新有序推进和公共利益有效实现，政府的职能逐步向"城市治理"者转型。

7.3.2 企业责任：走向"保障公益"
Corporate Responsibility: Moving towards "Ensuring Public Welfare"

现代城市是社会及经济的有机体，而城市经济的本质就是空间聚集性，聚集经济就是一种通过规模经济和范围经济的获得来提高效率和降低成本的系统力量②。追逐资本收益的目的进而又促进了城市的发展，资本积累是城市化的主要动因。如果城市建成环境没有在短期内将自己的价值转移出去，就将阻碍资本积累，故资本主义的发展将不得不在"保存现有城市建成环境以继续获得剩余价值"与"破坏这个环境以开拓更大积累"之间进行选择。这也就是一般意义上城市更新的根源与本质③。城市更新在某种意义上来说就是关于利益获取的一个过程，是利益分配的一个过程。

企业是资本利益获取的主要载体，以往的城市更新是以企业"单一逐利"为主要特征，而新时期的城市更新是存量地区补齐公共要素短板最为有效的途径。由于开发主体受市场经

① 洪亮平. 城市更新与社区公共领域重构——武汉案例[C]//中国城市规划学会城市更新学术委员会. 2018中国城市规划学会城市更新学术委员会年会，2018.
② 冯云廷. 城市经济学[M]. 大连：东北财经大学出版社，2005.
③ 何舒文，倪勇燕. 从四个角度看中国城市更新的本质[J]. 现代城市研究，2010（3）：92.

济规律支配，在城市更新项目中追求经济利益最大化成为其内生动力和首要原则，这样必然导致公共要素与市场要素受不同利益主体的博弈而交织错杂、混淆不清，在一定程度上损害了公共利益。新时期的上海城市更新以实施计划为抓手，在充分尊重现有物业权利人合法权益的同时，优先保障公共要素，明确城市更新项目内部的公共要素类型、产权归属、运营管理模式、建设规模、空间布局、开发时序和进度安排，并纳入土地出让合同进行全生命周期管理，有效避免开发主体在开发规模和开发时序上过分关注经营性设施、忽视公益性设施，倒逼开发主体向优先关注公共利益转变。而从项目推进机制上，"有地"的国有企业往往无法单打独斗，必须和"有经验"的品牌开发商联手，这种合作模式将可能是未来城市更新项目的一个主要方向。

7.3.3　社会抗争：走向"共同决策"
Social Struggle: towards "Shared Decision Making"

按照美国城市规划理论家谢莉·安斯汀的公众参与三段八级的理论，上海城市更新的公众参与层次经过由"不是参与的参与"向"象征性参与"的发展阶段，要真正实现"实权性的参与"，还需要继续努力。社区公众参与城市更新的动力是自下而上的，作为碎片化的社会个体，在早期传统的城市更新中缺乏有效组织，与政府、开发商等高度组织化的权力和资本所形成的稳定合力相比，其参与城市更新的决策作用是有限的，容易造成组织化的力量侵害社区公共利益，或仅代表了社区公共利益诉求①。

城市更新的得益主体是居民，居民的更新意愿是根本。对于居民意愿并不强烈的"改善"，不可操之过急，更不可越俎代庖。老旧小区改造必须建立在居民充分参与的基础上，从最开始的决策到中间过程的参与，再到更新结束后的使用和维护，居民在其中的角色作用发挥基本决定了改造或更新工作的意义与成效②。

以往城市更新效果的衡量标准要么是市场的经济利润，要么是政府的形象业绩，而社会成本和目标往往被忽视。新时期的上海城市更新强调不同阶段、不同主体共同参与的"协商规划"，在城市更新项目认定评估阶段，需征询社区公众对地区发展需求和民生诉求，切实保障城市更新能有效完善地区公共要素配置；在城市更新实施计划阶段，鼓励社区公众与开

① 罗坤，苏蓉蓉，程荣. 上海城市有机更新实施路径研究[C]//中国城市规划学会. 2017中国城市规划年会论文集，2017.
② 周俭. "城镇老旧小区更新改造的实施机制"学术笔谈[J]. 城市规划学刊，2021（3）：1-10.

发主体共同参与方案制订，保障公共要素实施的合理性和可操作性。此外，部分社区试点社区规划师制度，为社区居民提供城市更新专业咨询服务，协助社区公众参与更新决策，全面推动利益主体、社区公众、多领域专业人士共同参与城市更新，实现多方共赢。

7.3.4 智库中立：走向"综合协调"
Think Tank Neutrality: towards "Comprehensive Coordination"

模糊的规划评价体系下，规划编制完成后的规划实施无需规划师持续跟进，尚无有效的后评估机制。城市出现各种问题时，社会舆论矛头经常直接指向规划。

当代中国规划师群体的角色类型包括计划经济时代的蓝图型设计师，也包括市场经济转型中服务城市扩张、城市开发的工具型规划师，城市竞争性发展中的战略型规划师，城市管治需要的行政型规划师，还包括应对问题、提供政策咨询的研究型规划师等[①]。规划师角色从单纯的"技术专家"，转变为"利益的代理人"与"空间资源设定和利益分配的协调者"等更加复杂的角色。

规划师通过合理调节分配城市公共资源，维护社会公平。资本利益的强大以及市民社会的形成，不仅对规划师角色提出作为协调者的迫切要求，同时也让规划师走向社区。规划师除了具备传统的个体专业技能之外，还应更注重协调技能。规划师要正视自我定位，其并非是问题的权威解决者，而是公众参与的组织和干预者。

规划师在具体的项目实践中，职业角色在一定程度上受制于其所服务的委托人，规划师的利益取向及价值认同也受到其服务对象的影响。不同利益主体的多样需求特征在一定程度上代表了规划师角色的多元性。就委托代理关系而言，常见的是规划师形成与政府、市场主体的委托代理关系，但鲜有由代表社会利益的主体委托的规划行为。当然，政府作为委托方，在相当程度上包含了社会福利、公共利益维护的目标，但作为代理人的规划师未必容易实现利益平衡甚至帮扶弱势群体的具体措施。同时，随着市民社会的日渐勃兴、政府职能的逐渐转型，也出现了许多为了历史文化、社区事务，乃至职业理想而奔走，未形成委托代理关系的规划师。

---

① 王世福. 规划师角色中理性偏差的认识与思考[M]//中国城市规划学会学术工作委员会. 理性规划. 北京：中国建筑工业出版社，2017.

（1）受委托的执业规划师

政府及相关部门仍然是规划师最主要的服务对象，其执业行为反映的角色特征包括决策参与和执行者、政策分析和建议者、技术参谋和实施者、规则制定和管理者等，规划师可以在政府体系的内部活动，了解政府机构的决策动态，掌握比较翔实的规划信息，对发展目标和主要矛盾的认识也比较全面。但规划师能否以及在多大程度上实现规划理性甚至规划理想，在这种委托代理关系下往往受制于委托人，即政府往往预先设定方向性、纲领性的内容，而将所谓技术性内容托付给代理人，政府及其相关职能部门的决策意见大致代表了城市公共利益的边界。因此，规划师服务于政府时，政府意志与规划理性的偏差成为一种角色特征。

在市场经济的浪潮下，开发商成为城市建设中的一个重要群体，是推动城市建设的强劲动力，也是投资风险的判断者与承担者。接受各类开发机构委托的规划师，其执业行为反映的角色特征为企业决策的顾问者及专业技术支持者，规划师可以深入了解企业内部的商业信息和决策偏好，对市场目标和利益构成的认识比较清晰。但规划师在这种委托代理关系下同样受制于委托人，在企业利益先导的情况下，规划理性的偏差也是显著的。

以上两种受委托的执业规划师，面对不同的委托要求，既是对规划师职业道德的检验，也不断启发规划师的执业能力再思考。规划师服务于不同的组织机构、利益主体，有时候往往在满足委托方利益需求时，在一定程度上违背了社会利益"最优"原则。

（2）不受委托的自由规划师

规划师中还有一批专家、学者、社会人士，并未与任何利益主体形成委托代理关系，他们基于自身的专业理性和职业道德，为城市历史保护、弱势群体利益或其他城市公共事务发表言论或者组织社会活动。他们往往是在城市规划领域具有一定话语权的规划专家、大学教授或城市相关领域的学者，扮演着公共利益的守护者、规划理想的倡议者、社会改革的倡导者、决策偏颇的纠正者等角色，对社会进步具有了积极的影响，实际上起到了维护规划师职业精神的作用。相对于前两种具有委托代理关系的规划师角色，其往往更具实现规划理想的进步性。

面临具体的城市更新规划项目，规划师除了具有专业技能之外，还要具有协商的相关技能，包括组织、沟通、调停等能力，其中还涉及对更加具体的利益矛盾的辨识能力、确定利益代表者的能力，以及搭建有效对话平台的能力等。由于规划师处于一个信息相互依赖的组织网络的内部，处于各方信息不对称的中间位置，因而有可能建立一个能够进行调停、协调的平台。如果规划师仅提供事实或程序的信息，对待强者和弱者一视同仁，未能考虑较弱的利益各方，那么不平等将延续下去。

同时，规划师也要对城市更新的趋势有预判，城市更新必然将向多元功能转变，转型方向可能会向养老、教育、租赁式住宅等方向倾斜。

上海老旧小区更新中的"总师"

老旧小区与新小区在空间治理的机制上有本质的不同。老旧小区绝大部分是至今产权尚属公有和房改后的个产房改房。这类住宅小区或单栋住宅楼是当前改造的重点和难点，原因在于其产权混杂、房屋陈旧、物业费低，长期未能合理维护和整体改善，同时违规搭建现象普遍，居民老龄化、流动大、收入低。因此，这类小区的更新改造必然要由政府来推动，其中煤卫不独用的住宅小区和住宅楼在上海大部分被列入旧改范畴，除了历史风貌保护街坊外，政策允许拆除再开发。而对煤卫独用的住宅小区采用的是综合整治的模式。

在上海，既有以小区为单元进行的综合整治，如杨浦区的"美丽家园"计划，也有以街道（社区）为单位开展的涉及面更广的"15分钟生活圈计划"，都是以这类老旧小区为整治提升对象的。不论是哪种计划，参与的实施主体几乎覆盖了政府与城市建设和社区治理相关的所有部门，各实施主体有自己的目标、任务和预算、时限，规划在这类项目中往往缺乏整体统筹协调的力度。如何以空间为单元，整合各方项目资源，在一张规划"蓝图"下设计建设项目、调整项目计划、统筹项目资金、建立有效治理机制，是实现老旧小区（社区）生活空间品质一体化提升的核心问题。作为一个更新空间单元，需要一个强有力的实施主体协调各部门的实施计划。而老旧小区更新改造没有这样统一的实施主体。各部门只负责自己部门的项目，部门的"条"和街道的"块"，一个是实施主体，但没有考虑空间整体的责任和权力；一个是空间管理和社区治理的主体，但没有项目也就无法具有实施主体的权力。这是现有体制造成的，但如果不协调好，更新后的遗憾不可避免。

如果有了一张规划"蓝图"，就可以根据社区需要和部门计划，以空间为单位，列出项目库和年度项目表，并制定每个项目的实施目标和内容。然而即使有规划部门的更新实施规划在前，也需要一个实施主体来协调、统筹项目的落实，还需要一个总师

（总规划师）单位把关实施效果。在项目实施阶段，需要对各部门建设项目的设计方案进行审核把关，以保证规划目标的整体实现，这样一个"总师"角色由这个空间单元的更新实施规划编制单位来承接是最恰当的，不仅因为它最熟悉这个空间单元的规划情况，更重要的是，在实施过程中它能够随着不可避免的需求变化而从整体角度统筹、调整相应的内容。上述提到的"三个一"，即一张规划蓝图、一个实施主体、一个总规划师，需要一个建立在共建、共享、共治基础上的创新体制机制，也需要对如何编制更新实施规划以及这类规划如何具备法定地位进行探索实践[1]。

小结

　　梁鹤年认为，现代人倾向于个人利益、经济利益、眼前利益。他们虽然有自存与共存平衡的理性，但他们之间的利益底线会有一定的差距，需要由"整体利益"去协调、仲裁，这项重任要由规划工作者承担[2]。整体利益的关键在"适度"：适度地分配不同人的利益、不同层面的利益、不同时刻的利益。要达到完全的平衡，规划工作者需要准确地判断现状、追踪过去、猜测未来，难度极高。再加上匹配永远处于动态，那就难上加难。

　　笔者建议在城市更新规划中补充社会规划，主要考虑城市更新对地域内居民的工作和生活的负面影响，并从社会发展和社会公平角度予以适当补偿。在城市更新规划中社会研究规划的引入，并不是作为一个新的规划，而是对目前规划内容的补充完善，将"人"和"社会性"纳入规划中，增强城市更新的受惠公平。

　　从城市更新的程序公平视角来看，城市更新往往要改变一个区域的城市规划和权利分配，是一项涉及权利人、实施主体、周边区域人口等社会公众的工作，其可能影响的群体非常广泛。因此，需要借鉴国外经验，制定严谨的流程来保障公众的知情权

① 吴志强，伍江，张佳丽，等."城镇老旧小区更新改造的实施机制"学术笔谈[J]. 城市规划学刊，2021（3）：1-10.

② 梁鹤年. 一个以人为本的规划范式[J]. 城市规划，2019，43（9）：13-14，94.

和参与权。同时，城市更新的利益直接相关主体在城市更新中应扮演重要角色，其对城市更新重要决定应具有一定比例的决策权。

从城市更新的路径来看，为了满足多元的需求，应该有适应多元主体的更新模式、多方参与的更新规划以及多变灵活的更新策略。未来会有越来越多难度大、产权主体复杂的城市更新项目留存，等待更为宽松的政策及实施路径。更新模式应由单一方式向多元方式转变，以适应不同的更新需求。由于城市更新往往涉及多宗土地、多元主体，故更新策略必须灵活应对以适应复杂的更新需求，同时也应该构建多方参与的更新规划机制。

从更新中各方理性角色的回归视角来看，政府职责应实现从"城市管理"向"城市治理"的转型，企业责任应由"单一逐利"向"保障公益"转变，社会公众从"有限参与"转向"共同决策"，更新智库应实现由"技术服务"向"综合协调"转型，以适应不断博弈、复杂多变的城市更新项目。

文化共存：城市更新的历史文化传承

第8章

　　城市更新文化公平的核心，是不同代际的历史文化保护分配公平。在当代遗留文化遗产中，时间信息是不可替代的资源，不同时代的文化在物质空间留下了宝贵的印记，而当代有限的资金条件下，在空间再开发的过程中，传承什么时代的历史、留下什么阶段的文化是核心问题，只有精英的文化值得被保护吗，普通大众的市民文化、市井文化是否具有价值？如何判断和衡量城市更新中文化传承中的公平性是一个值得探讨的话题。而在历史地区的保护与更新中，需要制定相对于一般城区的特殊政策与机制，进而促进地区的文化遗存延续。

　　The core of cultural fairness in Urban regeneration is the fair distribution of historical and cultural preservation across different generations. Among contemporary legacy cultural heritage, time information is an irreplaceable resource. Cultures of different eras have left valuable imprints in physical space. Given limited funding conditions in contemporary times, what historical period to preserve and what cultural stage to retain are core issues in the process of spatial redevelopment. Is only elite culture worthy of preservation? Do ordinary citizens' cultures and market cultures have value? How to judge and measure fairness in cultural inheritance in Urban regeneration is a topic worth exploring. In protecting and renewing historical areas, special policies and mechanisms relative to general urban areas need to be formulated to promote the continuation of cultural heritage in these areas.

8.1

上海历史文化风貌保护发展演进

Development and Evolution of Shanghai's Historical and Cultural Landscape Protection

上海是国内建立历史风貌保护制度较早的城市。回顾以往，上海的历史风貌保护政策演变大体经历了四个重要阶段。

8.1.1 起步阶段："单体点状保护"（20世纪末）
Initial Stage: "Single Point Protection"(Late 20th Century)

上海的历史文化和建筑遗产保护工作起步于建筑单体的保护。在20世纪80年代，大规模的城市开发与建设过程中，历史文化风貌和历史建筑都遭受了大量的损失和破坏，政府层面逐步意识到问题所在，开始探索对建筑文化遗产的保护与管理机制，但由于对历史建筑缺乏普查和研究及宏观保护战略，同时受限于经济发展水平，当时更多考虑的是对单体建筑的保护。

1989年，上海市政府正式公布上海市第一批共59处优秀近代建筑名单（后增补为61处），参照文物保护的有关规定进行保护和管理。1991年，上海市政府颁布《上海市优秀近代建筑保护管理办法》，这是全国范围内首个建筑文化遗产保护与管理的文件，将优秀近代建筑根据其历史、艺术、科学价值分为三种不同保护级别予以保护，即全国重点文物保护单位、上海市文物保护单位、上海市建筑保护单位，在全国范围内开启了将文物保护单位以外具有重大历史意义的历史建筑纳入保护对象的先例。

8.1.2 初创阶段：构建法规体系（1999～2003年）
Initial Stage: Building Regulatory System (1999–2003)

1999年版城市总体规划的《上海市历史文化名城保护规划专题》中确定了各级文物保护单位，划定了中心城内历史文化风貌保护区、郊区历史文化名镇，以及风景旅游区和自然保护区。强调中心城内建筑空间环境的整体保护，将规划范围内需要保留的历史建筑分为保护建筑和保留建筑，确定保护建筑范围、保留建筑范围和建筑协调范围、限制再开发范围及保护要求等。

2000年后，正式进入风貌保护制度搭建的初创阶段。自2003年1月1日起，《上海市历史文化风貌区和优秀历史建筑保护条例》正式施行，保护立法的范围由单个建筑或建筑群扩展至历史文化风貌区，将保护建筑的范围由近代建筑扩大到建成30年以上的历史建筑，使保护工作的法律依据由政府规章层次上升为地方法规，为上海市历史文化风貌区与优秀历史建筑的保护工作提供更有利的法律保障，同时对保护管理的内容和方案提出更明确、细致的规定。

8.1.3 成熟阶段：形成"点线面保护"（2004～2016年）
Maturity Stage: Forming "Point Line Surface Protection"(2004–2016)

在这一阶段，上海市历史文化风貌区保护规划与全市规划编制体系相结合，更加强调规划的整体性、系统性、法定性，并细化规划控制指标，确保了风貌保护规划的法律地位。

2004年，《上海衡复历史文化风貌区保护规划》编制试点完成，开创了全市历史文化风貌区保护规划编制的先河。以衡复风貌区为试点，上海市历史文化风貌区保护规划与全市规划编制体系进行结合，更强调规划层面的完整性，确保规划的法律地位，同时也将风貌保护提升到法定规划层面。

2007年，上海市《关于本市风貌保护道路（街巷）规划管理的若干意见》颁布，对风貌规划红线及控制线提出相应的要求。补充性政策不断出台，预示着全市风貌保护制度进入成熟阶段，保护制度、法律法规不断完善。

同时，保护范围也在不断扩大，保护类型和数量持续增加。保护对象类型涵盖了石库门里弄、工人新村、工业遗迹、百年高校、综合风貌等，形成了"城镇村""点线面"相结合的历史文化风貌保护体系。

8.1.4　城市更新背景下的再创新阶段（2017年至今）
Reinnovation Stage in the Context of Urban Regeneration (2017 to Present)

近些年随着城镇化进程的深入，上海全市域国土开发强度超过了40%，接近生态承受极限，后续发展空间受到严重制约。2014年上海市政府发文决定通过城市更新促进存量建设用地盘活利用，提高土地利用效率和效益，加快推动创新驱动及转型发展，上海城市发展模式进入新阶段。在这一新的宏观背景下，历史风貌保护工作继续向纵深方向发展。2017年上海市政府印发《关于深化城市有机更新促进历史风貌保护工作的若干意见》（简称50号文），明确历史风貌保护工作要以保护保留为原则、拆除为例外的总体要求，遵循规划引领、严格保护、区域统筹、分类施策、政府引导、多方参与原则，设立历史风貌保护及城市更新专项资金，完善历史风貌保护支持政策、强化土地全生命周期管理和评估考核。次年，上海市印发《关于落实〈深化城市有机更新促进历史风貌保护工作的若干意见〉的规划土地管理实施细则》（简称380号文），进一步完善历史风貌保护在城市更新政策体系，也代表城市有机更新背景下的风貌保护制度进入再创新阶段。

8.1.5　当前上海历史文化保护的架构与机制
The Current Structure and Mechanism of Historical and Cultural Protection in Shanghai

上海长期以来一直重视历史文化保护工作，对文物、历史文化风貌区和优秀历史建筑明确提出要建立最严格的保护制度。自20世纪80年代以来，为打造国际一流的城市历史遗产保护体系保驾护航，上海市成立了上海市历史文化风貌区和优秀历史建筑保护委员会，下设由上海市规划国土资源局、上海市文物局和上海市房屋管理局共同组成的办公室，负责历史文化保护风貌区和优秀历史建筑保护的各项议事协调工作。在上海市历史文化风貌区和优秀历史建筑保护委员会办公室（简称市历保办）的组织和带领下，通过规划、房屋管理和文物"三驾马车"长期的不懈努力，上海已形成由文物、优秀历史建筑—风貌保护道路—历史文化风貌区共同构成的"点线面"相结合的城市历史遗产保护体系。在水平管理上，"三驾马车"各司其职，1992年发布《上海市优秀近代建筑保护管理办法》中就已经提出由市文物管理委员会（现为市文物局）负责属于文物保护单位的优秀近代建筑的保护管理，市房屋土地管理局（现为市房屋管理局）负责属于上海市建筑保护单位的优秀近代建筑的保护管理，市

规划管理部门负责本市历史文化风貌区和优秀历史建筑保护的规划管理。在纵向管理上，形
成市、区两级管理体系，《中华人民共和国文物保护法》规定尚未核定公布为文物保护单位
的不可移动文物，由县级人民政府文物行政部门予以登记并公布。

上海市历史文化风貌区保护规划规定的"专家特别论证制度"，对保护规划的有效实施
具有积极意义，同时也使规划能随着外部条件的变化而具有一定的灵活性。借鉴法国经验，
上海市历史文化风貌区保护规划属于控制性详细规划的规划层面，应替代所在地区的控制性
详细规划，可以直接控制、引导该地区的建设。保护规划的主要内容包括保护原则、保护范
围、功能定位、用地布局、建筑保护与更新、建筑工程规划控制、公共空间、空间形态、周
边区域、规划实施和管理建议等多方面，风貌区保护规划同时包括控制性详细规划内容（如
用地性质与建设容量控制、道路交通、市政设施、绿化景观、公共设施配套等）。

8.2

城市更新中历史价值的公平研判
Fair Assessment of Historical Value in Urban Regeneration

当前针对历史建筑的保护级别评价标准，一方面结合建筑本身的美学价值、艺术价值、科学价值，另一方面还会结合名人故居、革命遗址等文化要素。保护级别较高的通常是社会上层人士相关的历史建筑，而从文化公平的视角，社会中下阶层的历史同样值得被保护和传承，里弄建筑就是很好的延续文化公平的载体。

8.2.1 各时期历史文化的公平保护
Fair Protection of Historical and Cultural Heritage in Different Periods

城市在更新的过程中，当面临不同时期的历史遗产的抉择时，就遇到了公平性问题。从历史意义的角度来看，每一个有意义的历史时期赋予遗产的历史痕迹都是有价值的，因此，从广义上来说，上海现存所有建成环境都具有不同程度的历史意义。就这些不同时期的建成环境而言，距今年代越久的建成环境留存样本越少，其稀缺性越高，应当受到保护的程度就越高。

例如，上海的老城厢历经各时代的零星更迭，累积至今的住宅种类丰富，按照建筑建造时间主要分为三个大类，即明清时期的传统居住类型、开埠到新中国成立前的近代居住类型以及新中国成立后的现代居住类型，现存民居建筑多为传统居住类型与近代居住类型。公共建筑类型多元丰富，包含寺庙、教堂、公所、商业、市政等。老城厢内历史性的重要节点种类繁多，不仅承载公共功能，且与周边地区形成密切的历史共生关系，主要分为如下几种类型。一是名园名宅，体现了江南传统城镇的艺术价值和空间多样性；二是寺观庙宇，体现了儒释道三教与天主教、伊斯兰教多元共存，反映了富有活力的传统空间；三是教育建筑，文庙与四大书院推动文教普及发展；四是公馆会所，反映了海纳百川的移民地域文化；五是传统生产生活节点，体现丰富的市井民俗与文化活动；其余桥名、牌坊、界碑石、路名、老地名等承载着地方记忆，是历史场所识别的重要标志。

8.2.2 同时期文化传承的公平抉择
Fair Choice of Cultural Inheritance during the Same Period

对于同一历史时期，仍然存在不同类型文化载体间的艰难抉择。如何进行公平选择、采取适当的手段进行保护与更新，是一个复杂的系统性研究课题。下面以上海里弄的保护与更新为例进行分析。

里弄的发展反映了上海居民生活的多样性与变化过程。里弄建筑包括了早期老式石库门里弄住宅、晚期老式石库门里弄住宅、新式石库门里弄住宅、新式里弄住宅、广式里弄与里弄公馆等多种多样的建筑类型，不同类型的建筑规模、平面格局、设施标准各不相同。这其中既有服务于社会中上阶层的里弄公馆，又有面向普通市民的晚期老式石库门，还有以解决平民居住需求为主的广式里弄。建筑规模从早期老式石库门里弄住宅到晚期老式石库门里弄住宅显著缩小，一方面反映了上海家庭规模的小型化，另一方面也反映了石库门里弄住宅这一住宅类型主要居住人群的下沉。新式石库门里弄和新式里弄对平面格局的调整和对卫生设施的增加，则反映了城市基础设施配套的完善和生活标准的提高。

里弄的社会属性是上海最主要的住宅建筑与居住社区。里弄产生于租界内华人的居住需求，19世纪50～60年代，社会动荡导致人口涌入上海；70年代，工业发展导致人口激增，里弄在这一时期被大量建设。为了适应不同社会阶层、不断变化的居住环境需求，里弄发生了演变，形成了不同类型。后期新出现的住宅在不断动态适应主要阶层居住环境需求的变化。但总体而言，里弄的局限是配套设施不足及居住的高密度。

里弄同样具有经济属性，即城市土地开发决定里弄的诞生、发展和消亡。里弄产生于城市土地的开发利用，由于具有建设成本低、施工周期短、资金回笼快、房屋建造密集等优势，里弄开创了上海近代房地产开发的时代。里弄又因土地价值充分利用而演进，开发强度增加，居住建筑增加为3层，沿街建筑甚至增加至4层，居住品质提升，新式里弄取代了旧式里弄。在一些地区，里弄因土地价值进一步发掘而消亡，被近代公共建筑和现代高层建筑取代。

对于近代上海而言，里弄建筑并非最大限度利用土地价值的建筑与城市肌理形式。以多层、高密度为基本特征的公共建筑在开发强度、功能适应性方面明显胜于里弄建筑。因此，在上海20世纪20～30年代快速城市发展过程中，许多土地价值较高地段的里弄建筑为近代公共建筑所取代。这其中最为典型的案例就是南京东路沿线建设的四大公司。现代化的大楼在拆除了大量里弄建筑之后拔地而起。这些建筑不仅完善了城市功能，推动了上海这座城市的现代化进程，也成为当今上海城市特色历史风貌的重要组成部分。

改革开放以后特别是1990年以来，城市发展对土地的需求进一步加速了里弄的消亡。大批的里弄被拆除，取而代之的是大型百货商场、高层写字楼与高级住宅小区。太平湖一带便是这种变化最典型的写照。

里弄这一建筑和肌理类型其自身的使用价值和所占据的土地潜在价值之间存在着一定差距，这是无可回避的话题。即便在历史风貌保护工作要求得到空前强化的今天，这种差距和与之相对应的城市发展需求，也是里弄保护更新必须加以正视的问题。

历史地区是居住者通过漫长的时间对生活环境建立认同感和归属感的场所，作为维系人们精神和生活环境的纽带，历史地区的消失等于割断了城市现代和历史的联系，而这种联系是无法用新的形式或物质予以重现的，是没有替代性的。同时，历史物质空间还携带丰富的精神信息，这种无形的精神因素是遗产所固有的，它们与有形的因素联系在一起，维系着现实和过去的生活，因此也必须被认同、评估和保护。

芒福德与雅各布斯均认为城市是文化的容器，是人类文明的结晶，是一个精密而紧凑的构造。从某种程度上来说，上海里弄建筑就是这样一个人文信息的文化容器。据统计，仅黄浦区的风貌街坊内，涉及里弄的文物保护点就有60余处，其中三成为石库门里弄，三成为里弄公馆或大宅，三成为名人故居及重要事件纪念地，剩余一成为新式里弄、公寓里弄等类型。

里弄是中国革命的摇篮。上海的里弄广泛分布，同时又在布局上十分相似，进出方便的同时，对陌生人来说却方向难辨，加之里弄中邻里关系良好，这样的环境易于成为早年革命人士地下活动的基地。毛泽东、周恩来、陈独秀等中国共产党领导人都选择居住在石库门里弄中，中共一大、二大、四大等重大会议也在石库门里弄中召开，在里弄中发生过的重要革命事件数不胜数。这些往事是重要的精神财富，是中国近代民主革命的摇篮[①]。里弄集中了大量名人故居。19世纪末期至20世纪上半叶，里弄建筑是上海最普遍的居住形式。在民主革命领域，有国父孙中山先生和人民的领袖毛泽东主席；在文学艺术领域，有鲁迅、聂耳、

---

① 阮仪三，张杰，张晨杰. 上海石库门[M]. 上海：上海人民美术出版社，2014.

徐悲鸿等一代大家；在科学技术领域，有功勋卓著的竺可桢、钱学森等。这些名人是上海近代的重要符号。里弄也是亭子间文学的诞生地。上海石库门里弄在朝北的厨房顶上的小房间被称为亭子间，因租金低廉而容纳了众多经济拮据的进步作家栖身，孕育了极具上海特质的"亭子间文学"。鲁迅、茅盾、叶圣陶、田汉等在中国近代文学史上举足轻重的文学大家，都在上海里弄中体会过社会变革与人情冷暖，成就了中国文化发展史上的一段佳话[1]。

里弄建筑因其本身的历史价值及社会文化价值被广泛关注，但是受限于特殊发展阶段政府旧改资金压力，又不得不面临拆除重建等改造方式，在大量有待保护的里弄中进行抉择，必须本着文化传承的公平原则进行研判。

8.2.3　外来多元文化的公平包容
Equity and Inclusion of Foreign Multicultures

外来文化的植入给本地文化带来冲击，形成了更具地方性特色的融合文化，并在空间上以建筑为载体，里弄建筑就是上海多元文化包容的典型物质产品。

首先是里弄中西合璧的审美观念。里弄建筑审美的基础是传统中式与古典西式的结合，这也是里弄建筑最基本的外观特征。但里弄建筑发展的同时，也正是西方现代建筑运动如火如荼之时，世界各地密集产生了众多建筑大师与风格流派，上海作为中国面向世界的重要门户之一，在里弄建筑中大量吸收实践了先锋设计理念。

其次是里弄建筑丰富多元的装饰细部。丰富的装饰纹样是最能体现上海里弄建筑艺术魅力之处，也是里弄建筑最容易被感知的艺术形象[2]。近代上海两界三方、五方杂处的聚居结构，以及西方艺术审美的强势侵入，导致里弄建筑的外观装饰艺术风格在不到一个世纪的时间内经历了剧烈变化。总结其风格特征与产生的年代，大致可以划分为四种类型，分别为中式传统元素与纹样、西洋古典主义纹样、中西合璧风格和现代主义风格。其中，后面三种均是受外来文化影响而产生的本地化建筑风格。

① 阮仪三，张杰，张晨杰. 上海石库门[M]. 上海：上海人民美术出版社，2014.
② 张弛. 上海石库门民居装饰纹样的艺术探究[D]. 上海：华东师范大学，2011.

8.3

保护对象分级分类保护更新策略

Protection Object Grading Classification Protection Update Strategy

1999年9月，上海市印发《关于本市历史建筑与街区保护改造试点的实施意见》，对保护改造的性质和试点范围、组织领导、基本要求、实施步骤、有关政策和改造项目的经营管理作了规定。

2017年7月，《关于深化城市有机更新促进历史风貌保护工作的若干意见》出台，对于完善风貌区的城市更新政策又迈出了积极探索的一步。

在更新方式方面，风貌区从对历史建筑采取整治修缮的保护方式逐渐演变成通过功能置换激发历史地区活力的更新方式。这种利用方式的转变适应新时期以存量用地为主进行开发的新趋势，也使得历史街区城市更新更具有经济性、合理性与前瞻性。

在更新范围方面，历史建筑不仅是单独的建筑，还应是融入整个历史环境中的有机整体。单栋的历史建筑保护改造通常无法与周边历史建筑相协调，因此上海中心城风貌区内从单独历史建筑的改造利用转换为整个地块乃至区域的成片更新，更有利于达到保护规划对整体性保护的要求。

在更新对象方面，相比于保护历史建筑本身，保护历史形成的道路与巷弄系统、历史地区的城市肌理以及环境要素同样重要，这些环境要素的更新利用有利于风貌区整体环境品质的提升。从注重历史建筑本体的传统保护方式过渡到对空间环境等外界要素的重视，是上海中心城风貌区内更新层次的又一进步（表8-1）。

表8-1 《关于深化城市有机更新促进历史风貌保护工作的若干意见》核心内容
Table 8-1　Core Content of the "Opinions on Deepening Urban Organic Regeneration to Promote the Protection of Historic Features"

适用对象	历史文化风貌区、风貌保护街坊、风貌保护道路（街巷）、保护建筑（包括不可移动文物和优秀历史建筑）以及经法定程序认定的其他保护保留对象
主要理念	以保护保留为原则、拆除为例外
管理制度	风貌评估、实施计划和实施监管
资金支持	设立市、区历史风貌保护及城市更新专项资金
规划政策	历史风貌保护开发权转移机制； 允许历史风貌保护相关用地因功能优化再次利用，进行用地性质和功能调整；对于新增历史风貌保护对象的，可以给予建筑面积奖励
土地政策	带方案招拍挂、定向挂牌、存量补地价等差别化土地供应方式，带保护保留建筑出让
住房政策	"协议置换""居民抽稀""征而不拆"等多种方式，在居民安置、住房保障等方面给予政策支持

8.3.1　历史文化风貌区保护规划实施评估
Implementation Evaluation of the Protection Plan for Historical and Cultural Scenic Areas

在上海，虽然中心城的风貌区在划定的同时编制完成实施了保护规划，但保护规划的实施效果并不相同。以衡复和老城厢历史文化风貌区为例，衡复风貌区的保护规划实施度较高，肌理保护较好，当然风貌区内各行政区的情况仍有差异；而老城厢风貌区的实施度较低，肌理变化较大。但与风貌区内相比，风貌区相邻区域由于未被纳入保护范围，原本相似条件的历史街区却面临迥异的实施路径与保护命运。

衡复风貌保护规划实施评估

目前衡复风貌区内空间肌理的保存程度超过90%，保存情况整体良好。从2004~2009年、2009~2013年、2013~2019年三个时间阶段的比对观察可以发现，肌理变化地块面积显著缩小，从55.31hm²下降至9.65hm²，表明保护规划对历史风貌的保护发挥了积极作用。

从衡复风貌区各区部分的统计数据来看，各部分肌理变化主要集中在2004~2009

年和2010~2013年两个时段。其中以徐汇部分和黄浦部分表现较为突出，2004~2013年肌理变化面积占总面积的90%以上。徐汇区部分内，风貌区保护规划实施后肌理变化呈陡坡式下降，从36.3hm²下降到4.88hm²。黄浦区部分内，2004~2009年和2010~2013年两时段，肌理变化面积相当，两个时段均达15hm²以上，2013年以后肌理变化明显下降。长宁区部分和静安区部分内，肌理变化总面积变动不大，分别为0.9~2.4hm²、0.2~0.8hm²，肌理变化面积占各部分总用地比例在0.4%~2.5%（图8-1、图8-2）。

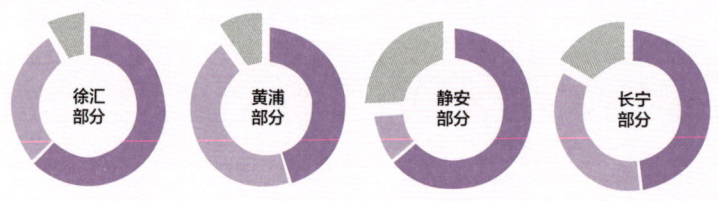

■ 2004~2009年　■ 2010~2013年　■ 2014~2019年

图8-1　衡复风貌区各部分三个时段空间肌理变化面积

Figure 8-1　Changes in Spatial Texture Area of Various Parts of Hengfu Historic Conservation Area at Three Time Periods

（来源：上海同济城市规划设计研究院，《衡复历史文化风貌区保护规划实施评估》）

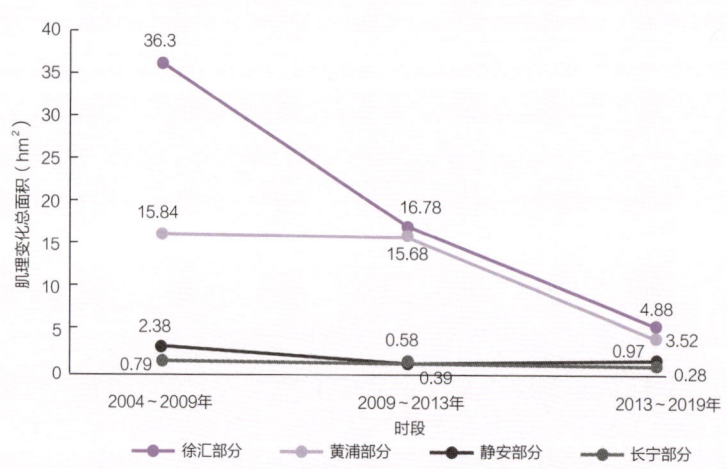

图8-2　衡复风貌区2004~2019年空间肌理变化

Figure 8-2　Spatial Texture Changes in Hengfu Historic Conservation Area from 2004 to 2019

（来源：上海同济城市规划设计研究院，《衡复历史文化风貌区保护规划实施评估》）

8.3.2 风貌保护街坊的保护更新困境
Dilemmas in Protecting and Updating Neighborhoods for Landscape Protection

根据历史资源规模、风貌肌理、建筑质量等的差异，风貌保护街坊分为成片保护街坊和局部保护街坊，针对两类街坊上海市提出了差异化的管控要求。而在具体的实际操作中，成片和局部保护街坊的保护面临巨大冲击，各类开发项目由于经济成本无法平衡而一再冲击现有的管控措施。黄浦区出现了全市首例成片风貌街坊和局部风貌街坊调换的案例，而后虽未有新增案例，但仍然给保护要求的权威性带来巨大挑战。

成片保护街坊的划定标准为历史资源丰富，风貌肌理特征明显，空间格局、街区景观较完整的街坊，原则上历史建筑占地面积50%以上的划定为成片保护街坊。整体管控要求为保持原有巷弄格局和空间尺度，街坊内与现有空间肌理不符的地块应当按历史肌理予以修补，延续建筑原有体量和空间布局关系，原则上与现状建筑高度相适应。如因存量改造、肌理修补需要新建建筑，或增加公共服务设施的，在不影响风貌保护的前提下，可以适度增加建筑面积。因功能需要，经城市设计研究，可适当局部提高建筑高度。

局部保护街坊划定标准为街坊内整体风貌一般，但有价值的历史建筑、环境要素具有一定规模，原则上历史建筑占地面积在30%~50%的，划定为局部保护街坊。整体管控要求为允许局部新建高层建筑，高层建筑布局及高度应结合更大范围的城市设计研究确定，位于滨江滨河、保护建筑周边等高度敏感区的街坊，应做好重要视点、视线分析。

当下，既有风貌类更新路径存在的诸多问题有待破题（图8-3）。

8.3.3 古镇古村的保护更新
Protection and Regeneration of Ancient Towns and Villages

乡村文化振兴面临着农民文化价值观改变、乡村文化日益衰落、乡村文化建设主体流失、行政化乡村文化的多重治理困境。随着乡村振兴战略的深入，政府对古镇古村进行旅游产业化改造。现代商业显然与古镇居民自发形成的小商品经济不同，因而在商业利益导向下不可避免地使古镇传统文化出现过度商品化与庸俗化的问题，这严重阻碍了古镇古村文化的保护和传承。同里古镇探索了一条兼顾保护更新发展与文化传承的道路。

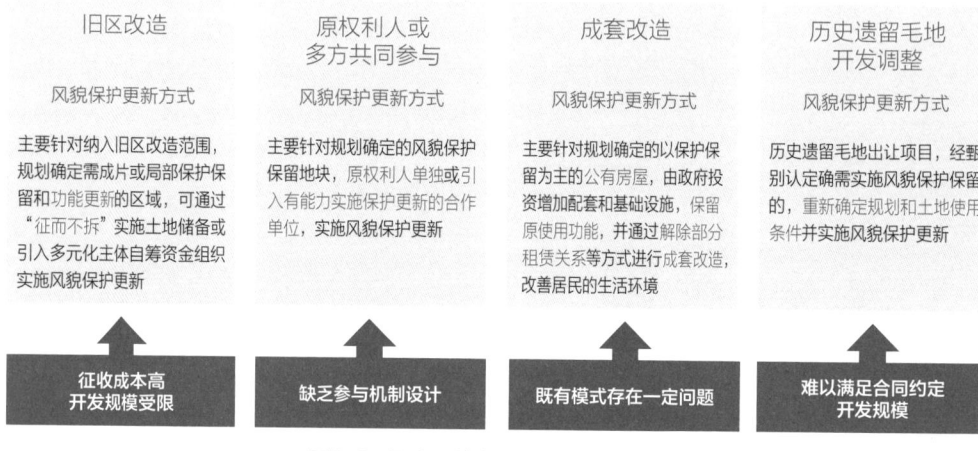

旧区改造	原权利人或多方共同参与	成套改造	历史遗留毛地开发调整
风貌保护更新方式	风貌保护更新方式	风貌保护更新方式	风貌保护更新方式
主要针对纳入旧区改造范围、规划确定需成片或局部保护保留和功能更新的区域，可通过"征而不拆"实施土地储备或引入多元化主体自筹资金组织实施风貌保护更新	主要针对规划确定的风貌保护保留地块，原权利人单独或引入有能力实施保护更新的合作单位，实施风貌保护更新	主要针对规划确定的以保护保留为主的公有房屋，由政府投资增加配套和基础设施，保留原使用功能，并通过解除部分租赁关系等方式进行成套改造，改善居民的生活环境	历史遗留毛地出让项目，经甄别认定确需实施风貌保护保留的，重新确定规划和土地使用条件并实施风貌保护更新
征收成本高开发规模受限	**缺乏参与机制设计**	**既有模式存在一定问题**	**难以满足合同约定开发规模**

图8-3　既有风貌类更新路径存在的问题

Figure 8-3　Problems with the Regeneration Path for Existing Style Areas

（来源：上海市城市规划设计研究院，《上海里弄保护与更新策略研究》）

同里古镇的保护更新

同里古镇地处太湖沿岸、大运河畔，是太湖流域典型的水乡古镇。自宋代建镇至今，已有一千多年的历史。2000年年初，为扩大古镇旅游接待能力，使居民在旅游发展中获益，同里镇政府在资金减免、组织培训、指导房屋改建、对接客源等方面出台帮扶政策和措施，大力引导居民利用民居开设民宿客栈。2006年，同里古镇第一批民居客栈达到20家，均取得了良好的经济和社会效益。面对不断增长的民宿开设申请，同里古镇完善出台了民宿建设、运营、维护的一系列管理办法。《同里星级民居客栈评定标准》（2014年）建立了明确的评价标准体系，有效保障了古镇内200家民居客栈（截至2021年）的品质[①]。

同里古镇的保护历程是一个以活态遗产保护传承为宗旨、不断探索保护与更新融合方式和融合尺度的创新过程。在这个过程中，规划单位、设计单位、地方政府和当地居民以及国内外研究机构、社会组织、企业在相互碰撞中一次又一次地达成共识。同里古镇的保护很难归结为一种模式，因为政府、居民和市场在发展的不同阶段有不

---

① 周俭，张仁仁，史大林. 中国历史文化名镇同里古镇保护实践[J]. 建筑实践，2022（8）：144-158.

同的工作和发展诉求，这些不可预测的变化要求技术服务不是为了寻找和归纳模式，而是采用不同的策略去思考最适合的解决方法。因地制宜、因势利导、宗旨不变是同里古镇保护的核心所在。

8.3.4 风貌保护道路河道分级分类保护
Landscape Protection Road and River Channel Classification Protection

上海当前的保护要素当中，线形要素主要包括风貌保护道路和风貌保护河道。但是长期以来，仅有风貌区范围内编制了相应的保护规划并对线形要素进行了保护，风貌区以外的风貌保护道路和风貌保护河道仍无法定的保护依据。在风貌区内，同样面临重点的保护道路得到很好的保护与修缮，而很多道路的历史风貌由于受新项目开发的冲击等原因风貌逐渐消失的问题。

以老城厢为例，2005年的保护规划中确定了1条风貌保护道路和34条风貌保护街巷。目前已按规划实施更新的路段共有12处，其中主要道路有人民路—中华路北片区段（除福佑地块相邻部分）、河南南路、露香园一期和二期内道路街巷，建成错接网格，符合老城厢风貌区通而不畅的随机特征。1条风貌保护道路中华路—人民路环路环路清晰地展现了历史城市轮廓。34条风貌保护街巷中有6条街巷历史风貌改变较大。第一象限共9条风貌保护街巷，现状梧桐路、丹凤路、安仁街3条历史肌理较为完整，其余历史风貌破坏严重。第二象限共7条风貌保护街巷，现状仅剩金家坊1条历史风貌保存较好，原风貌保护街巷万竹街、露香园路、青莲路等只剩线形和宽度，沿街建筑界面的历史风貌已完全消失，大境路仅剩开明里一侧仍保留有历史风貌。第三、第四象限分别有7条、11条风貌保护街巷，除文庙路—中华路交叉口、学前街（中华路—蓬莱路段）有新建高层住宅外，现状历史肌理保存均较为完整。

愚园路和武康路保护更新

愚园路历史文化街区是上海中心城内规模较大、优秀历史建筑数量较多的历史文化风貌区，两侧空间氛围静逸宜人，集中体现了上海西区近代高级住宅区的居住形态和以教育建筑为代表的公共建筑群的风貌特征。经历一个多世纪的演化变迁，愚园路街道空间整体仍基本保持原街廓，但沿线的土地使用呈现低层次的混合化，功能业态整体低端化，街道层次逐渐削弱。沿线人行空间大部分被车辆或杂物侵占，显得较为局促，缺乏驻留交流场所，行人无法停步感受愚园路雅致的街道氛围。

愚园路的更新从上海划定历史风貌保护区开始，最初以立面整治为主，从形态着手，破除围墙、拆除违章建筑、重新安置空调机组，对沿街立面进行翻新改造，随后则注重沿街商业业态的调整、拓展公共空间和节点设计。愚园路一期更新重点在改造小尺度空间上：优化沿街建筑退界等小空间，挖掘一定的街道空间节点，使之成为开放的功能复合型空间，为公众活动和交流提供舒适的场所。巷弄内老住宅产权较难获取，不可征收、只可置换，置换条件往往是民企难以独立承受的，因此目前巷弄内部的更新主要以立面整治和内部庭院改造为主。愚园路二期开发打通了弄堂，疏通了愚园路的"毛细血管"，使之从单一的街道空间扩展到整个片区空间，提供如邻里中心、市民食堂等服务于愚园路周边居民和工作人员的功能。通过挖掘开发一些沿街建筑的后部及其院落，将小部分人群活动引入街坊内部，打造环境优美的半公共庭院空间。同时，作为曾经的沪西高级住宅区，在更新时强调延续愚园路优雅的高品质社区形象，保持宁静、舒适的生活氛围，仅适度提升两侧原有的业态品质，形成良好业态。

武康路位于衡山路—复兴路历史文化风貌保护区，属于一类风貌保护街道。自2007年年初至2009年年底，作为上海市风貌保护道路保护规划编制的试点，也作为徐汇区政府对历史街道进行综合整治的试点，武康路沿线进行了保护规划，并依据保护规划进行了一系列保护整治工作。由徐汇区历史建筑和历史文化风貌区保护委员会办公室牵头，由总规划师、专家组、规划管理及所有实施部门形成的联席会议模式对确保整治实施与规划合理衔接，确保整治工作合理进展发挥了重要作用。该项目历时15个月，整治在改善居民生活环境方面力度很大，包括补种行道树、优化弄堂口部空间和历史建筑所在地块的围墙等小举措，同时通过不同建筑师参与和设计控制等方式确保多样化和精细化。武康路项目的成功是精细化城市更新的一次实践探索。

武康路的改造从立项阶段到实施过程，建立了良好的组织运营方式。武康路从风貌保护街道规划开始，成立专业团队负责武康路沿线的具体节点实施，协调和指导各局部的小型项目设计。项目完全根据规划实施，保护规划在后续实施过程中也发挥了重要的指导作用。项目还在后期的实施过程中设立研究课题，尝试从该区域范围的生活特征和功能特征研究入手探求该区域保护发展的新思路。整个项目不仅是一个规划设计的项目，更是一个可持续地探索区域城市化的过程及建筑历史特征、人文环境演变的城市更新实践。

相比于其余大多数风貌保护道路，愚园路与武康路是保护与更新的典范，而全市面上大量的风貌保护道路，在风貌区之外的尚未编制保护规划，风貌区内的也因各区的重视程度、财力差距保护情况差异巨大，产生了文化的不公平。

8.3.5 历史建筑的分级与差异化保护更新
Classifcation and Differentiated Protection Update of Historical Buildings

上海的历史建筑保护普遍的做法是划定不同的保护等级进行保护，如全国文物保护单位、市级文物保护单位、区级文物保护单位、优秀历史建筑、保留历史建筑、一般历史建筑等。由于保护的级别不同，投入的保护修缮资金及保护的情况存在较大差异。例如，优秀历史建筑的大修费用大致为2000元/m²，保留历史建筑"里弄大修"的修缮标准是1200~1500元/m²（2019年）。

老城厢风貌区历史建筑保护评估

以老城厢风貌区为例，经系统评估，文物利用状况可分为如下几种情况，合理利用的有23处，其中宗教类8处（沉香阁、大境道观、上海城隍庙、上海文庙、小桃园清真寺、海上白云观、福佑路清真寺、慈修庵）、商业类11处（均在豫园商城内）、其他类型共计4处（豫园、上海特别市临时政府旧址、万竹小学、龙门村）。利用一般的有31处，居住类占23处，但在此类建筑中，也存在文物保护意识淡漠、空间出租后不恰当使用以及缺乏妥当维修和维护而致使局部有破坏的状况，属于不当利用，如如意里、金家坊78号、郁松年旧居等。保护利用堪忧的文物保护单位和优秀历史建筑，其中现状为居住功能的有3处（书隐楼、徐光启祠堂、梓园），现状为宗教功能的有1处（梨园公所），此外还有2处空置（西仓桥街141号住宅和沪南钱业公所）。

老城厢风貌区开发建设对保留历史建筑和一般历史建筑的保护要求突破较多，造成改造后部分片区的风貌街巷和空间肌理有较大破坏。普遍的规律是，保护等级越低，灭失规模越大。已经拆除的保留历史建筑面积约0.88万m²、甲等一般历史建筑面积共约1.48万m²，主要集中在老城厢北侧露香园地块、亚龙地块以及南侧零星区域，以露香园地区最为集中（表8-2）。

表8-2　老城厢环内历史建筑保护实施情况指标比较（单位：万m²）
Table 8-2　Comparison of Implementation Indicators for the Protection of Historic Buildings
Within the Inner Ring of the Old City

	2005年保护规划总量	现存总量	减少量
保护建筑	5.99	5.99	0
保留历史建筑	13.10	12.22	0.88
一般甲等历史建筑	16.71	15.23	1.48
一般乙等历史建筑	53.49	43.03	10.46
合计	89.29	76.47	12.82

（来源：上海市城市规划设计研究院，《老城厢历史文化风貌区保护规划实施评估》）

文化广场更新反思

在大量历史建筑更新改造中，存在值得反思的案例，文化广场的更新是其中之一。设计方案中予以保留的历史要素和公共空间设计在实施中未得以落实，实际建设方案与国际方案征集的理想模样已相去甚远。该项目坐落于上海市中心，占地面积6.5万m²。这片看似静谧的地块上有从新中国成立前的逸园饭店，到新中国成立后的群众政治文化活动中心、政治教育和革命传统教育的大课堂，从1970年大火焚毁重建后的新文化广场，到20世纪90年代的证券交易市场以及花卉交易市场，文化广场承载着上海滩的历史风云（表8-3）。2003年，上海市委、市政府决定启动文化广场重建项目，并提出"文绿结合，以绿为主"的方针。2004年开展了国际方案征集工作，邀请美国、英国、德国等国家的若干国际知名设计公司参与，最终美国BBB公司方案获胜。该方案特点是满足规划条件提出的80%绿地率，以自由式绿地布局创造公共活动空间，具有历史涵义的大网架下安排了阶梯绿地和室外剧场，逸园跑狗场电梯成为室外剧场的观光电梯。新建的剧场大部分入地、小部分露出地面，并与基地内完整保留的老洋房形成组团，契合"文绿结合、以绿为主"的规划理念。

但从此之后，方案开始了漫长的修改过程，前后易稿上百次，剧场规模发生了变化，尽管建筑大部分下沉至地下，甚至创造了当时全国最深的地下建筑纪录（地下

表8-3　文化广场功能变迁
Table 8-3　Functional Changes of Cultural Plaza

时间	主要功能
1949年5月前	原为逸园饭店，内有跑狗场
1949年5月	上海解放，逸园饭店由职工组织业务维持会继续营业
1952年4月	经上海市人民政府决定，陈毅市长批准，将逸园饭店改建、扩建、新建为上海市"人民文化广场"（同年11月经市政府批准改称"文化广场"）。改扩建工程至1954年年底前完成，成为当时上海人民盼望已久的设施比较完备的群众政治文化活动中心场所
1952～1966年	文化广场成为一所大型的政治教育和革命传统教育的大课堂
1969年12月	广场在大修时因工程队违反操作规程，引发火灾，烧毁了整个大会场、舞台和原展览馆的一部分
1970年春	周恩来总理亲笔批示：重建文化广场。同年9月，完成了5700m²的三向管式网架结构，整个封闭式观众厅无一落地立柱，建成了在当时具有世界先进水平的新文化广场，此处的网架结构还是新中国第一个钢结构网架
20世纪90年代初	文化广场成为上海最早的临时证券交易市场
1997年以后	主要建筑被改建为华东地区最大的花卉交易市场
2003年	上海市委、市政府领导决定启动文化广场重建项目

（来源：根据上海市城市规划设计研究院资料整理）

30m），但原方案在地面以上的建筑体量日益巨大，成为醒目的"标志性"建筑；另外，自由式绿地变成了行列式布局，原本要保留的网架被施工单位自行丢弃，逸园跑狗场电梯只在仓库中得以保留，并仅仅复制了一个小型"假古董"网架。2011年9月，文化广场在历时5年重建后重新对外启用，项目引进了不少国际知名舞台剧演出，运营得力，国内外享誉度日渐上升。

回顾方案的多次修改，实际实施的绿化率从规划条件的80%降到55.6%，建筑整体挪至基地中间，成为一个轴线性广场和纪念性建筑，与国际方案征集的理想模样已相去甚远。巨大的室外空间除了疏散人流，没有了设计方案中丰富多彩的城市公共活动空间。规划要求保留的历史构件缺失。实际使用中，地下30m的深基坑增加了不少造价，日常运营的空调设备也耗费巨大，运营团队叫苦不迭。文化广场的城市更新项目存在的问题突出，即设计方案中予以保留的历史要素和公共空间设计在实施中未得以落实。建设管理环节应该从城市设计角度锚定管理要素并延续至执法阶段，对城市公共空间有所限制。

巨鹿路888号建筑被违法拆除事件

巨鹿路888号建筑被违法拆除事件是另外一个值得反思的案例。该建筑为上海市优秀近代保护建筑（四类）。2017年3月，市民举报该处有违建。5月，静安区住房保障和房屋管理局发现房屋内部结构被拆除，要求立即停工。6月，建筑全部拆除，区房管局立案并发出《责令整改通知书》。静安区政府成立专项工作组深入调查，按照保护条例责令违法行为人将其恢复原状，处以该优秀历史建筑重置价5倍的罚款即3050万元；处罚设计、施工、监理环节相关单位和个人；对静安区住房保障和房屋管理局、静安寺街道的严重失职行为进行处理，问责10名责任人员。2018年，建筑修复工程由郑时龄院士担任修复方案组的专家组长，建筑按照历史图纸基本恢复外观。业主也已签署《优秀历史建筑保护要求承诺书》。案例的主要问题是事前未向业主列出"负面清单"，明确改造底线，城管、房管等多部门的日常巡查和协作不够，缺乏对审批环节监管和对业主的指导工作，还有事后惩罚力度有限。

针对大量没有保护级别的历史建筑，如何进行保护与更新，需要考虑与平衡多个维度。里弄建筑的保护与更新分为历史建筑修缮、历史建筑复建、拆除新建三种类型。本书研究在此基础上，将里弄建筑的处置措施分为修缮改造、建筑复建、拆除新建、拆除四种类型。修缮改造是指对价值较高、有条件保留的里弄建筑进行修缮与改造。建筑复建是对具有一定保留价值，但难以通过修缮改造进行保留的里弄建筑，以恢复历史建筑风貌特征为目的进行拆除重建。拆除新建是指对于价值不显著但需进行肌理保留的里弄建筑，可进行拆除新建。新建建筑应通过平面格局、立面、形体、结构的相关要素，延续里弄建筑类型风貌特征。拆除是指不再保留里弄建筑与里弄肌理。

里弄保护与更新涉及的首要问题是对保留和拆除的抉择，即是否通过修缮改造或建筑复建保留里弄建筑的风貌特征。由于风貌保护、民生改善、城区发展大量相关议题牵涉其中，这一问题的最终决定需要从多个方面进行论证。

一是基于建筑风貌价值判断保留或拆除。上海现存里弄建筑的建筑品质参差不齐，广式里弄等为数众多的里弄建筑建设标准较低。对于这些里弄，除了选取一些样本进行保留外，其他可以整体拆除。以广式里弄住宅为例，全市层面可选取典型样本进行保留，并在八埭头、周家牌路周边等广式里弄较为集中的片区选取一定规模的广式里弄住宅组群进行整体保留。以周家牌路两侧的华忻坊和九棉工房为例，这两片广式里弄规模较大，是上海20世纪20年代建设的广式里弄的典型代表。笔者建议对华忻坊广式里弄住宅进行整体保留，选取九棉工房部分里弄住宅进行保留。街区内还有部分后期老式石库门里弄住宅，除润玉里外，其他老式石库门里弄住宅标准较低，可结合肌理保护与更新进行拆除新建。

二是基于肌理保护要求统筹建筑保留或拆除。里弄肌理与里弄建筑都是里弄风貌的重要组成部分，二者的保护与更新应当综合考虑与彼此协调。对里弄肌理的保护与更新措施，往往需要对巷弄体系进行优化和增加小微开放空间。对于相应情况，可通过拆除价值不高的里弄建筑进行居民抽稀，满足肌理优化调整需求。例如，里弄建筑组群的建筑价值一般，肌理价值较低，难以满足未来使用需求。以老城厢乔家路一带的里弄为例，可在保护价值较高的里弄建筑基础上，对单体价值一般的里弄建筑进行拆除新建，整体重塑老城厢特色肌理，实现对里弄肌理的保护。

三是基于城区发展要求慎重论证建筑去留。里弄建筑的保护与更新需要和城区整体功能完善与品质提升需求相协调。需要协调的内容主要包括市政道路建设、城市绿地建设、基础教育设施建设，以及城区发展对功能空间与建设规模的需求。

（1）协调城市道路建设

里弄建筑与规划道路红线产生矛盾时，应进行规划研究，统筹历史风貌保护、道路交通和市政设施建设要求，形成协调方案。

对于现状道路网络较为完善、道路宽度能够基本满足通行需求、历史建筑与街区整体景观风貌协调的情况，应调整道路红线，满足历史建筑保留保护要求，鼓励恢复历史道路红线宽度。以宁波路、贵州路周边街区为例，该街区路网密度较高，街道界面整齐，道路宽度能够满足基本使用需求，应对里弄建筑进行保留，恢复历史红线。

对于现状道路网络不完善、道路宽度难以满足通行需求，确需开辟或拓宽市政道路的，应结合规划研究优化道路红线的线位、线形与宽度，对仍位于道路红线内的里弄建筑通过迁移、改建、拆除重建、肌理复建等方式进行保留保护。例如，周家牌路、松潘路一带道路网络密度较低、宽度较小，应结合里弄建筑的保护更新完善街区路网。原公共租界中区曾在20世纪上半叶通过沿线地块拆除重建对许多道路进行了拓宽。申报馆东侧的汉口路一段与山东中路仁济医院一段可延续原公共租界工务局的做法，结合沿线里弄建筑的更新改造，实现道路拓宽。汉口路一段历史上已进行过局部拓宽，目前仅遗留中央一段。考虑到街道整体风貌保护要求，建议仅对中段里弄建筑进行更新改造，形成整齐的界面，并结合道路红线调整，使红线与历史建筑形成的街道界面相协调。

（2）协调公共绿地建设

需要保留的里弄建筑位于规划绿地内，经研究绿地确需建设的，可结合绿地对里弄建筑进行保留保护。保留在绿地中的里弄建筑可作为文化等公益性设施，或作为商业服务配套设施。里弄建筑占地面积应满足绿化部门相关要求，如超过相应比例，应针对个案与绿化管理部门及其他相关部门进行协调。

（3）协调基础教育设施

成片里弄街区往往基础教育设施配套不够完善。在确无其他可提供的基础教育设施用地的情况下，可以研究结合里弄建筑保护与更新，满足基础教育设施建设需求。其中，部分里弄可通过更新改造为校舍的方式进行保留保护，通过拆除部分里弄建筑提供操场等活动空间。黄浦区的李惠利中学和杨浦区福宁路保留部分里弄建筑作为教学与办公设施，并通过拆除部分里弄建筑满足了学校场地与建筑布局需求。

（4）协调街区整体风貌特征与城区发展要求

大量里弄街区位于城市核心区域，是上海全球城市功能的承载区，土地价值高，发展潜力大，发展要求高。然而里弄建筑内部与外部空间较为局促，与当前商业、商务办公等许多功能设施的需求不相适应，开发强度无法充分体现土地价值。从满足城市发展对空间和建筑规模的角度出发，可以从整体层面对保护和发展进行统筹，在整体对里弄进行保留保护的同时，作为城区发展的承载区进行高强度开发。例如，通过将里弄建筑更新为多层公共建筑，在强化外滩风貌区及周边多层高密度城市肌理与风貌特征的同时，完善建筑的功能适应性，提高开发强度。再如，在整体延续老城厢低层建筑空间的同时，结合豫园站及周边地区承载相应开发容量。

在保护里弄建筑的同时，更重要的是对城区的里弄肌理进行保护。里弄肌理是一种以居住功能为主的城市社区类型，而提供舒适的居住环境是居住社区的基本要求。《圣安东尼奥宣言》中提出，在经济发展的计划中，如何对待历史城区中长期贫困的人们是个重要的问题。不采取措施解决他们恶劣的物质生活条件和被忽视的社会问题，是不可能使他们真正认识到历史城区的文化价值的。对于作为居住社区的里弄的肌理，必须结合保护与更新，使其成为一种舒适的城市空间环境类型。对于作为商业、办公、社区服务等其他功能的里弄建筑组群，同样应当结合更新改造满足未来使用需求。

8.4

历史风貌地区的特殊政策机制
Special Policy Mechanisms in Historical Regions

8.4.1　风貌保护区的特殊更新政策
Special Regeneration Policies for Scenic Protection Areas

为了保护和延续历史风貌地区的文化多样性、传承多元历史文化，风貌区的保护与更新需要吸引各方面力量的广泛参与，在税收、土地、经费等方面综合考虑，形成长效机制。围绕风貌区保护，应形成一系列配套政策，包括征收政策、权籍政策、房管政策、规划土地政策等很多方面，如果政策上游和下游匹配不够，而仅靠某一项政策的调整，同样解决不了保护难题。

（1）制定历史风貌区的特殊规划管理技术规定

以里弄为例，针对上海传统里弄的规划与管理，应与其他城市地区和建筑类型区别对待。当前，相关技术规范对建筑间距、消防要求、日照要求、平面布局等方面的要求与里弄保护更新存在较大矛盾。《上海市历史风貌区和优秀历史建筑保护条例》规定，历史风貌区保护规划范围内的建设活动，应当符合规划和技术规定的要求。确因历史风貌保护需要，建筑间距、退让、面宽、密度等无法达到本市规定的，可以经专家委员会论证后，由市规划资源管理部门确定具体规划指标。历史风貌区保护规划范围内的建设活动，应当符合消防等有关技术标准和规范要求。确因历史风貌保护需要，无法达到规定标准和规范要求的，应当在不降低现有保护状况的前提下，经专家委员会论证后，由相关管理部门和市规划资源管理部门协商制定保护方案。这为突破相关规范要求提供了上位依据。

具体操作过程中，针对具体设计方案须一事一议，就具体项目推进而言，仍然需要开展大量的研究与沟通协调工作，时间和工作成本均较高。除此之外，能否对里弄肌理的形成有较大把握，在很大程度上取决于设计单位的水平，以及规划管理部门、地方政府、其他相关部门和开发主体之间的博弈。

笔者建议依托建筑规则提升里弄肌理保护更新管理效率与品质。上海近代建筑规则对建筑高度、建筑密度、巷弄宽度、开放空间布局等方面的规定，对里弄肌理最终体现出的特征有着直接影响。对历史建筑规则的解读为认知既有里弄肌理特征提供了重要视角，融合历史特征与当下需求的建筑规则也可以成为里弄肌理的管控工具。

通过制定建筑规则，对原本需要通过协商确定的议题进行规定，能够显著减少沟通成本、缩短沟通时间、简化操作流程，并为里弄肌理的保护与延续提供底线约束，指导方案编制和审批。针对里弄肌理的建筑规则可包括以下内容：针对《规划管理技术规定》中对建筑间距、退让、面宽、密度的相关规定形成相应的特别规定；对于绿地率、日照、消防等其他相关技术规定，在与相关部门沟通协调的基础上，形成通则性规定。由于保留下来的里弄建筑大多是公共租界和法租界在不同时期建造而成，新编制的建筑规则应当针对不同情况提出差异化的指标，以体现不同时期、不同区域的历史特色。对于消防要求，建筑规则的编制可与风貌区消防设备的配置进行协调。

（2）制定历史风貌区的特殊土地政策

历史风貌区应采取特殊的土地征收及出让政策，根据居民意愿采取整体征收及局部征收的不同方式，同时可尝试土地捆绑出让及毛地出让。笔者建议允许历史风貌较完整的街坊通过旧改政策进行保护性征收。可通过二次征询的方式进行征收，当居民支持征收的人数达到较高比例后（如80%），则开展老建筑的整体征收。当居民的意见分歧较大时（如支持征收的比例在50%～80%），则采用局部腾迁的方法。应允许风貌区内地块与相邻周边地块的捆绑建设，带动地区一体化更新。允许风貌区内风貌保护街坊的更新改造与风貌区外可开发地块的捆绑建设，以应对以保护为主和以建设为主的两类城市更新。明确方案同步出让、同步建设、同步竣工。实施中鼓励土地带方案出让。充分发挥《城市更新实施办法》中实施条款的作用，对于独立开发用地外的"边角地""夹心地""插花地"等存量土地，不具备独立开发条件的，经专家特别论证程序，可采取扩大用地的方式，由独立开发的原土地权利人结合开发。

历史风貌区功能改变类更新项目。为了鼓励产权人自发参与保护建筑的功能更新，对符合城市规划和建筑使用功能调整、符合市场需求，且相关产权人同意功能改变的前提下，可以自行改变建筑功能，无须补缴出让金。但如果涉及投资商整体收购或以原产权人作价入股合作的方式，完成开发改造，用于商业用途运营，经由规划和土地管理部门、房管部门、经委、环保、公安、消防、卫生防疫等相关部门审核同意后，采取用途改变模式，可不必纳入招拍挂流程，但须由市场主体重签土地出让合同，补缴出让金。

历史风貌区"拆改留"更新项目。由于当前土地政策必须净地实施招拍挂出让，导致"拆改留"实施单位一开始就在审批流程上遇到难题。同时，成片"拆改留"项目使用状况复杂，建筑置换成本高，拆迁安置改造难度大。为了鼓励保护开发，土地政策应该予以突破。首先允许政府主导或投资商主导实施产权置换并原样开发后运营，只要不改变用途，不必补办出让手续；其次，允许毛地出让，拆除地块由"拆改留"项目运作主体开发，并按上海市规定办理相关建设手续，申请土地性质改变，重签土地使用权出让合同或合同补充协议，补缴出让金。

（3）制定历史风貌区的特殊财税政策

在上海历史风貌区的财税政策方面，笔者建议落实专项保护资金，拓展资金来源。第一，落实政府用于历史建筑保护等额专项资金。借鉴国外公共补助金的经验，大部分国际城市历史地区的保护均有国家或地方的专属公共补助金：英国是所有项目均可申请资金补助；日本的保护资金包括三方面，即补助金（50%来自国家）、贷款和公用事业费；法国同样有专属的修缮补助资金，并设有容积率控制和补助资金等。另外，鼓励民间资本参与历史建筑保护利用，完善民间资本参与历史建筑保护利用的制度建设（完善城市更新办法在风貌区内的适用性），政府对参与历史保护和利用的民间群体应当给予专业技术和管理服务上的支持。第二，可提供创新资金筹措方式，如学习英国发放公益性历史文化彩票的经验，发放"上海市风貌保护彩票"。英国文化遗产彩票基金（Heritage Lottery Fund）成立于1994年，每年投资新项目金额约为3.75亿英镑，投资项目涵盖博物馆、濒危历史遗迹、自然环境和历史文化传统等。其具有以下特点：充分的公众参与，公众通过电视节目了解文化遗产，投票选择基金优先用于哪些项目的保护；优先考虑对公众开放的历史建筑，近年逐步放开对私有建筑的拨款申请；分类分级申请管理，对于3000～10000英镑的小额补助金，申请过程简单便捷，对那些申请资助超过200万英镑的项目要求更严格，须提供包括碳排放量在内的详细报告等。

同时，还应当加强税收优惠制度的建设。对风貌保护项目中历史建筑免征房产税。对经营风貌保护项目中历史建筑所取得的租金收入免征营业税。风貌保护项目历史建筑经营单位应单独核算风貌保护类项目用房租金收入，未单独核算的，不得享受免征营业税、房产税优惠政策。结合企业信用机制建设，对于在风貌保护项目中作出贡献的企业，可在一定时期内给予营业税收的优惠。例如意大利对历史遗存价值利用与开发商提供了鼓励性的公共政策，包括对参与到历史保护工作的公共部门、私有资本、个体实行税务减免相关优惠政策等（图8-4、图8-5）。

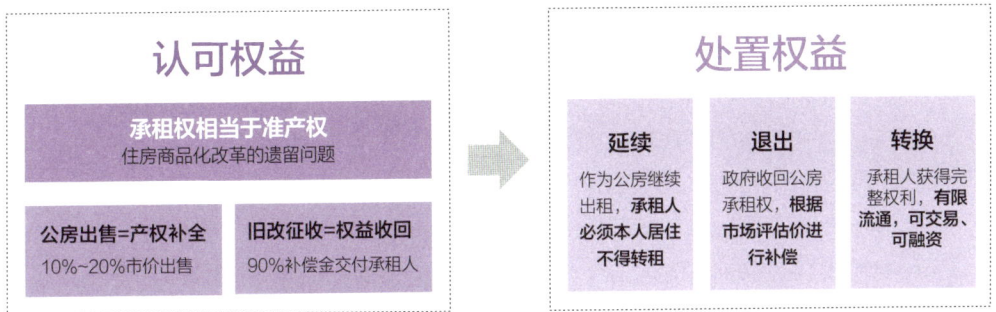

图8-4　城市更新中应保障利益主体充分的原有权利的处置选择权

Figure 8-4　Urban Regeneration Should Guarantee the Right of Interest Subjects to Fully Dispose of Their Original Rights

（来源：上海市城市规划设计研究院，《上海里弄保护与更新策略研究》）

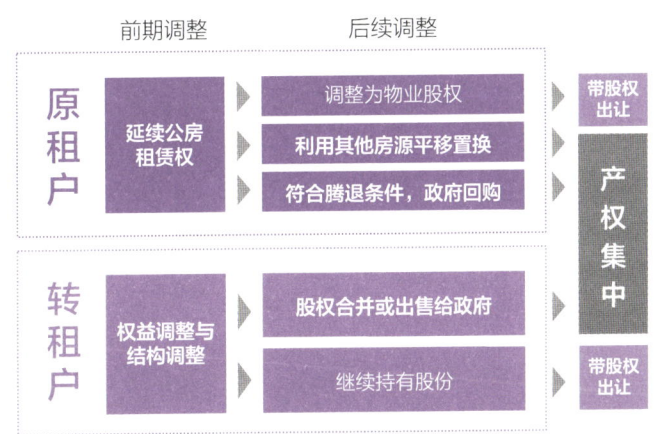

图8-5　城市更新不同利益主体的权利转换

Figure 8-5　Right Transformation of Different Interest Subjects in Urban Regeneration

（来源：上海市城市规划设计研究院，《上海里弄保护与更新策略研究》）

8.4.2 历史风貌区更新的机制创新
Mechanism Innovation for Updating Historical Scenery Areas

在实施机制层面，历史风貌区的更新需要在机制方面进行探索。外滩源和衡复"1+1+4"更新项目都是很好的示范性项目，当然，也存在需要继续突破的瓶颈。

外滩源街区保护更新

外滩源项目是从整体规划到分步实施的重点街区改造的成功案例。根据外滩源建设的实际情况，市、区政府实施了土地出让金专项返还（6.12亿元），用于外滩源一期大市政及环境景观配套建设等扶持，从多方面为项目推进创造条件。在项目动迁置换实施后期，法院在中心城区老建筑置换改造中，首次通过司法途径与部分因坚持过高要求而严重影响项目进展的居住租户解除公房租赁关系，并采取"先腾房后解决安置纠纷"的措施，使需要置换的房屋得以及时腾空和实施保护性修缮。项目实施过程中遇到的主要瓶颈是动迁难度及资金压力两个方面：老大楼权属及使用关系复杂，置换动迁的难度很大。大部分老大楼内的使用人关系复杂，使用单位分散，大多数为市属单位或改制企业及居民，给大楼整体资源整合带来较大困难。目前老大楼置换只能按照市场化方式进行协议置换或协商动迁，不仅安置成本非常高，而且置换进度也难以控制。项目开发回收期长，融资压力大，可持续发展能力不足。老大楼修缮改造的成本远超拆除新建的投资。老大楼以租赁为主的经营方式，使得置换成本只能从租金收入中逐年回笼，成本回收的周期较长，且部分入驻单位为金融企业或税收大户，租金本身就偏低，这就给后续置换所需资金带来很大压力。融资贷款成为老大楼置换改造的瓶颈。

衡复"1+1+4"更新

衡复"1+1+4"更新项目是上海徐汇区的衡复历史文化风貌区内的重要城市更新项目。项目涉及多方参与主体，东湖路、新乐路、岳阳路风貌道路整治的实施主体为湖南街道和天平街道，区绿化局负责实施襄阳公园开放工程，徐房集团和香港康世集团共同负责永平里项目实施，西岸集团是乌鲁木齐南路178号更新项目的实施主体，淮海中路地块和交响乐团周边地块由徐房集团负责推进。相关区政府部门依照各自职能，共同推进更新项目。区规划和土地管理局是统筹城市更新工作的部门，负责组织编制更新项目实施方案。区住房保障和房屋管理局负责历史建筑修缮，区文化局负责文化功能植入的研究和推进，区旅游局和衡复投资公司携同街道组织开展公共参与活动。

按照城市更新实施办法，为地区提供公共设施或公共开放空间的项目，在原有地块建筑总量的基础上可获得奖励，适当增加经营性建筑面积。东湖集团根据上海市委要求，将东湖宾馆花园约4400m²面积无偿作为公共绿地，向市民开放。因而在不影响风貌特征的前提下提高004街坊部分地块（东湖路30号）的容量，对东湖集团进行补偿奖励。对风貌区尝试捆绑更新，将搭桥机制纳入更新体系中。在风貌区中梳理出需要更新的零星地块，在徐家汇、滨江等地区梳理出可以合理增量的用地，通过投入产出分析提出增量的幅度及增量后的空间形态要求。最后，风貌区内建筑密度较高，在满足消防、安全等要求的前提下，部分地块的建筑密度、建筑退界和间距等可以按照不低于现状水平控制。

8.4.3 风貌区外更新中的文化传承
Cultural Inheritance in the Regeneration of Outside the Scenic Area

在一些非城市历史文化保护区的城市更新中，历史文化要素保护与传承的情况是衡量项目成功与否的关键。上海徐汇滨江地区城市更新是一个典型的成功案例。

上海徐汇滨江地区城市更新

徐汇滨江地区是黄浦江两岸综合开发的重要组成部分，区域面积9.4km²（其中外环内7.4km²），岸线长度4km（其中外环内8.4km），外环内规划总建筑面积约950万m²，其中规划新建总建筑面积约650万m²。徐汇滨江地区曾是近代上海重要的交通运输、物流仓储和生产基地，聚集铁路南浦站、北票煤码头、上海飞机制造厂、龙华机场、上海水泥厂、白猫集团、上粮六库等大工业厂区，是一条封闭的传统工业岸线。

2004年，徐汇区启动徐汇滨江地区规划前期研究工作，陆续开展滨江地区规划功能咨询和国际方案征集。2005～2008年，黄浦江南延伸段B、C、D三个单元的控制性详细规划并获市政府批准。2008年，滨江公共开放空间国际方案征集启动，英国PDR事务所"上海CORNICHE"开放空间规划方案中标。2007年，徐汇区政府与上海市黄浦江两岸开发工作领导小组办公室签署合作备忘录，明确"市区联手、以区为主"的建设机制以及"政府主导、企业主体、市场运作"的开发原则。2010年，作为上海世博会的核心配套区域，徐汇滨江地区完成企业搬迁116家、居民3500多户，土地收储约280hm²，改造亲水岸线3.6km，建成30万m²公共开放空间以及"七路二隧"等骨干路网20km，推动滨江岸线从生产性功能向生活性功能转型。2015年，其获得住房和城乡建设部颁发的"中国人居环境范例奖"。

徐汇滨江地区前期开发工作主要由上海徐汇土地发展有限公司（简称土发公司）、上海徐汇滨江开发投资建设有限公司（简称滨江公司）负责实施。2012年，徐汇区国有资产监督管理委员会整合土发公司、光启文化、滨江公司等企业组建上海西岸开发（集团）有限公司（简称西岸集团），授权其在徐汇滨江地区承担土地储备及前期开发、基础设施投资建设、功能开发与招商引资、总体运营与综合管理等职能。

2013年，徐汇区政府设立徐汇滨江发展专项资金，主要用于基础设施及重大项目建设，建立滨江开发建设综合投入机制。2015年，先后成立徐汇滨江地区综合开发建设领导小组、徐汇滨江地区综合开发建设管理委员会，下设徐汇滨江管委会办公室，与西岸集团合署办公，共同形成决策、协调、推进实施的三级组织架构，保障滨江开发建设的进度和品质。2016年8月，按照上海市委、市政府提出的至2017年年底实现黄浦江两岸45km岸线公共空间基本贯通的工作要求，启动实施8.4km贯通工程（徐汇段）岸线建设。截至2016年底，徐汇滨江地区累计完成土地收储约390hm²，占该地区总收储面积的75%。出让土地33幅，出让土地面积约77hm²。

上海西岸以组团式整体开发为基本运作模式。例如，西岸传媒港项目总用地面积约19万m²，规划总建筑面积93.4万m²，其中地下约40万m²，共由9个地块组成。为了使项目中各地块完美衔接，该项目尝试了带地上方案、带地下工程、带绿色建筑标准的土地出让方式，取得了较好效果。地上建设用地使用权分别出让给腾讯、湖南卫视、国盛、万达信息等大型单位，上海西岸传媒港开发建设有限公司则获得地下空间的建设用地使用权，进行统一管理运作，实现了资源的整合并简化了流程，突破了传统开发模式只管各自红线内的局限性。通过签订合作开发协议，强化各地块不同空间的一体化设计和整体开发[①]。

　　由于进行历史保护需要较多的资金投入，西岸集团在项目中拓展了融资渠道。在民航四大中心的建设过程中，采用民航华东管理局提供土地、西岸集团提供资金的模式进行投资合作，西岸集团股权占比41%，华东民航管理局占59%。通过在建工程融资，缓解资金压力。但经过一轮的发展建设，区域土地价值及发展潜力有了极大提升，导致后续工业用地的收储成了难题。如何运用当前政策体制盘活其余尚未收储的工业用地资源，是后续开发中亟待解决的问题。

小结

　　城市更新文化公平的核心，是不同代际的历史文化保护分配公平。在当代遗留文化遗产中，时间信息是不可替代的资源，不同时代的文化在物质空间留下了宝贵的印记，而当代有限的资金条件下，在空间再开发的过程中传承什么时代的历史、留下什么阶段的文化是核心问题。

　　城市在更新的过程中，在不同时期的历史遗产面前进行抉择时，会遇到公平性问题。从历史意义的角度来看，每一个有意义的历史时期留给遗产的历史痕迹都是有价值的，因此，广义来说，上海现存所有建成环境都具有不同程度的历史意义。就这些不同时期的建成环境而言，距今年代越久的建成环境留存样本越少，其稀缺性越高，应当受到保护的程度就越高。

　　对于同一历史时期，仍然存在在不同类型的文化载体间抉择的问题。如何进行公平的选择，采取适当的手段进行保护与更新，是一个复杂的系统性研究课题。精英文化和普通大众的市民文化、市井文化同样需要被保护，外来文化也需要被包容。上海的历史文化保护经历了单体点状保护的起步阶段、构建法规体系的初创阶段、"点线面"保护的成熟阶段，再到当下城市更新下的再创新阶段。上海的历史文化保护经历了从保护精英文化到兼顾保护大众的市民文化的过程。

---

① 俞泓霞，古小英，李飞宇. 城市更新实施策略与机制研究——以"上海西岸"城市更新为例[J]. 住宅科技，2017，37（10）：18-23.

在上海，虽然中心城区的风貌区在划定的同时编制完成并实施了保护规划，但保护规划的实施效果并不相同。由于各风貌区的区位、基础条件、经济发展状况等的差异，其历史风貌保护状况存在差异，如衡复风貌区实施度较高，老城厢的实施度较低。与风貌区内相比，风貌区相邻区域由于未被纳入保护范围，原本条件相似的历史街区却面临迥异的实施路径与保护命运。根据历史资源规模、风貌肌理、建筑质量等的差异，风貌保护街坊分为成片保护街坊和局部保护街坊，针对两类街坊提出了差异化的管控要求。而在具体的实际操作中，成片和局部保护街坊的保护要求面临巨大冲击，各类开发项目由于经济成本无法平衡而一再冲击现有的管控措施。

针对风貌保护道路和河道，仅有风貌区范围内的编制了相应的保护规划并进行了保护，风貌区以外范围的风貌保护道路与河道仍无法定的保护依据。在风貌区内，同样面临重点的保护道路得到很好的保护与修缮，而很多风貌保护道路的历史风貌由于受新项目开发冲击等原因而风貌逐渐消失的问题。

上海历史建筑保护的普遍做法是划定不同的保护等级进行保护，如全国文物保护单位、市级文物保护单位、区级文物保护单位、优秀历史建筑、保留历史建筑、一般历史建筑等。而由于保护的级别不同，投入的保护修缮资金及保护的情况存在较大差异。普遍的规律是保护等级越低，灭失规模越大。部分风貌区保留历史建筑和一般历史建筑被大量拆除。

在历史地区的保护与更新中，需要制定不同于一般城区的特殊政策与机制，进而促进地区的文化遗存延续。需要吸引各方面力量的广泛参与，在税收、土地、经费等方面综合考虑，形成长效机制。围绕风貌区保护，应形成一系列配套政策，包括征收政策、权籍政策、房管政策、住保政策、规划政策和土地政策等，如果政策上游和下游匹配不足，仅靠某一项政策的调整解决不了保护的系统难题。

Chapter 9

Collaborative Governance: towards Fair and Just Urban Regeneration

协同治理：走向公平公正的城市更新

第 9 章

本章主要总结和归纳了本书研究的主要结论，包括研究多维视角的不公平现象及产生原因、城市更新的公平性评价方法及应用、上海城市更新制度公平性研判以及本书的理论框架、城市更新公平论的价值观与方法论。同时，本章还归纳提出城市更新制度的价值重塑与体系构建，城市更新规划、政策、机制、治理等方面的具体完善建议。

This chapter mainly summarizes the main conclusions of the research in this book, including the study of unfair phenomena and their causes from multiple dimensions, the fairness evaluation methods and applications of Urban regeneration, the fairness judgment of Shanghai's Urban regeneration system, as well as the theoretical framework, values, and methodology of the Urban regeneration fairness theory in this book. Additionally, this chapter summarizes and proposes value reshaping and system construction for the Urban regeneration system, and specific suggestions for improving Urban regeneration planning, policies, mechanisms, governance, and other aspects.

9.1

主要研究发现

Main Research Findings

9.1.1　现象原因：多维视角的不公平现象及产生原因
Cause of the Phenomenon: Unfair Phenomena from a Multidimensional Perspective and Their Causes

城市更新中不存在绝对公平，研究城市更新公平性的意义在于修正不公平。城市更新中的不公平现象有多个维度，不同时期更新政策的松与紧、收与放，政策出台前后会带来同一类型的项目获利空间的差异，随着时间的推移，城市更新的公平性并非一路上扬，追求效率导致公平性在一段时间内被放在次要地位。不公平产生的原因在于，作为利益调节手段的城市政策的阶段性特征，更新机制中各方的不对等地位，利益平衡及博弈中整体利益、局部利益和不同个体利益之间的不公平分配，以及社会弱势群体在更新过程中相应权利的缺失。

首先，是经济维度的不公平。当前更新的参与主体和资金来源都比较单一，因而城市更新项目推进较慢，总体规模较小。政府对城市更新前后的权利人股权交易设置各种限制，在客观上阻碍了社会资本参与城市更新。当前资本参与城市更新的准入有诸多限制，核心是政府不希望更新获得的增值收益过多地与市场分享，特别是境外资本，而带来的问题是大量有更新需求的地区丧失了更新的机会，产生了机会不公平。民企和国企在更新过程中享受的政策存在较大差异，存在不公平竞争。

其次，是政治社会维度的不公平。城市更新公平性的核心是不同社会主体在城市更新过程中的权利重构问题。在城市更新的过程中，存在多种角色在发挥作用，如政府、企业、社会以及智库等。不同角色出于其自身的利益推动或者参与城市更新，同时又与其他角色不断上演着利益的博弈。本地业主一般在更新中可以获得相应赔偿、搬迁或者回搬，更新后往往可以获得生活质量的大幅度提升；本地租客原来租住在更新基地，更新中无法获得赔偿而导致搬迁，带来生活的诸多不便；周边居民更新过程中除了施工阶段受到一定程度的影响外，基本以零投入而获利。

再次，是文化维度的不公平。例如，在历史保护地区，政府的保护政策带来居民居住条件改善的滞后。城市中的重点地区，在城市更新中往往是政府高度关注并且财政投入倾斜的地区。政府推动的城市更新，解决社会底层贫困问题，政府选择先更新哪里、后更新哪里，带来区域不公平与时序不公平；资本推动的城市更新，提升了土地的经济价值，获取了资本空间积累并赚取了巨额利润，但是拆除历史建筑会带来城市整体利益与私人利益之间的分配不公。

城市更新中的租客是更新中的利益受损方，而更新项目的周边居民则坐享其成。更新后空间的使用者过程权力缺失，仅仅是更新结果的享用者，但由于需求与提供产品的错位，造成社会资源的浪费。更新中市级政府与区级政府之间的博弈在更新中不断发生，影响城市更新的公平性。而街道办事处作为基层政府机构，落实了大量工作，但是存在明显的权责不对等。在城市更新中，企业逐利是必然的。国企与民企的不公平待遇是一种相对公平，协助政府通过城市更新实现财富积累及背负社会责任是国企的角色定位。比较而言，对于具有社会责任感的民营企业，政府需创造更多的空间，给予更多的奖励。

城市的经济、社会的发展阶段决定了城市更新中的不公平程度。具体原因包括以下几方面。一是更新理念的"效率优先"。上海旧区改造时间紧、任务重，考核以速度、规模衡量，政府更加关注重点地区。二是更新政策机制的不完善，包括各部门多头管理、缺乏统筹、各自为战以及形式化的公众参与。三是更新规划的不适应。当前的更新规划技术手段和规划方法难以适应复杂的利益博弈，而委托代理人的身份很难保证角色中立。

9.1.2 评价方法：城市更新的公平性评价方法及应用
Evaluation Method: Fairness Evaluation Method and Application of Urban Regeneration

本书研究从社会（过程权力）、经济（结果利益）两个维度对更新公平性进行评价研究，过程权力包括更新过程中的知情权、参与权和决策权，结果利益包括空间利益（土地及物业的所有权和使用权）以及货币利益。

本书研究遵循的公平原则为：过程权力应各方平等，结果利益依据各方投入进行分配。权利视角可以对城市更新公平性进行分级分类。多方权利视角、企业权利视角和社会权利视角的公平性与城市发展阶段、政策制度环境密切相关，社会多主体视角的公平性受到项目特征、推进主体情况影响。

（1）更新公平性评价分级

从过程权力（社会）视角，本书研究将过程权力分为三个等级，分别为无权力、象征性权力与实质性权力，构建了过程权力的评价模型及测算标准，并提出了过程公平的评价分级建议，即轻度不公平、中度不公平及重度不公平。

从结果利益（经济）视角，城市更新的结果利益分配应按照各方持有的物业价值及投入的资本进行公平测算，按照比例进行利益分配。参照过程不公平的评价分级，城市更新结果的不公平程度可以分为严重、中度及轻度三个等级。轻度不公平是指更新结果各方投入产出比存在微差，中度不公平是指更新结果各方投入产出比存在一定差距，重度不公平是指更新结果少数主体极少投入、极多回报。

（2）更新公平性评价分类

从多方权利视角，公平性评价主要看更新过程中政府、企业及公众三方所掌握的结果利益与过程权力的公平性，即三方的结果利益分配是否公平公正，三方是否都掌握权力。按照掌握权力的差异，可大致分为三个级别，即一方独享权利、两方分享权利、三方共享权利。

从企业权利视角，综合考虑企业在城市更新中过程权力与结果利益特征，可分为企业少权力、少利益，掌权力、合理利益，过度权力、过度利益三种类型。

从社会权利视角，如果从社会群体（指笼统的社会，包含所有更新主体）掌握权利的角度对更新公平性进行评价，按照社会在更新过程中拥有的权力和更新结果分配的利益分类，可以分为掌权力、享利益，少权力、分利益，无权力、少利益。考虑到城市更新的复杂性与多主体，选取与城市更新利益相关方，基于各方掌握的权力和分配的利益，可以对城市更新项目进行公平性评价。城市更新直接利益相关者主要包括原业主、新业主、新租客、外迁业主、外迁租客等，间接利益相关者主要包括周边居民、周边就业者、社会公众等。

本书研究针对不同类型的项目进行了实证研究结论：通过产业类、公共类及居住类三种类型9个项目的更新公平性比较研究，不公平存在于更新项目间，也存在于同一个项目内不同主体间，不公平性具有分层的特征。基于案例比较的结论是，政府主导推进的项目比市场推进的项目公平性高；更新后的入驻企业及商户，作为城市更新空间的主要使用者，大多主体过程权力缺失；更新中搬迁的租客，在过程权力缺失的同时，利益受损而没有获得任何赔偿；过程公平与结果公平的关系是，过程公平是结果公平的重要前提，但是过程公平不一定带来结果公平。

9.1.3 理论框架：城市更新公平论的价值观与方法论
Theoretical Framework: Values and Methodology of Urban Regeneration Equity Theory

本书研究结合国内外公平及城市更新理论，提出城市更新公平论的价值观与方法论。在价值观方面，研究认为应该从"效率优先"转变为"公平兼顾效率"。基于历史上的公平观，研究细化了城市更新中的公平原则，即基本权力"人人平等"，更新过程权力同类主体"基于弱势关怀的等分"，更新结果利益同类主体应"按劳分配"。在方法论方面，研究提出包含因果关系的城市更新公平研究的五个维度（PESCC），即政治平等（political equality）、经济公平（economy equity）、社会公正（social justice）、文化共存（culture coexistence）与协同治理（co-governance），其中社会公正、经济公平和文化共存是结果，政治平等与协同治理是起因。研究基于不同维度存在的权力不均、利益失配、文化断裂、治理失衡等问题，提出了社会赋权、利益适配、文化传承、权责对等、技术提升等相应对策和具体的策略建议，形成了包含"问题—原因—评价—策略"的完整理论体系。

研究提出，城市更新的政治平等主要包括各级政府间的权责对等，企业及市民基本权利（知情权、参与权、决策权）的人人平等；城市更新的经济公平主要包括空间利益的公平分配（产权/使用权）和货币利益的公平折算（空间与货币的转换）；城市更新的社会公正主要包括更新主体的机会公平（开放/竞争），市民权利（居住权、就业权、阳光权、交通权）的公平分配，还有更新中对社会弱势群体的特殊关怀；城市更新的文化共存主要包括不同历史时期的文化传承、不同民族地域文化的多元包容以及不同社会阶层的文化共存；协同治理包括城市更新的规划、政策与机制的公开透明、动态修正与多方协同（表9-1）。

表9-1 城市更新的公平维度、原则与要素
Table 9-1 Fairness Dimensions, Principles, and Elements of Urban Regeneration

维度	原则	要素
政治平等	权责对等 人人平等	政府权力 ● 国家与地方在城市更新中的事权划分 ● 市与区的审批权与审批边界划分
		企业权力 ● 知情权、参与权、决策权
		市民权力 ● 知情权、参与权、决策权、居住权、就业权、阳光权、交通权
经济公平	按劳分配 按比例分配	空间利益 ● 更新后建筑物产权、使用权分配 ● 更新后开放空间产权、使用权分配
		货币利益 ● 更新中一次性现金收益 ● 更新后长期资金收益、股票增值
社会公正	各主体均分 弱势关怀	更新主体 ● 利益主体的机会公平 ● 相关主体的机会公平
		弱势群体 ● 更新中对社会弱势群体的特殊关怀
文化共存	传承 包容	时空维度 ● 更新中不同历史时期的文化传承 ● 更新中不同民族地域文化的多元包容
		对象维度 ● 更新中不同社会阶层的文化共存
协同治理	公开透明 动态修正 多方协同	更新政策 ● 更新规划、土地、房屋、财税等政策
		更新规划 ● 规划编制审批、实施监管、评估监测的全生命周期
		更新机制 ● 政府、企业、社会、智库的多方协同

9.2

更新制度的完善建议
Suggestions for Improving the Urban Regeneration System

城市更新制度公平性的提升是一个环环相扣的巨系统，包含了更新规划、政策法规、实施机制等，单一维度的提升并不能得到整体公平性的提升，正如木桶的短板，只有补足了关键短板，整体才会有本质的提升；更新公平性的升级有赖于政府、企业、社会三方合作伙伴关系的确立及彼此地位的改善，这当中政府的"收"与"放"是关键。

9.2.1 更新制度的价值重塑与体系重构
Value Reshaping and System Reconstruction of Urban Regeneration Systems

城市更新的核心目标应该是"为每个人提供更美好的生活"，过程中品质、效率与公平是三个不同的视角和评价维度。高品质意味着高投入，也意味着经济上带来高回报的预期，使得更新受益范围的社会阶层提升，进而降低更新结果的社会公平性。效率的提升同样会给过程公平带来负面影响，三个价值要素之间需要平衡兼顾。

提升制度的公平性需要制度创新，而制度创新的根本是推动城市更新的政府组织架构、行政体系与法规体系，以及政府与市场、社会的关系重构。广州、深圳等城市组建城市更新局、深圳的城市更新条例等实践引领了国内的城市更新制度创新，每座城市都需要寻找适合各自发展阶段的制度创新之路。

城市更新本质上是政府、开发商、原产权人和社区公众围绕土地使用权和物业所有权的转移与让渡进行博弈而达到多方平衡的过程。城市更新政策是为这个博弈过程提供操作规则的核心，政策体系的构建、土地及物业权利的变换、发展权奖励及转移以及其他财税等金融政策的支持都是政策的核心内容。当前，土地使用权变换分为延续或者重构两种情况，物业权利变换分为自持和转让两种情况。对于发展权基于公益贡献实行奖励与转移政策，目前政府有比较严格的管控，未来应逐步探索松绑与激励的路径。

需求的多元、主体的多元、复杂的产权等诸多挑战都有待多变灵活的更新策略。更为灵活的城市更新机制与实施路径是保障城市更新走向公平公正的必要条件。政府有必要为合理的城市更新需求寻找适宜的更新途径，以保障所有利益相关方的基本权益。随着单一主体城市更新项目的逐步实施，将会有越来越多难度大、产权主体复杂的城市更新项目留存，等待更为宽松的政策及实施路径。更新模式应由单一方式向多元方式转变，以适应不同更新需求。由于城市更新往往涉及多宗土地、多元主体，故更新策略必须灵活应对以适应复杂的更新需求，同时也应该构建多方参与的更新机制。

9.2.2 更新规划的多维视角与方法提升
Multidimensional Perspective and Methods of Urban Regeneration Planning Enhancing

（1）多维视角：城市更新规划的"转型"

更新规划本身是城市更新中空间公平性的一个重要载体，未来的更新规划需要转型，应该从模糊空间生产到精准空间供给：需求供给匹配，避免过剩；从一方需求独大到各方需求兼顾，应多方均衡受益，避免不公。更新方案的增量及分配是两个核心关键，增量涉及外部公平性，分配涉及内部公平性。更新规划应完善更新规划成果形式、信息公开、决策机制及后评估环节。

在宏观规划中，应构建更新区域识别指标体系，在传统物质空间的评估上，应加入社会价值、人群利益等指标，形成新的评价维度，构建有效的评价指标体系。居住功能区域识别指标涉及环境和社会两个维度，其中环境维度包括住宅品质和土地利用强度指标，社会维度包括公共空间和公共设施指标。工业功能区域识别涉及经济、环境和社会三个维度，其中经济维度包括土地投入和产出、土地利用结构等指标，环境维度包括土地利用强度和产业能耗指标，社会维度主要考虑人口就业情况。商业商办功能区域识别指标涉及经济、环境和社会三个维度，经济维度包括商务办公和商业服务指标，环境维度包括环境品质和土地利用强度指标，社会维度包括人口就业指标。并应融合传统数据和大数据，提升更新区域识别和评估的精度与可靠性。

（2）方法提升：更新中公平的权利测算与变换机制

传统的城市更新是以政府为主导"自上而下"的蓝图式运作和管理模式，面对城市更新，传统规划必须转型，即由原来的蓝图式规划走向协商式规划。应在现行的城市规划体系基础上，对应相关的规划层次，采用补充、调整和"镶嵌"的方法纳入。同时，有必要针对城市更新的特点对现行的城市规划技术规范进行必要的修正，而且这也将有利于推动城市规划技术向目标更广泛、内涵更丰富、执行更灵活和管理更精细的方向转变。

一是更新规划中精细化的经济测算。政府需要对项目给周边居民带来损失的阳光权、交通权的负外部效应进行科学的量化测算、研究相关补偿标准，并建立补偿与审批挂钩的实施机制；可以借鉴其他国家和地区的做法，针对私人产权空间的公共开放，提供补偿测算的细化标准。

二是更新规划中增加社会评估。研究建议城市更新规划中补充社会规划，评估更新后会产生的各类社会风险及社会影响、研究城市更新对地域内居民的工作和生活的负面影响，并从社会发展和社会公平角度予以适当补偿。在城市更新规划中社会研究规划的引入并不是作为一个新的规划，而是对目前规划内容的补充完善，将"人"和"社会性"纳入规划中，增强城市更新的受惠公平。

三是历史风貌保护细化评估。对于特殊地区，特别是历史风貌地区，应进一步明确、细化具有较强操作性的保留保护标准，避免保护标准与实际修缮操作不吻合而相互胶着，切实提高实际操作的可行性和流畅性。应当允许适当突破现有控制性详细规划技术准则对日照、建筑间距、建筑面宽的限制要求，探索与相关部门在消防标准、绿化率控制等方面寻求弹性控制。

（3）文化传承：城市更新多维度视角下的文化观

一是城市更新中各时期文化的保护传承。不同时期的历史文化都是人类文明的宝贵财富。在城市更新中，应传承和保护各时期历史文化的物质及空间载体，包括建（构）筑物、纪念地、地下遗址等文化遗存的形式类型。

二是城市更新中不同阶层文化的和谐共存。城市更新中应协调不同社会阶层文化，使多层级、多类型的文化在更新后的城市空间中和谐共存。

三是城市更新的外来文化包容与本土文化自信。在全球化的浪潮之下，城市更新更加需要兼顾外来文化包容与本土文化自信。

9.2.3 更新政策的弱势赋权与利益适配
Empowerment of Vulnerability and Benefit Adaptation in Policy Update

（1）弱势赋权：政府向市场和社会的适度赋权

一是放开市场准入机制。一些政府无力更新的地区，针对特定开发商建立准入机制，保障全市范围内居民获得公平的更新权；给市场、社会更多的自主空间与获利空间；提高更新政策的民主科学性，避免公权力对私权利的过度干预；要适当放开个体业主更新路径，拓展市场资金准入。

二是避免政策悖论。要避免赋权后产生的政策悖论，逐步进行市民参与能力的培养，搭建多种形式的公共参与平台，提升市民参与城市更新核心决策的认识水平与能力。

三是修正多数人偏差。在少数服从多数的情况下，多数人的观点不一定正确，因此存在少数人真理的概念。通过信息传递，少数人可以修正多数人的偏差，多数人不一定拥有绝对权力。民主是公平的核心，是对公平的修正机制。

（2）利益适配：城市更新中三方的公平利益分配

一是政府、企业、社会三方的受益原则。利益的分配是城市更新政策的核心，政府与市场的获利分配、政府层面市区利益的分成、本地业主的利益分享、公共利益的底线约束等都是关键点。从政府的收益视角来看，政府在城市更新中的获利将逐渐走向长期化，除了现有的土地收入之外，更新还会带来的就业、税收等的增长。企业的获利应维持一个合理的比例，避免不合理获利侵占公共利益。本地业主应分享更新带来的增值收益，公众应在更新后享受地区品质提升后带来的服务外溢，利益受损方应获得相应的经济补偿。城市更新应走向多方共赢，实现城市更新中各方利益的平衡分配。

二是综合施策，增加公平性调节的政策手段。在区内开发权转移政策的基础上，统筹协调发改、规资、财政、税务等相关部门，加快制定开发权跨区转移的政策和机制，明确土地出让金、容积率跨区平衡的口径。制定全市层面统筹各类更新政策的法规，修订现行更新办法、公房管理制度等相关政策，增加政府在修缮、改造等方面的管理权和必要的强制措施。

三是弱势群体关怀，抽户、租户以公平补偿为原则。在抽户补偿等方面可参考区位、结构和质量等因素，相对统一抽户依据和补偿标准，确保原则性和灵活性的统一，促进利益补偿机制保持平衡。发动市场力量，把握好保护原住居民和优化人口结构间的平衡，留下真正想留的人群，并促使人口结构适度调整，实现社区能级的更新。

9.2.4 更新机制的程序公平与分类施策
Program Fairness and Classification Strategies for Updating Mechanisms

（1）程序公平：基于多主体权力，调整类型的差异化

从城市更新的程序公平视角来看，城市更新往往要改变一个区域的城市规划和权利分配，是一项涉及权利人、实施主体、周边区域人口等社会大众的工作，其可能影响的群体非常广泛。需制定严谨的流程来保障多主体与公众的知情权、参与权和决策权。

一是公开透明、多元互动的更新规划流程。规划编制过程中采用多种形式，提升重要环节的信息公开度、覆盖度，规划全流程应有充分的公众意见征询及意见采纳环节，项目启动任务书阶段建议增加专家意见征询。

二是基于类型的差异化更新规划决策机制。针对正向调整类更新规划，如增加公共设施、公共绿地、公共空间，可执行简易的流程和决策程序；对于负向调整类更新规划，如增建筑量、增加高度或有外部负效应的市政设施等情况，应采用多阶段、较复杂的决策程序。

三是直接与间接利益主体的权力差异。研究认为，直接利益主体和间接利益主体之间的权力应有差异，直接利益主体应享有更多的权力，应重点关注。利益主体应有知情权、参与权、决策权（部分），相关主体应有知情权、参与权（多），社会公众应有知情权、参与权（少），专业群体应有知情权、参与权、决策权（部分），政府部门应有决策权（部分）。

四是关于公平的宏观尺度与微观尺度。社会宏观尺度不一定是客观事实，其只是一个视角，宏观系统有可能掩盖客观事实，当系统本身有问题，反映的情况将不客观、不真实。微观尺度是社会心理学角度，即主观感受到的公平。因此，宏观尺度与微观尺度的传导机制十分重要。

（2）分类施策：公共项目与私人项目的差异化更新机制

一是公共项目的更新机制（收）。全过程应信息公开透明，提升信息公开的深度与广度，提升信息的公众交互性，市民充分参与，公共类更新项目应由审批部门、专家、市民共同决策。

二是私人项目的更新机制（放）。应由利益相关主体公平决策，更新信息应针对周边利益相关主体充分公开。更新方案中涉及核心利益的部分应进行综合决策，避免利益输送、权利寻租与腐败滋生。

9.2.5　更新治理的权责对等与角色理性
Equivalence of Rights and Responsibilities and Rational Role in Updating Governance

（1）权责对等：各级政府权力与责任的相互匹配

城市更新涉及国家土地法律和城市规划法律的权力问题，以及地方政府与规划部门的权力分配问题，这些都给城市更新的公平性带来直接影响。中央与地方的权力边界划分、地方市区权力划分边界以及权力与责任之间的对应关系，都是衡量公平的重要因素。各级政府管理者拥有的权力与其承担的责任应该对等，不能拥有权力，而不履行其职责；也不能只要求管理者承担责任而不予以授权。

（2）角色回归：更新专业群体的身份转变与角色中立

从更新中各方理性角色的回归视角来看，政府职责应实现从"城市管理"向"城市治理"的转型，企业责任应由"单一逐利"向"保障公益"转变，社会公众从"有限参与"转向"共同决策"，更新智库应实现由"技术服务"向"综合协调"转型，以适应不断博弈、复杂多变的城市更新项目。

一是更新专业群体非委托代理人角色构建。更新智库给更新的公平性带来重要影响，要提升城市更新的公平性，必须有不受合同制约的智库。研究建议逐步组建独立非委托公益类专业更新智库群体，避免更新智库受委托人的利益指挥而背离公共利益与中立价值观。

二是更新专家话语权提升及责任机制构建。应避免规划委员会决策机制流于形式。避免更新项目在专家咨询过程中，极少部分专家不负责任地提不合理建议，或者一直"破而不立"，只提意见而不提建议。建立专家责任机制，针对参加审议决策的专家进行信息公开。

三是更新项目及更新智库的后评估机制建立。应委托专业机构开展年度信息梳理与比较研究，针对研究结论发现的突出不公平问题提出针对性的修正策略；定期对更新智库开展系统性评估，建立黑名单制度。

结语
Concludes

　　城市更新是宏大的研究领域，在当下增量转存量的大背景下，备受国内政商学研各界的高度关注，且有广泛的研究视角。公平公正是非常难的价值研判，每个人心中都有一个公平的标准，研究的目标在于寻找一个公认的普适价值观。权力、利益是公平的载体，为更新中的弱势群体呼唤权利的回归是本书研究的意义所在。

　　当代城市更新的研究与实践应不再停留于空间品质维度，即物质环境改善与审美的角度，而应该追求全面的城市功能和活力再生，活化城市的社会与文化，创造更多的就业机会以改善城市经济、城市财政及提升城市竞争力等。当前的城市更新收益应该由更多的人来共享，即使城市更新无法保证每个人都受益，也应更多地考虑弱势阶层的利益及其空间需求，降低城市更新造成的对原住居民的空间资源剥夺和边缘化驱赶。城市更新要由物质空间更新、经济活动提升转变为探索更为综合的城市空间、经济和社会系统一体的可持续发展之路。

　　本书研究仍存在如下不足。一是更新案例分析的深浅度。研究收集、整理了大量一手城市更新案例，但由于笔者对案例的参与程度不同，部分负责项目或者开展过针对性研究的案例了解、分析较为全面深入，而少量参与或者从未参与的案例的分析停留在获取的资料层面，有待后续研究的深入挖掘。二是更新政策领域的局限性。由于资料获取的途径仅限于笔者本人工作的规划土地领域，更多地还是聚焦于规划、土地的相关政策，而全市范围其他委办局所推进的城市更新政策了解相对较少，如住房、产业、财税、拆迁补偿等方面，有待各领域专家、学者进行进一步的研究探索。三是经济学量化研究的专业度。本书研究较少涉及经济学维度城市更新的量化研究，而城市更新更多的是利益测算，特别是结果利益分配是城市更新公平性研究的关键，有待业内学者继续探索。鉴于以上研究不足，期待业内学者继续开展后续研究，结合不同领域的政策研究及不同类型的案例剖析，借助量化研究的技术手段和方法，为城市更新政策机制的后续完善提供更全面的建议。

在城市更新中，规划工作者扮演两个角色，一是演绎整体利益去维持利益博弈的公允，二是帮助弱小去实现为民请命的初衷。整体利益的关键在于适度，即适度地分配不同人的利益、不同层面的利益、不同时刻的利益。城市更新的过程表面上是城市物质空间的物理变化，本质上是资本在城市中的二次空间化。资本天然逐利的本质会带来不公平，政府政策制定的目的是扭转与修正这种不公平。只有将平等发展与公平使用的城市权利内化到资本化的权力体系之中，才能巧妙地化解、削弱过度资本化对城市空间的异化作用。近些年，国家层面不断提出治理体系现代化的宏观要求，而社会的日益多元化也不断呼唤资源的公平公正分配。城市更新是平衡多元利益、促进城市发展的重要手段与路径，更新将带来城市中原有社会权利关系和利益关系的不断调整和重构。作为城市政府重要的公共政策，城市更新政策机制的公平性提升将促进政府、企业、社会的多样合作与协同，提升地方政府的治理能力与治理水平，最终助推国家的治理体系和治理能力现代化。

参考文献
References

[1] 安德鲁·塔隆. 英国城市更新[M]. 杨帆，译. 上海：同济大学出版社，2017.

[2] 柏拉图. 理想国[M]. 郭斌，张竹明，译. 北京：商务印书馆，2002.

[3] 冯云廷. 城市经济学[M]. 大连：东北财经大学出版社，2005.

[4] 范文兵. 上海里弄的保护与更新[M]. 上海：上海科学技术出版社，2004.

[5] 顾哲，侯青. 基于公共选择视角的城市更新机制研究[M]. 杭州：浙江大学出版社，2014.

[6] 盖尔. 人性化的城市[M]. 欧阳文，徐哲文，译. 北京：中国建筑工业出版社，2010.

[7] 胡毅，张京祥. 中国城市住区更新的解读与重构——走向空间正义的空间生产[M].
     北京：中国建筑工业出版社，2015.

[8] 豪厄尔·鲍姆. 地方政府规划实践[M]. 张永刚，译. 北京：中国建筑工业出版社，2006.

[9] 罗伯特·诺齐克. 无政府、国家与乌托邦[M]. 何怀宏，译. 北京：中国社会科学出
     版社，1991.

[10] 道格拉斯·C.诺思. 制度、制度变迁与经济绩效[M]. 上海：上海人民出版社，2014.

[11] 梁鹤年. 旧概念与新环境——以人为本的城镇化[M]. 北京：生活·读书·新知三
     联书店有限公司，2016.

[12] 雷翔. 走向制度化的城市规划决策[M]. 北京：中国建筑工业出版社，2003.

[13] 李翔宁，杨丁亮，黄向明. 上海城市更新五种策略[M]. 上海：上海科学技术文献
     出版社，2017.

[14] 唐燕，杨东，祝贺. 城市更新制度建设：广州、深圳、上海的比较[M]. 北京：清
     华大学出版社，2019.

[15] 同济大学建筑与城市空间研究所，株式会社日本设计. 东京城市更新经验：城市再
     开发重大案例研究[M]. 上海：同济大学出版社，2019.

[16] 伍江，王林. 历史文化风貌区保护规划编制与管理[M]. 上海：同济大学出版社，2007.

[17] 王世福. 规划师角色中理性偏差的认识与思考[M]//中国城市规划学会学术工作委员
     会. 理性规划. 北京：中国建筑工业出版社，2017.

[18] 王诗宗. 公共政策理论与方法[M]. 杭州：浙江大学出版社，2003.

[19]　夏雨. 产业转型与城市更新：实践三十八法[M]. 北京：中信出版社，2017.

[20]　亚里士多德. 尼各马可伦理学[M]. 苗立田，译. 北京：中国人民大学出版社，2003.

[21]　约翰·密尔. 论自由[M]. 许宝骙，译. 北京：商务印书馆，2005.

[22]　赵苑达. 西方主要公平与正义理论研究[M]. 北京：经济管理出版社，2010.

[23]　阳建强. 西欧城市更新[M]. 南京：东南大学出版社，2012.

[24]　于海. 西方社会思想史[M]. 上海：复旦大学出版社，2010.

[25]　于海. 上海纪事：社会空间的视角[M]. 上海：同济大学出版社，2019.

[26]　周俭，吴瑞梵. 历史性城镇景观方法的运用：从实践者的视角[M]. 上海：同济大学出版社，2018.

[27]　周俭. 社区·空间·治理：2015年同济大学城市与社会国际论坛会议论文集[M]. 上海：同济大学出版社，2015.

[28]　朱伟珏，周俭. 可持续与包容性发展——全球城市的多元实践[M]. 上海：同济大学出版社，2018.

[29]　中共上海市委党史研究室. 上海城市建设发展[M]. 上海：上海人民出版社，2004.

[30]　程鹏. 大城市公共服务设施分布的公平正义绩效评价——以上海中心城区轨道交通网络为例[D]. 上海：同济大学，2018.

[31]　曹璨. 广州恩宁路旧城更新进程中媒体与规划师角色特征研究[D]. 广州：华南理工大学，2017.

[32]　管娟. 上海中心城区城市更新运作机制演进研究——以新天地、8号桥和田子坊为例[D]. 上海：同济大学，2008.

[33]　顾哲. 基于公平公正视角的城市更新机制研究[D]. 上海：同济大学，2010.

[34]　黄怡静. 媒介呈现的空间生产与正义[D]. 上海：复旦大学，2012.

[35]　潘兰英. 以社会公正目标为导向的深圳市城市更新策略研究[D]. 长沙：湖南大学，2018.

[36]　马启国. 城市更新地方治理与运行机制研究——都灵与上海的经验比较[D]. 上海：同济大学，2013.

[37]　陆媛. 德国柏林旧住区更新的资金运作机制研究[D]. 上海：同济大学，2016.

[38]　莫文竞. 控规运行过程中公众参与制度设计研究[M]. 南京：东南大学出版社，2018.

[39]　孟庆源. "两级政府、三级管理"体制下上海社区管理的困境与思考[D]. 上海：上海交通大学，2008.

[40]　任大任. 城市更新设计中的公众参与策略——基于柏林案例研究[D]. 上海：同济大学，2014.

[41]　万勇. 论上海中心城旧住区更新的协调机制[D]. 上海：同济大学，2005.

[42]　徐明前. 上海中心城旧住区更新发展方式研究[D]. 上海：同济大学，2004.

[43]　徐建. 社会排斥视角的城市更新与弱势群体——以上海为例[D]. 上海：复旦大学，2008.

[44]　汪平西. 城市旧居住区更新的综合评价与规划路径研究[D]. 南京：东南大学，2019.

[45]　王真. 基于渐进性与资源重组的城市更新机制——永康路城市更新研究[D]. 上海：

同济大学，2013.

[46] 吴艳翠. 基于城市更新的居民拆迁安置补偿标准的研究[D]. 上海：同济大学，2017.

[47] 杨东. 城市更新制度建设的三地比较：广州、深圳、上海[D]. 北京：清华大学，2018.

[48] 钟晓华. 行动者的空间实践与社会空间重构——田子坊旧街区更新过程的社会学解释[D]. 上海：复旦大学，2012.

[49] 张皓. 多元化主体参与城市更新的方法和机制研究[D]. 上海：同济大学，2017.

[50] 吕东旭. 互动的城市更新——以上海田子坊为例的模式研究[D]. 上海：同济大学，2009.

[51] 刘勇. 旧住宅区更新改造中居民意愿研究[D]. 上海：同济大学，2006.

[52] 张欣宜. 文化性展览业推动下的城市更新机制研究——米兰三区发展的经验及借鉴[D]. 上海：同济大学，2017.

[53] 边兰春，LI C G. 评《城市更新制度建设：广州、深圳、上海的比较》（英文）[J]. China city planning review，2020，29（1）：84-85.

[54] 边兰春，吴濯杭，石炀. 北京老城历史文化街区保护中的问题辨析与思考[J]. 北京规划建设，2019（S2）：34-41.

[55] 边兰春. 城市更新要放到更加多元的尺度和实践中考量[N]. 中国建设报，2018-11-30（003）.

[56] 曹康，王晖. 从工具理性到交往理性——现代城市规划思想内核与理论的变迁[J]. 城市规划，2009（9）：44-51.

[57] 程大林，张京祥. 城市更新：超越物质规划的行动与思考[J]. 城市规划，2004，28（2）：70-73.

[58] 陈鹏. 时间的正义：城市更新中权益保障与文化保护的平衡[J]. 北华大学学报（社会科学版），2019，20（3）：89-95.

[59] 董楠楠. 浅析德国经济萎缩地区的城市更新[J]. 国际城市规划，2009（1）：103-106.

[60] 董奇. 伦敦城市更新中的伙伴合作机制[J]. 规划师，2005（4）：100-103.

[61] 董玛力，陈田，王丽艳. 西方城市更新发展历程和政策演变[J]. 人文地理，2009，24（5）：42-46.

[62] 邓志旺. 城市更新政策研究——以深圳和台湾比较为例[J]. 商业时代，2014（3）：139-141.

[63] 邓智团. 空间正义、社区赋权与城市更新范式的社会形塑[J]. 城市发展研究，2015，22（8）：61-66.

[64] 丁启安. 基于社会公平正义的城市更新探讨[M]//中国城市规划学会. 规划60年：成就与挑战——2016中国城市规划年会论文集. 北京：中国建筑工业出版社，2016.

[65] 丁甲宇，孙昕宇，周俭. 文化资源在历史街区更新中的作用研究——以上海市音乐谷为例[J]. 住宅科技，2020，40（9）：12-18.

[66] 范婉莹，苏甦. 利益还原视角下上海中心区工业用地更新研究——兼论工业用地更

新的规划博弈[M]//中国城市规划学会. 持续发展 理性规划——2017中国城市规划年会论文集. 北京：中国建筑工业出版社，2017.

[67] 葛岩，关烨，聂梦遥. 上海城市更新的政策演进特征与创新探讨[J]. 上海城市规划，2017（5）：23-28.

[68] 葛岩. 上海城市更新的探索、挑战及策略思考[J]. 北京规划建设，2019（S2）：42-47.

[69] 葛岩. 城市设计的"价值逻辑"与"权利博弈"——基于上海实践的若干思考[J]. 北京规划建设，2020（5）：11-15.

[70] 郭湘闽，王冬雪. 台湾都市更新中权利变换制度运作之解析[J]. 城市建筑，2011（8）：15-17.

[71] 郭巧华. 从城市更新到绅士化：纽约苏荷区重建过程中的市民参与[J]. 杭州师范大学学报（社会科学版），2013（2）：87-95.

[72] 黄鹤. 文化政策主导下的城市更新——西方城市运用文化资源促进城市发展的相关经验和启示[J]. 国外城市规划，2006（1）：34-39.

[73] 黄砂. 产权交易视角下的城市更新策略研究[J]. 上海城市规划，2016（2）：77-82.

[74] 黄静，王诤诤. 上海市旧区改造的模式创新研究：来自美国城市更新三方合作伙伴关系的经验[J]. 城市发展研究，2015（1）：86-93.

[75] 胡力骏. 基于历史文化价值的城市更新研究——以上海虹口港城市更新为例[J]. 上海城市规划，2013（1）：36-40.

[76] 何舒文，倪勇燕. 从四个角度看中国城市更新的本质[J]. 现代城市研究，2010，25（3）：91-95.

[77] 金山. 上海活力街道设计要求与建设刍议[J]. 上海城市规划，2017（1）：73-79.

[78] 匡晓明，陆勇峰，丁馨怡. 上海老旧社区更新中的生态价值体系构建[M]//中国城市规划学会. 持续发展 理性规划——2017中国城市规划年会论文集. 北京：中国建筑工业出版社，2017.

[79] 梁鹤年. 一个以人为本的规划范式[J]. 城市规划，2019，43（9）：13-14，94.

[80] 刘璇. 刍议上海市城市控制性详细规划制定中的公众参与[J]. 上海城市规划，2016（4）：98-102.

[81] 刘怀玉. 论列斐伏尔对现代日常生活的瞬间想象与节奏分析[J]. 西南大学学报（人文社会科学版），2012，38（3）12-20.

[82] 刘佳燕. 转型背景下城市规划中的社会规划定位研究[J]. 北京规划建设，2008（4）：101-105.

[83] 刘昕. 城市更新单元制度探索与实践——以深圳特色的城市更新年度计划编制为例[J]. 规划师，2010（11）：66-69.

[84] 刘昕. 深圳城市更新中的政府角色与作为——从利益共享走向责任共担[J]. 国际城市规划，2011（1）：41-45

[85] 罗坤，苏蓉蓉，程荣. 上海城市有机更新实施路径研究[M]//中国城市规划学会.

持续发展 理性规划——2017中国城市规划年会论文集. 北京：中国建筑工业出版社，2017.

[86] 李建波，张京祥. 中西方城市更新演化比较研究[J]. 城市问题，2003（5）：68-71.

[87] 李娜. 社区更新规划方法初探——以上海北新泾社区为例[M]//中国城市规划学会. 持续发展 理性规划——2017中国城市规划年会论文集. 北京：中国建筑工业出版社，2017.

[88] 吕晓蓓，赵若焱. 对深圳市城市更新制度建设的几点思考[J]. 城市规划，2009（4）：57-60.

[89] 吕晓蓓. 城市总体规划中的城市更新编制内容初探[J]. 上海城市规划，2013（1）：13-15.

[90] 林静远. 协作式规划视角下的上海里弄类风貌街坊更新探索——以上海市北京东路地区城市更新研究为例[J]. 中外建筑，2020（6）：94-98.

[91] 林辰芳，杜雁，岳隽，等. 多元主体协同合作的城市更新机制研究——以深圳为例[J]. 城市规划学刊，2019（6）：56-62.

[92] 林华. 城市更新规划管理与政策机制研究——以上海和深圳为例[M]//中国城市规划学会. 持续发展 理性规划——2017中国城市规划年会论文集. 北京：中国建筑工业出版社，2017.

[93] 陆晓蔚，周俭. 城市存量工业用地的发展权配置与不完全更新——以上海实践为例[J]. 城市发展研究，2022，29（5）：68-72.

[94] 马航. 深圳城中村改造的城市社会学视野分析[J]. 城市规划，2007（1）：26-32.

[95] 莫霞. 冲突视野下的城市更新策略探讨——结合上海张家花园、上生所和两万户改造项目案例[M]//中国城市规划学会. 持续发展 理性规划——2017中国城市规划年会论文集. 北京：中国建筑工业出版社，2017.

[96] 潘翔，饶斌. 浅析城市建筑整治后的长效管理——以上海市迎世博600天行动建筑整治为例[J]. 住宅科技，2010，30（1）：9-12.

[97] 彭恺. 新马克思主义视角下我国治理型城市更新模式——空间利益主体角色及合作伙伴关系重构[J]. 规划师，2018，34（6）：5-11.

[98] 曲凌雁. 更新、再生与复兴——英国1960年代以来城市政策方向变迁[J]. 国际城市规划，2011（1）：59-65.

[99] 苏甦. 上海城市更新的发展历程研究[M]//中国城市规划学会. 持续发展 理性规划——2017中国城市规划年会论文集. 北京：中国建筑工业出版社，2017.

[100] 沈峻坡. 十个第一和五个倒数第一说明了什么[N]. 解放日报，1980-10-3.

[101] 宋圭武. 劳动者公平理论及其实现途径[J]. 商业时代，2012（17）：11-14.

[102] 宋圭武. 公平及公平与效率关系理论研究[J]. 社科纵横，2013，28（6）：27-33.

[103] 佘高红，朱晨. 从更新到再生：欧美内城复兴的演变和启示[J]. 城市问题，2009（6）：77-83.

[104] 余高红，朱晨. 欧美城市再生理论与实践的演变及启示[J]. 建筑师，2009（4）：4，15-19.

[105] 唐子来，陈颂. 上海市中心城区轨道交通网络分布的社会正义绩效评价[J]. 上海城市规划，2016（2）：102-108.

[106] 唐子来，江可馨. 轨道交通网络的社会公平绩效评价——以上海市中心城区为例[J]. 城市交通，2016，14（2）：75-82.

[107] 唐子来，顾姝. 上海市中心城区公共绿地分布的社会绩效评价从地域公平到社会公平[J]. 城市规划学刊，2015（2）：48-56.

[108] 唐燕，杨东. 城市更新制度建设：广州、深圳、上海三地比较[J]. 城乡规划，2018（4）：22-32.

[109] 陶希东. 中国城市旧区改造模式转型策略研究——从"经济型旧区改造"走向"社会型城市更新"[J]. 城市发展研究，2015（4）：111-116.

[110] 王绍光. 中国公共政策议程设置的模式[J]. 中国社会科学，2006（5）：86-99.

[111] 王兰，刘刚. 20世纪下半叶美国城市更新中的角色关系变迁[J]. 国际城市规划，2007（4）：21-26.

[112] 伍江. 保留历史记忆的城市更新[J]. 上海城市规划，2015（5）：2.

[113] 万勇. 里弄保护与更新的基本方式和关键环节——以上海里弄为例[J]. 城市发展研究，2014（1）：61-67.

[114] 吴志强. 城市更新规划与城市规划更新[J]. 城市规划，2011（2）：45-48.

[115] 吴志强，伍江，张佳丽，等. "城镇老旧小区更新改造的实施机制"学术笔谈[J]. 城市规划学刊，2021（3）：1-10.

[116] 严若谷，闫小培，周素红. 台湾城市更新单元规划和启示[J]. 国际城市规划，2012（1）：99-105.

[117] 徐磊青. 城市社区生活圈规划：从体系完善到机制创新[J]. 城市建筑，2018（36）：6.

[118] 阳建强. 中国城市更新的现状、特征及趋势[J]. 城市规划，2000（4）：53-55，63-64.

[119] 阳建强，杜雁. 城市更新要同时体现市场规律和公共政策属性[J]. 城市规划，2016（1）：72-74.

[120] 杨震，徐苗. 私人拥有的公共空间的演变与批判：纽约经验[J]. 建筑学报，2013（6）：1-7.

[121] 杨浩，张京祥. 城市开发区空间转型背景下的更新规划探索[J]. 规划师，2013（1）：29-33.

[122] 姚梓阳. 多主体权益重置：工业园区存量用地更新方法研究与实践[M]//中国城市规划学会.持续发展 理性规划——2017中国城市规划年会论文集. 北京：中国建筑工业出版社，2017.

[123] 易晓峰. 从地产导向到文化导向——1980年代以来的英国城市更新方法[J]. 城市规划，2009（6）：66-72.

[124] 赵燕菁. 存量规划：理论与实践[J]. 北京规划建设，2014（4）：153-156.

[125] 赵晔. 基于工业用地转型的城市更新规划方法初探——以上海市闵行区为例[M]//中国城市规划学会. 持续发展 理性规划——2017中国城市规划年会论文集. 北京：中国建筑工业出版社，2017.

[126] 赵若焱. 对深圳城市更新"协商机制"的思考[J]. 城市发展研究，2013（8）：118-121.

[127] 张宇星. 趣城——从微更新到微共享[J]. 城市环境设计，2017（1）：228-231.

[128] 张宇星. 城中村 作为一种城市公共资本与共享资本[J]. 时代建筑，2016（6）：15-21.

[129] 张京祥，胡毅. 基于社会空间正义的转型期中国城市更新批判[J]. 规划师，2012（12）：5-9.

[130] 张京祥，胡毅，孙东琪. 空间生产视角下的城中村物质空间与社会变迁——南京市江东村的实证研究[J]. 人文地理，2014，29（2）：1-6.

[131] 张松. 上海城市更新的政策瓶颈及规划转型[J]. H+A华建筑，2016（12）：12-17.

[132] 张莉. 城市更新视角下上海中心城工业用地转型研究[M]//中国城市规划学会. 新常态：传承与变革——2015中国城市规划年会论文集. 北京：中国建筑工业出版社，2015.

[133] 张璞玉. 上海市工业发展和工业用地减量化关键性问题研究[M]//中国城市规划学会. 持续发展 理性规划——2017中国城市规划年会论文集. 北京：中国建筑工业出版社，2017.

[134] 张更立. 走向三方合作的伙伴关系：西方城市更新政策的演变及其对中国的启示[J]. 城市发展研究，2004（4）：26-32.

[135] 张欣宜. 对政府主导的城市更新中"公平"与"效率"认识——以董家渡多地块城市更新为例[M]//中国城市规划学会. 新常态：传承与变革——2015中国城市规划年会论文集. 北京：中国建筑工业出版社，2015.

[136] 张庭伟. 从城市更新理论看理论溯源及范式转移[J]. 城市规划学刊，2020（1）：9-16.

[137] 郑时龄. 上海的建筑文化遗产保护及其反思[J]. 建筑遗产，2016（1）：10-23.

[138] 郑德高，卢弘旻. 上海工业用地的制度变迁与经济逻辑[J]. 上海城市规划，2015（3）：25-32.

[139] 郑轶楠，过甦茜. 大型城市社区的宜居化转型探索——上海新江湾社区规划研究[M]//中国城市规划学会. 持续发展 理性规划——2017中国城市规划年会论文集. 北京：中国建筑工业出版社，2017.

[140] 周俭，阎树鑫，万智英. 关于完善上海城市更新体系的思考[J]. 城市规划学刊，2019（1）：20-26.

[141] 周俭，钟晓华. 城市规划中的社会公正议题——社会与空间视角下的若干规划思考[J]. 城市规划学刊，2016（5）：9-12.

[142]　周俭. 城乡规划要强化社会公正的目标[J]. 城市规划, 2016, 40（2）: 94-95.

[143]　周俭, 周海波, 张子婴. 上海曹杨新村"15分钟社区生活圈"规划实践[J]. 时代建筑, 2022（2）: 14-21.

[144]　周俭, 张仁仁, 史大林. 中国历史文化名镇同里古镇保护实践[J]. 建筑实践, 2022（8）: 144-158.

[145]　钟晓华, 周俭. 遗产在城市更新中的角色演变——解读上海中心城区"旧改"进程中的三个案例[J]. 城乡规划, 2012（1）: 113-120.

[146]　卓健, 孙源铎. 社区共治视角下公共空间更新的现实困境与路径[J]. 规划师, 2019（3）: 5-10.

[147]　朱晓宇. 上海田子坊地区更新中的居住形态演变研究[M]//中国城市规划学会. 持续发展 理性规划——2017中国城市规划年会论文集. 北京: 中国建筑工业出版社, 2017.

[148]　朱琳祎. 城市中心区大型体育设施更新实践与探索——以上海徐家汇体育公园为例[M]//中国城市规划学会. 持续发展 理性规划——2017中国城市规划年会论文集. 北京: 中国建筑工业出版社, 2017.

[149]　庄翰华, 蓝逸之, 严胜雄. 台湾地区空间规划体系的形成与演变[J]. 城市与区域规划研究, 2009, 2（3）: 169-184.

[150]　翟斌庆, 伍美琴. 城市更新理念与中国城市现实[J]. 城市规划学刊, 2009（2）: 75-82.

[151]　ADAMS J S. Inequity in social exchange[J]. Advances in experimental social psychology, 1965(2): 267-299.

[152]　THIBAUT J W, WALKER L. Procedural justice: apsychological analysis[M]. Hillsdale, NJ: Erlbaum, 1975.

[153]　GREENBERG J.Organizational justice: yesterday, today, and tomorrow[J]. Journal of management, 1990, 16(2): 399-432.

[154]　CROPANZANO R, FOLGER R. Referent cognitions and task decision autonomy: beyond equity theory[J]. Journal of applied psychology, 1989, 74: 293-299.

[155]　GRIENBERGER I V, RUTTE C G, KNIPPENBERG A F M V. Influence of social comparisons of outcomes and procedureson fairness judgments[J]. Journal of applied psychology, 1997, 82(6): 913-919.

[156]　CARMONA M, MAGALHAES C D, HAMMOND L. Public space: the management dimension [M]. London: Routledge, 2008.

[157]　WAGNER C. Spatial justice and the city of Sao Paulo [D]. Luneburg: Leuphana University Luneburg, 2011.

[158]　HARVEY D. The right to the city [J]. New left review, 2008(53): 23-40.

[159]　DAVIES B P. Social needs and resources in local services: a study of variations in

provision of social services between local authority area[M]. London: London Joseph Rowntree, 1968.

[160] HARVEY D. Social justice, postmodemism, and the city[J]. International journal of urban and regional research, 1992(16): 588-601.

[161] EDWARD W S. Seeking spatial justice [M]. Minnesota: The University of Minnesota press, 2010.

[162] GLASS R. London: aspects of change[M]. London: Centre for urban studies and MacGribbon and Kee, 1964.

[163] HOLM A. Urban Regeneration and the end of social housing: the roll out of Neoliberalism in east Berlin's Prenzlauer Berg: urban Regeneration, urban policy, and modes of regulation[J]. Social justice, 2006, 33(3): 114-128.

[164] PUNTER J. The privatization of public realm [J]. Planning practice and research, 1990, 5(3): 9-16.

[165] LAWLESS P, BEATTY C. Exploring change in local regeneration areas: evidence from the new deal for communities programme in England[J]. Urban studies, 2013, 50(5): 942-958.

[166] DICKS B. Participatory community regeneration: a discussion of risks, accountability and crisis in devolved wales[J]. Urban studies, 2014, 51(5）: 959-977.

[167] BONET-MARTÍ J, MARTÍ-COSTA M, PARÉS M. Does participation really matter in urban regeneration policies? exploring governance networks in Catalonia(Spain) [J]. Urban affairs review, 2011: 1-34.

[168] MAYO M. Partnerships for regeneration and community development: some opportunities, challenges and constraints[J]. Critical social policy, 1997, 17(52): 3-26.

后记

博士论文即将付梓之际，欣喜之余，更多的是忐忑。毕业答辩会上，多位专家老师鼓励我将论文整理出版，但因深知自己的论文距离出版物还有很大差距，一直未敢触碰。一次机缘巧合，结识了中国建筑工业出版社的老师，出版社对于城市更新的话题非常感兴趣，因之前一直缺少上海方面的素材，所以向我约稿。而后我找导师周俭教授请教，在他的鼓励支持与悉心指导之下，论文的内容经过较大调整，如今呈现在读者面前。

回顾过往，在职研究生的身份使得我日常陷入繁忙的工作之中，而业余碎片时间的论文写作，也难免过多地关注实践而理论提炼不足。如果说本书还有可取之处的话，则是自己把工作这些年从事城市更新研究与实践的所见所闻、所思所想进行了全面的梳理和系统的展现。作为一名观察者、记录者和亲历者，我希望把这些分享给大家，以供学者、同行参考。

论文能够出版，首先要感谢恩师周俭教授，他严谨的治学态度、全力的工作投入、谦逊的为人作风、对我从硕士到博士历时十六年的言传身教，让我受益终生。在导师的悉心指导下，我的博士论文几易其稿，从框架到内容都进行了较大的改进与提升。读博期间以及修改论文准备出版期间的每次请教，周老师总是一语见地，尖锐地指出论文存在的问题，并给出明确的修改建议。在我从业最困惑、迷茫之时，他也给我指明了未来努力的方向。周老师对我的谆谆教导时常在耳边萦绕，督促我不断前行。

本书得到多位老师的启发和帮助。首先要感谢张宇星教授，他多轮的宝贵意见和建议为书稿后期修改提升指明了方向。还要感谢伍江校长、于海教授、边兰春教授、卓健教授，老师们在答辩会上的诸多建议都融入了书稿修改中。

得以在职读书写作，必须感谢上海市城市规划设计研究院张帆院长、朱丽芳书记、赵宝静副院长、金忠民副院长、蔡秀武副院长、骆悰副院长等诸位领导的支持。在城市更新领域开展的多项研究与项目实践为博士论文奠定了基础。感谢上海市规划和自然资源局风貌管理处多位领导、同事在我挂职期间对我的关照与指导，让我深刻认识了理想与现实、管理与设计之间的巨大鸿沟。感谢中国建筑工业出版社的徐冉主任、黄翊编辑。徐主任多轮线上、线下督促催稿，黄老师为本书倾注了大量心血，严把质量关，还有素未谋面、负责排版的小伙伴的耐心多轮修改，他们的辛勤付出和包容保障和推动了本书的顺利出版。

感谢我的至亲们，他们的默默奉献和付出让我在读博期间得以利用所有周末、假期撰写论文。公婆与父母包揽了家里的全部工作，孩子们能够健康、快乐地成长，全靠他们的鼎力相助。对两个挚爱的儿子，我内心满怀亏欠，希望后面能够弥补。由衷感谢繁忙劳碌的丈夫，二十多年相知相守，他的理解与包容、安慰与陪伴，让我坚信付出的意义。还要感谢过世的外公，是他在我幼小的心灵里埋下一颗拼搏向上的种子，希望自己没有辜负他的苦心栽培与殷切期望，愿过世的长辈们在天堂能够安息。回顾往昔，帮助过自己的人还有很多，无法全部罗列，在此一并致谢！

因论文成稿于2020年，近些年城市更新的政策实践并未纳入，部分结论未必完整全面，同时受个人专业能力和获取资料所限，本书仍存在诸多薄弱之处，希望大家多批评指正。本书中很多尚未能解答的问题，有待学者们的后续深入研究，我在该领域的探索也将继续。在七年多读博以及后续三年多改写书稿的漫长时光里，我反复督促自己，对待问题深入思考，不断质疑、不断精进。交稿之际，工作迎来新的变化，百感交集。未来的从业道路上，不管是从事规划、研究、设计还是管理，希望自己对城市的热爱、对规划事业的热衷都能够持续一生。

最后，本书献给我两个可爱的儿子，希望他们长大后能够理解和原谅我。

葛岩

2024年秋，上海

Postscript

As my thesis approaches publication, I am filled with a mixture of joy and apprehension. During my doctoral dissertation defense, several expert professors encouraged me to revise and publish my thesis. However, aware of the significant gap between my thesis and a publishable work, I hesitated to proceed. By chance, I met with representatives from China Architecture & Building Press, and during our conversation about future publishing plans, the press expressed great interest in the topic of Urban regeneration, particularly lacking materials from Shanghai's perspective. They encouraged me to expedite the revision and preparation of my thesis for publication. I then sought advice from my supervisor, Professor Zhou Jian, and with his encouragement, support, and meticulous guidance, the content of my thesis underwent significant adjustments and is now presented to readers.

Looking back, my status as a working graduate student immersed me in daily responsibilities, and writing my thesis during fragmented leisure time inevitably led to a stronger focus on practice rather than theoretical refinement. If there is anything redeeming about this book, it is that it comprehensively sorts out and systematically presents my observations, reflections, and experiences from years of research and practice in Urban regeneration. As an observer, recorder, and participant, I hope to share these insights with scholars and peers for their reference.

The publication of this thesis is first and foremost a testament to the gratitude I owe to my mentor, Professor Zhou Jian. His rigorous academic attitude, unwavering dedication to work, humble demeanor, and the mentorship he has provided me over the past sixteen years, from my master's to doctoral studies, have been life-changing. Under his meticulous guidance, my doctoral thesis underwent several revisions, with significant improvements and enhancements to both its structure and content. Every time I sought his advice during my doctoral studies and while revising the thesis for publication, Professor Zhou always provided insightful feedback, sharply pointing out the issues and offering clear suggestions for improvement. At times of confusion and uncertainty in my career, he guided me towards a clear direction for future endeavors. His teachings constantly echo in my ears, urging me to keep moving forward.

This book has been inspired and assisted by many other professors. I would like to express my gratitude to Professor Zhang Yuxing, whose rounds of valuable comments and suggestions directed the later stages of manuscript revision and enhancement. I am also thankful to President Wu Jiang, Professor Yu Hai, Professor Bian Lanchun, and Professor Zhuo Jian, whose suggestions during the defense were incorporated into the manuscript revisions. I must thank the leaders of the Shanghai Urban Planning and Design Research Institute, including Director Zhang Fan, Zhu Lifang Deputy Directors Zhao Baojing, Jin Zhongmin, Cai Xiuwu and Luo Cong, for their trust and support, which enabled me to pursue my studies and writing while working. The various research projects and practical experiences in Urban regeneration laid the foundation for my doctoral thesis.

I am grateful to the leaders and colleagues of the Style Management Division of the Shanghai Municipal Planning and Natural Resources Bureau for their care and guidance during my secondment, which deepened my understanding of the vast divide between ideals and reality, management, and design. Thanks are also extended to Director Xu Ran and Editor Huang

Yi from China Architecture & Building Press, with the latter dedicating considerable effort to ensuring the book's quality. Director Xu's rounds of online and offline press for manuscript submission and the patience of the unknown typesetting team in making multiple revisions guaranteed and facilitated the smooth publication of this book.

I am deeply thankful to my loved ones for their silent dedication and sacrifice, which allowed me to dedicate all weekends and holidays to writing my thesis. My parents-in-law and parents took care of all household responsibilities, enabling my children to grow up healthily and happily. To my two beloved sons, I feel a deep sense of guilt and hope to make amends in the future. I am profoundly grateful to my busy husband, who has been by my side for over two decades, providing understanding, tolerance, comfort, and companionship, making me believe in the meaning of my efforts. I also want to thank my late grandfather, who planted a seed of striving and aspiring in my young heart. I hope I have not disappointed his nurturing and high expectations. May the deceased ancestors rest in peace in heaven. Looking back, there are many more people who have helped me, and it is impossible to list them all here. Therefore, I express my gratitude to them all!

Since the thesis was completed in 2020, recent policy practices in Urban regeneration have not been included, and some conclusions may not be comprehensive. Additionally, due to personal professional capabilities and limitations in accessing materials, there are still many weaknesses in this book. I welcome all criticism and corrections. Many unanswered questions in this book await further research by scholars, and my exploration in this field will continue. During the seven-plus years of doctoral studies and the subsequent three-plus years of revising the manuscript, I constantly reminded myself to delve deeply into issues, continuously question and refine my work. As I submit this manuscript, I am embarking on a new change in my career, filled with mixed emotions. On my future career path, whether in planning, research, design, or management, I hope my love for cities and passion for the planning profession will persist throughout my life.

Lastly, this book is dedicated to my two adorable sons, hoping they will understand and forgive me when they grow up.

Ge Yan

Autumn 2024, Shanghai

图书在版编目（CIP）数据

公平与权利：城市更新治理 = JUSTICE AND RIGHTS：
URBAN REGENERATION GOVERNANCE / 葛岩著. --北京：
中国建筑工业出版社，2025.3. --ISBN 978-7-112
-30540-7

Ⅰ. TU984

中国国家版本馆CIP数据核字第20247LF441号

责任编辑：黄　翊　徐　冉
版式设计：锋尚设计
封面设计：张　烁
责任校对：张惠雯

公平与权利　城市更新治理
JUSTICE AND RIGHTS　URBAN REGENERATION GOVERNANCE
葛　岩　著

*

中国建筑工业出版社出版、发行（北京海淀三里河路9号）
各地新华书店、建筑书店经销
北京锋尚制版有限公司制版
上海雅昌艺术印刷有限公司印刷

*

开本：787毫米×960毫米　1/16　印张：18½　字数：365千字
2025年3月第一版　　2025年3月第一次印刷
定价：**128.00**元
ISBN 978-7-112-30540-7
　　（43944）